虚拟现实技术专业新形态教材

3D美术模型
设计与制作

陶黎艳 袁 莉 李沅蓉 主 编
杨 雪 毛梦思 危 熹 副主编

清華大学出版社
北 京

内 容 简 介

在本书编写过程中，我们将立德树人的教育方针融入其中，将其作为核心理念贯穿全书，引导读者在学习和应用先进技术的同时，提高审美水平、树立正确的价值观。本书以实操为主、理论为辅，分阶段教学，帮助读者零软件基础水平入门，进而掌握软件的基本使用、模型制作、UV 拆分、材质贴图制作和动画制作，并在相应项目中加入历年虚拟现实“1+X”考核真题作为实操，更具有针对性和实用性。全书分为 5 个项目，包括认识 Maya、虚拟现实模型制作、数字模型 UV 制作、数字模型材质制作和 3D 动画制作。本书配套丰富的数字资源，包括案例、练习、习题的实例文件和在线教学视频，读者可以通过在线方式获取这些资源。

本书适合作为高等院校虚拟现实技术、数字媒体、动漫设计、游戏设计、计算机应用等专业的课程教材，也可以作为相关行业的设计人员和爱好者的参考用书。

图书在版编目（CIP）数据

3D 美术模型设计与制作 / 陶黎艳，袁莉，李沅蓉主编．— 北京：清华大学出版社，2023.8
虚拟现实技术专业新形态教材
ISBN 978-7-302-64087-5

Ⅰ．① 3…　Ⅱ．①陶…　②袁…　③李…　Ⅲ．①虚拟现实－模型－设计－高等学校－教材　②虚拟现实－模型－制作－高等学校－教材　Ⅳ．① TP391.98

中国国家版本馆 CIP 数据核字（2023）第 130501 号

责任编辑：郭丽娜
封面设计：常雪影
责任校对：李　梅
责任印制：宋　林

出版发行：清华大学出版社
网　　址：http: //www.tup.com.cn，http: //www.wqbook.com
地　　址：北京清华大学学研大厦 A 座　　**邮　　编：**100084
社 总 机：010-83470000　　**邮　　购：**010-62786544
投稿与读者服务：010-62776969, c-service@tup.tsinghua.edu.cn
质量反馈：010-62772015, zhiliang@tup.tsinghua.edu.cn
课件下载：http://www.tup.com.cn,010-83470410
印 装 者：三河市君旺印务有限公司
经　　销：全国新华书店
开　　本：185mm×260mm　　**印　　张：**12.25　　**字　　数：**289 千字
版　　次：2023 年 9 月第 1 版　　**印　　次：**2023 年 9 月第 1 次印刷
定　　价：65.00 元

产品编号：101713-01

丛书编委会

本书编委会

主　　编：陶黎艳　袁　莉　李沅蓉

副主编：杨　雪　毛梦思　危　熹

参　　编：熊　海　王立超　万卫青　陆　欢

丛书序

近年来信息技术快速发展，云计算、物联网、3D 打印、大数据、虚拟现实、人工智能、区块链、5G 通信、元宇宙等新技术层出不穷。国务院副总理刘鹤在南昌出席 2019 年“世界虚拟现实产业大会”时指出：“当前，以数字技术和生命科学为代表的新一轮科技革命和产业变革日新月异，VR 是其中最为活跃的前沿领域之一，呈现出技术发展协同性强、产品应用范围广、产业发展潜力大的鲜明特点。”新的信息技术正处于快速发展时期，虽然总体表现还不够成熟，但同时也提供了很多可能性。最近的数字孪生、元宇宙也是这样，总能给我们惊喜，并提供新的发展机遇。

在日新月异的产业发展中，虚拟现实是较为活跃的新技术产业之一。其一，虚拟现实产品应用范围广泛，在科学研究、文化教育以及日常生活中都有很好的应用，有广阔的发展前景；其二，虚拟现实的产业链较长，涉及的行业广泛，可以带动国民经济的许多领域协作开发，驱动多个行业的发展；其三，虚拟现实开发技术复杂，涉及“声光电磁波、数理化机（械）生（命）”多学科，需要多学科共同努力、相互支持，形成综合成果。所以，虚拟现实人才培养就成为有难度、有高度，既迫在眉睫，又错综复杂的任务。

虚拟现实一词诞生已近 50 年，在其发展过程中，技术的日积月累，尤其是近年在多模态交互、三维呈现等关键技术的突破，推动了 2016 年“虚拟现实元年”的到来，使虚拟现实被人们所认识，行业发展呈现出前所未有的新气象。在行业的井喷式发展后，新技术跟不上，人才队伍欠缺，使虚拟现实又漠然回落。

产业要发展，技术是关键。虚拟现实的发展高潮，是建立在多年的研究基础上和技术成果的长期积累上的，是厚积薄发而致。虚拟现实的人才培养是行业兴旺发达的关键。行业发展离不开技术革新，技术革新来自人才，人才需要培养，人才的水平决定了技术的水平，技术的水平决定了产业的高度。未来虚拟现实发展取决于今天我们人才的培养。只有我们培养出千千万万深耕理论、掌握技术、擅长设计、拥有情怀的虚拟现实人才，我们领跑世界虚拟现实产业的中国梦才可能变为现实！

产业要发展，人才是基础。我们必须协调各方力量，尽快组织建设虚拟现实的专业人才培养体系。今天我们对专业人才培养的认识高度决定了我国未来虚拟现实产业的发展高度，对虚拟现实新技术的人才培养支持的力度也将决定未来我国虚拟现实产业在该领域的影响力。要打造中国的虚拟现实产业，必须要有研究开发虚拟现实技术的关键人才和关键企业。这样的人才要基础好、技术全面，可独当一面，且有全局眼光。目前我国迫切需要建立虚拟现实人才培养的专业体系。这个体系需要有科学的学科布局、完整的知识构成、成熟的研究方法和有效的实验手段，还要符合国家教育方针，在德、智、体、美、劳方面实现完整的培养目标。在这个人才培养体系里，教材建设是基石，专业教材建设尤为重要。虚拟现实的专业教材，是理论与实际相结合的，需要学校和企业联合建设；是科学和艺术融汇的，需要多学科协同合作。

本系列教材以信息技术新工科产学研联盟 2021 年发布的《虚拟现实技术专业建设方案（建议稿）》为基础，围绕高校开设的“虚拟现实技术专业”的人才培养方案和专业设置进行展开，内容覆盖专业基础课、专业核心课及部分专业方向课的知识点和技能点，支撑了虚拟现实专业完整的知识体系，为专业建设服务。本系列教材的编写方式与实际教学相结合，项目式、案例式各具特色，配套丰富的图片、动画、视频、多媒体教学课件、源代码等数字化资源，方式多样，图文并茂。其中的案例大部分由企业工程师与高校教师联合设计，体现了职业性和专业性并重。本系列教材依托于信息技术新工科产学研联盟虚拟现实教育工作委员会诸多专家，由全国多所普通高等教育本科院校和职业高等院校的教育工作者、虚拟现实知名企业的工程师联合编写，感谢同行们的辛勤努力！

虚拟现实技术是一项快速发展、不断迭代的新技术。基于虚拟现实技术，可能还会有更多新技术问世和新行业形成。教材的编写不可能一蹴而就，还需要编者在研发中不断改进，在教学中持续完善。如果我们想要虚拟现实更精彩，就要注重虚拟现实人才培养，这样技术突破才有可能。我们要不忘初心，砥砺前行。初心，就是志存高远，持之以恒，需要我们积跬步，行千里。所以，我们意欲在明天的虚拟现实领域领风骚，必须做好今天的虚拟现实人才培养。

周明全

2022 年 5 月

前　言

近年来虚拟现实（Virtual Reality，VR）技术得到了高速的发展，是21世纪发展较为迅速、对人们的工作生活有着重要影响的计算机技术之一，在教育、医疗、娱乐、军事、建筑、规划等众多领域中有着非常广泛的应用前景。习近平总书记在党的二十大报告中提出“构建新一代信息技术、人工智能、生物技术、新能源、新材料、高端装备、绿色环保等一批新的增长引擎”，虚拟现实技术是新一代信息技术重要的组成部分。高校需要引领学生在三维技术、多媒体技术、传感技术、人工智能等多个领域的交叉中进行学习和应用，推动中国虚拟现实技术的进一步发展。

我们要坚持“科技是第一生产力、人才是第一资源、创新是第一动力”的理念，加快推进科技创新和产业化，不断拓展高新技术领域的发展空间，努力培育和集聚一批掌握前沿科技的高素质人才。Maya是Autodesk公司推出的一款三维软件，是一项涉及多种科技的前沿技术，其应用领域非常广泛。本书基于Maya 2020编写，通过案例讲解三维应用程序的制作与实现。学习掌握Maya的前沿技术，将有助于我们更好地应对未来的发展和挑战。

本书不仅讲解了Maya 2020的基本功能和使用方法，而且围绕科技创新、人才培养的目标进行编写。本书强调实践性、应用性和技术性，以培养现代技术的应用者、实施者和实现者为目标。结合虚拟现实技术“1+X”证书初级、中级、高级职业技能标准的要求，根据职业技能等级证书标准中工作任务与职业能力对应表，模拟工作任务真实工作场景，强调实用性和操作规范，按照“知识技能目标＋知识准备＋实践操作流程＋考核评析”进行内容安排，将VR模型的制作流程巧妙地融入其中，达到学以致用的目的。

本书适合虚拟现实技术、游戏设计、数字媒体技术、计算机应用等相关专业人员学习，同时适合对三维美术设计制作感兴趣的人员以及有志于从事三维相关工作的人员阅读。无论是初学者还是经验丰富的设计师，都可以通过学习本书中的内容而受益。“授人以鱼不如授人以渔”，让读者快速、有效地掌握实用的专业技能，成为技术应用型人才，是作者编写本书的初衷。希望本书能成为广大读者在三维制作道路上的“领路人”，实实在在地帮助他们提高专业技能。

在本书的编写过程中，编者参阅和引用了大量书籍、文献和网络资源，在此向所有资源的作者表示衷心的感谢。本书编写过程中，江西泰豪动漫职业学院、江西生物科技职业学院、武夷学院和泰豪创意科技集团等院校和企业给予了大力支持，并进行了相关的教学实践和实际应用，为本书的编写提供了丰富的资料和实例，在此向他们致以诚挚的谢意。

感谢清华大学出版社的大力支持，他们认真细致的工作保证了本书的出版质量。

由于编者水平有限，书中的错误和不足之处在所难免，恳请读者批评和指正。

编　者

2023 年 5 月

模型资源

目　录

项目1

认 识 Maya

项目导读

Maya 作为三维软件具有强大功能和众多模块，广泛应用于各领域。本项目首先介绍 Maya 的安装、应用领域及虚拟现实行业工作流程，其次详细讲解操作界面中各工具的功能，最后讲解如何编辑对象和创建基础物体，读者能够从几何对象入手，达到熟悉软件中常用的操作方式和技巧的目标。为了培养拔尖创新人才，我们强调实践应用，提倡读者反复练习，强化基础，熟练掌握相关技能。

项目素质目标

- 培养学生勇于创新、接受新鲜事物、善于发现和一丝不苟的敬业精神。
- 培养学生运用专业理论、方法、技能解决实际问题的能力。
- 培养学生掌握 Maya 开发虚拟现实领域相关模型的专业技能。

项目知识目标

- 熟悉 Maya 的应用领域。
- 熟悉 Maya 的工作界面。
- 掌握 Maya 建模对象的基本操作方法。
- 掌握常用快捷键的使用技巧。

项目能力要求

- 具备基本软件操作技能。
- 掌握物体基本造型并富有想象力。
- 掌握 Maya 2020 基本界面操作技能。

项目重难点

项目内容	工作任务	建议学时	技 能 点	重 难 点	重要程度
认识 Maya	任务 1.1　Maya 概述	2 学时	Maya 的简介、应用领域，以及在 VR 工作流程	Maya 安装、基本界面	★☆☆☆☆
				Maya 应用领域	★★☆☆☆
				Maya 工作流程（VR）	★★☆☆☆
	任务 1.2　Maya 基础操作	2 学时	Maya 基础建模、物体编辑、视图控制、建模项目管理	多边形物体建模操作	★★☆☆☆
				视图切换、快捷键使用	★★☆☆☆
				项目保存	★★☆☆☆

任务 1.1　Maya 概 述

任务目标

知识目标：了解 Maya 的界面基本构成以及使用行业。

能力目标：掌握 Maya 安装技能，掌握 Maya 常用工具的使用。

素质目标：培养积极进取、勇于挑战、善于发现和一丝不苟的敬业精神。

建议学时

2 学时。

任务描述

本任务对 Maya 进行初步介绍，讲解 Maya 2020 的界面组成及基本操作，使读者对该软件有一个整体的认知，并了解 Maya 的应用领域以及工作流程。

知识归纳

1. Maya 概述

Autodesk Maya 是美国 Autodesk 公司出品的世界顶级的三维动画软件，是 Autodesk 公司面向数字动画领域推出的重要产品之一，成为全球影视广告、角色动画、影视特效以及虚拟现实等行业的先进软件。Maya 具有功能完善、工作灵活、制作效率极高和渲染真实感极强的优点。若读者掌握了 Maya，会极大地提高三维动画的制作效率和品质，调节出仿真的角色动画，渲染出电影一般的真实效果，甚至向世界顶级动画师迈进。Maya 集成了 Alias、Wavefront 等先进的动画及数字效果技术，不仅包括一般三维和视觉效果制作的功能，而且与最先进的建模、数字化布料模拟、毛发渲染和运动匹配技术相结合。

1）Maya 2020 的安装要求

本书采用版本为 Maya 2020，其安装要求如下。

（1）Maya 2020 可以安装在微软 64 位的 Windows 7（SP1）、Windows 10 专业版和更高版本的操作系统中，也可在苹果系统及 Linux 系统安装该软件的对应版本。

（2）Autodesk 公司建议用户安装并使用 IE 浏览器、Safari 浏览器、Chrome 浏览器或者火狐浏览器的访问联机补充内容。

（3）计算机硬件需要使用支持 SSE4.2 指令集的 64 位 Intel 或 AMD 多核处理器；最低要求 8GB 内存，建议使用 16GB 或更大内存。

Maya 2020 的启动界面如图 1-1 所示。

图 1-1　Maya 2020 启动界面

2）Maya 的应用领域

Maya 是一款功能强大的三维制作软件，它提供了多种不同类型的建模方式，可以实现完美的 3D 建模、动画、特效和高效的渲染功能。随着软件版本的不断升级，其功能也越来越强大并逐渐完善，在影视特效制作、游戏建模、产品设计、虚拟现实、建筑表现等领域的应用也有着举足轻重的地位。Maya 的主要应用领域有以下几个方面。

（1）影视特效制作。Maya 在电影特效方面应用颇为广泛，全球众多电影大片对 Maya 青睐有加，很多特效镜头需要 Maya 帮助实现，它可以制作出摄像机无法拍摄或拍摄成本高昂的虚拟特效场面，如恶劣自然灾害、楼房坍塌、非现实世界等场景的镜头效果。影视短片《移民》中制作团队使用 Maya 讲述了有关气候变化的特效镜头如图 1-2 和图 1-3 所示。

图 1-2　短片《移民》的特效镜头 1

图 1-3　短片《移民》的特效镜头 2

（2）游戏建模。在游戏行业，一款成功的电子游戏产品一定包括正确的世界观和价值观、便于上手的操作、科学的游戏关卡以及精良的视觉画面，为玩家带来精彩绝伦的游戏体验。为实现这些游戏美术设定起到了重要的作用，三维游戏中逼真的场景、角色、道具以及华丽特效都离不开 Maya 这个三维制作平台。Axis Studios 开发的游戏《依克黎：巨兽时空》使用 Maya 制作的游戏画面如图 1-4 所示。

（3）产品设计。在汽车、机械制造、产品包装与广告设计行业中，可以使用 Maya 模拟创建出内外产品结构，模拟实际工作情况以及检测生产线运行情况，便于产品生产以及推广应用。在产品推广环节中也可以制作出产品宣传动画，突出产品的特殊性、立体效果，达到产品宣传的目的。Maya 制作的产品（自行车）设计效果图如图 1-5 所示。

图 1-4　使用 Maya 制作的游戏画面

图 1-5　Maya 制作的自行车设计模型

（4）虚拟现实应用。随着数字媒体艺术、信息技术的飞速发展，虚拟现实技术成为科技发展的必然趋势，并应用在各个领域中。Maya 三维建模技术是虚拟现实系统最重要的基础组成部分，是虚拟现实应用的关键技术和步骤。三维建模是利用三维软件在虚拟空间中把二维建模部分前期设计好的图稿制作出立体的物体模型。模型的造型结构、布线规律以及三维空间是建模关键的三部分。三维建模作为三维动画项目制作的基础，其质量在一定程度上对三维动画的材质贴图和角色的制作过程起着决定性的作用。Maya 具有多边形建模板块，能创建三维虚拟环境和制作三维模拟动画，采用新的运算法则提高了性能。使用 Maya 制作出的虚拟现实作品《虚拟美术馆》场景如图 1-6 所示。

（5）建筑表现。室内设计和建筑外观表现、园林设计大多使用 Maya 制作而成，设计人员使用 Maya 首要的工作目标是制作建筑效果，Maya 软件除了可以创建静态效果图，还可以制作出三维演示动画和虚拟现实的效果，直观地向观众展示建筑效果。建筑外观表现效果图如图 1-7 所示。

图 1-6　虚拟现实作品《虚拟美术馆》场景

图 1-7　Maya 制作的建筑外观表现设计

3）虚拟现实项目中 Maya 的工作流程

为了更好地学习和使用 Maya，前期需要针对 Maya 制作模型项目的流程相关知识进行学习与了解。虚拟现实技术项目中Maya建模工作模块的流程一般包括策划方案、制作模型、材质设计、创建摄像机与灯光、创建动画、渲染及后期处理等六个环节。

（1）制订策划方案是项目正式开始前所进行的前期准备工作，该阶段会针对虚拟现实项目的故事背景、最终视觉效果以及所需技术手段进行设定。需要专业人员进行统筹与策划包括项目场景的视觉风格、整体框架结构、剧本设计以及总体效果构思等。

（2）在虚拟现实项目中，Maya建模是基础步骤，做出符合项目要求、保证质量的模型对项目至关重要。Maya提供了多种建模方式：①从不同的三维基本几何图形开始建模；②使用二维图形通过专业的修改器进行建模；③可以将对象转换为多种可编辑的曲面类型进行建模，设计师可以根据操作习惯或项目需求进行选择。

（3）完成模型的制作后，需要为其赋予材质。尤其是虚拟现实项目中，大多数模型材质要求模拟真实物理质感，需要为其设置合适的材质纹理。Maya提供了许多材质类型，既有能够实现折射和反射的材质，也有能够表现凹凸不平的表面材质，因此无论是贴图的选择还是材质的调整，通常情况下，都需要设计师进行反复的调整与测试。

（4）灯光是一个三维场景不可缺少的元素，灯光的创建与项目需求、摄像机角度有一定的关系，因此一般先为场景创建合适的摄像机来表现场景视角。在Maya中既可以创建普通灯光，也可以创建基于物理计算的光度学灯光或者天光、日光等模拟真实世界的照明系统。通过为场景增加摄像机可以定义一个固定的视口，用于观察物体在虚拟三维空间中的运动，从而获取真实的视觉效果。

（5）在虚拟现实项目中需要利用Maya的“创建动画”这一核心功能，通过创建关键帧动画、路径和约束动画、角色动画等方式，模拟真实世界各类物体的运动效果。

（6）渲染及后期处理是Maya模型制作的最后一步，也是前期工作的最终表现。渲染场景时，设计师可以根据项目需求，添加相应的效果并选择合适的渲染器。渲染完成后，需要通过第三方软件对渲染效果进行再加工处理，即后期的合成处理并输出最终效果。

2. Maya 2020 界面介绍

在利用Maya 2020进行模型制作的过程中，需要应用许多命令和工具。Maya 2020主界面由菜单栏、状态行工具栏、工具架、常用工具栏、视图面板、通道/属性栏、命令栏/反馈栏和帮助栏八大模块组成。下面简要介绍各个模块的主要功能和用途。

1）主界面

在安装好Maya 2020后，双击桌面的相应图标即可运行Maya。当启动后就会进入其主界面，该界面由多个部分组成，包含所有的Maya工具。Maya 2020的工作视图默认背景色为深灰色，按组合键Alt+B可以切换Maya的背景色，如将背景改成浅灰色。Maya 2020的工作界面如图1-8所示。

2）菜单栏

菜单栏位于Maya窗口的顶部，几乎包括了操作软件程序的所有命令工具，每个菜单的名称表明该菜单上命令的大致用途。单击菜单名称时，即可打开主菜单或多级级联菜单，菜单栏中的“文件”“编辑”“创建”“选择”“修改”“显示”和“窗口”七个菜单在Maya中始终可用。菜单栏如图1-9所示。

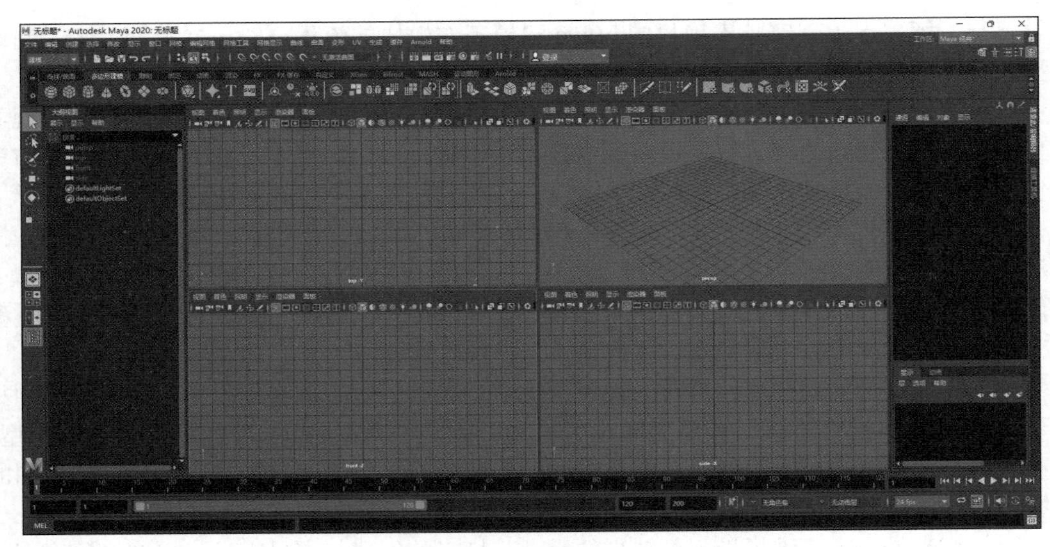

图 1-8　Maya 2020 的工作界面

图 1-9　Maya 2020 的菜单栏

3）状态行工具栏

状态行工具栏位于菜单栏下方，包含常用的工具。这些工具图标被垂直分割线隔开，单击垂直分割线可以展开和收拢图标组，状态行工具栏如图 1-10 所示，常用工具解析（见表 1-1）。

图 1-10　Maya 2020 状态行工具栏

表 1-1　常用工具解析

图标	名　称	功　能
	新建场景	清除当前场景并创建新的场景
	打开场景	打开保存的场景
	保存场景	使用当前名称保存场景
	撤销	撤销上次的操作
	重做	重做上次撤销的操作
	按层次和组合选择	使用选择遮罩来选择节点顶层级的项目或组合
	按对象类型选择	根据对象类型选择项目

续表

图标	名　称	功　能
	按组件类型选择	根据对象的组件类型选择项目
	捕捉到栅格	将选定项移动到最近的栅格相交点上
	捕捉到曲线	将选定项移动到最近的曲线上
	捕捉到点	将选定项移动到最近的控制顶点或枢轴点上
	捕捉到投影中心	捕捉到选定对象的中心
	捕捉到视图平面	将选定项移动到最近的视图平面上
	激活选定对象	将选定的曲面转化为激活的曲面
	选定对象的输入	控制选定对象的上游节点连接
	选定对象的输出	控制选定对象的下游节点连接
	构建历史	针对场景中的所有项目启用或禁止构建历史
	打开渲染视图	单击此图标可打开“渲染视图”窗口
	渲染当前帧	渲染“渲染视图”中的场景
	IPR 渲染当前帧	使用交互式真实照片级渲染器渲染场景
	显示 Hypershade 窗口	单击此图标可以打开 Hypershade 窗口
	启动“渲染设置”窗口	单机此图标将启动“渲染设置”窗口
	打开灯光编辑器	弹出灯光编辑器面板
	暂停 Viewport2 显示更新	单击此图标将暂停 Viewport2 显示更新

4）工具架

工具架位于状态行工具栏下方，根据命令类型以及作用分为多个标签显示工具架，其中每个标签中包含了对应的常用命令图标，直接单击不同工具架中的标签名称，即可快速切换至相应的工具架。工具架解析见表 1-2。

表 1-2　工具架解析

工具架名称	功　能
曲面 / 曲线	由创建曲线、修改曲线、创建曲面及修改曲面的相关命令组成
多边形建模	由创建多边形、修改多边形及设置多边形贴图坐标的相关命令组成
雕刻	由对模型进行雕刻操作的相关命令组成
绑定	由对角色进行骨骼绑定和设置约束动画的相关命令组成
动画	由制作动画和设置约束动画的相关命令组成
渲染	由灯光、材质和渲染的相关命令组成
FX	由粒子、流体及布料动力学的相关命令组成
FX 缓存	由设置动力学缓存动画的相关命令组成

续表

工具架名称	功　　能
Arnold	由设置真实的灯光及天空环境的相关命令组成
Bifrost	由设置流体动力学的相关命令组成
MASH	由创建 MASH 网格的相关命令组成
运动图形	由创建几何体、曲线、灯光、粒子的相关命令组成
XGen	由设置毛发的相关命令组成

5）模块切换

Maya 拥有多个不同的菜单栏，用户可以设置模块命令的类型（包括建模、绑定、动画、FX、渲染），使 Maya 显示出对应的菜单命令。模式切换示意图如图 1-11 所示。

图 1-11　模式切换示意图

当“菜单集”为“建模”选项时，建模模式切换如图 1-12 所示。

图 1-12　建模模式切换

当“菜单集”为“绑定”选项时，绑定模式切换如图 1-13 所示。

图 1-13　绑定模式切换

当“菜单集”为“动画”选项时，动画模式切换如图 1-14 所示。

图 1-14　动画模式切换

当“菜单集”为 FX 选项时，FX 模式切换如图 1-15 所示。

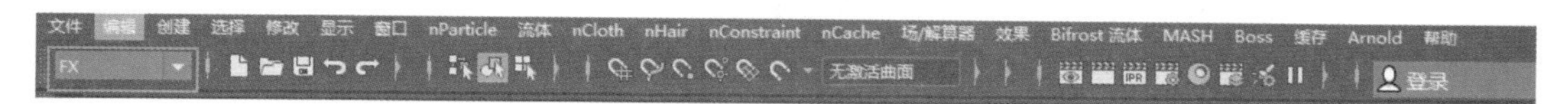

图 1-15 FX 模式切换

当“菜单集”为“渲染”选项时，渲染模式切换如图 1-16 所示。

图 1-16 渲染模式切换

单击菜单栏上方的双排虚线，可以将某一个菜单栏单独移动出来，操作步骤如图 1-17 和图 1-18 所示。

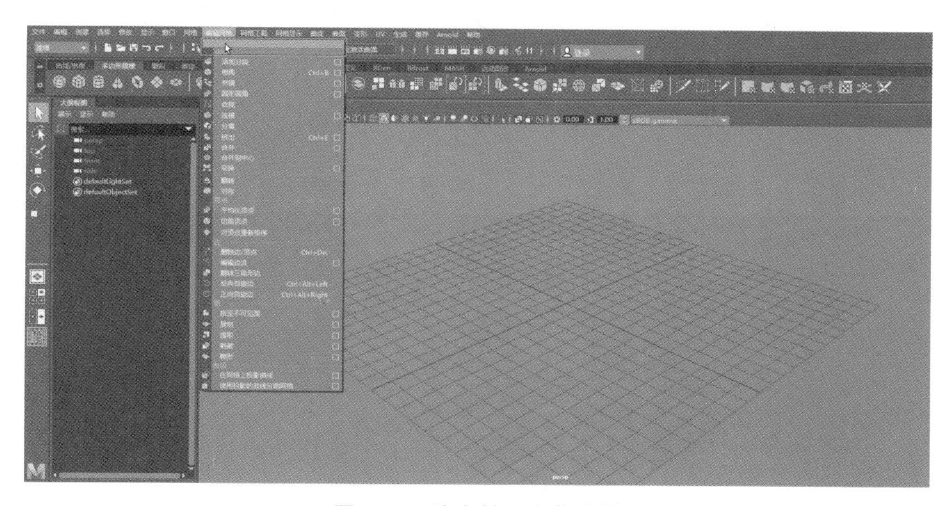

图 1-17 选中某一个菜单栏

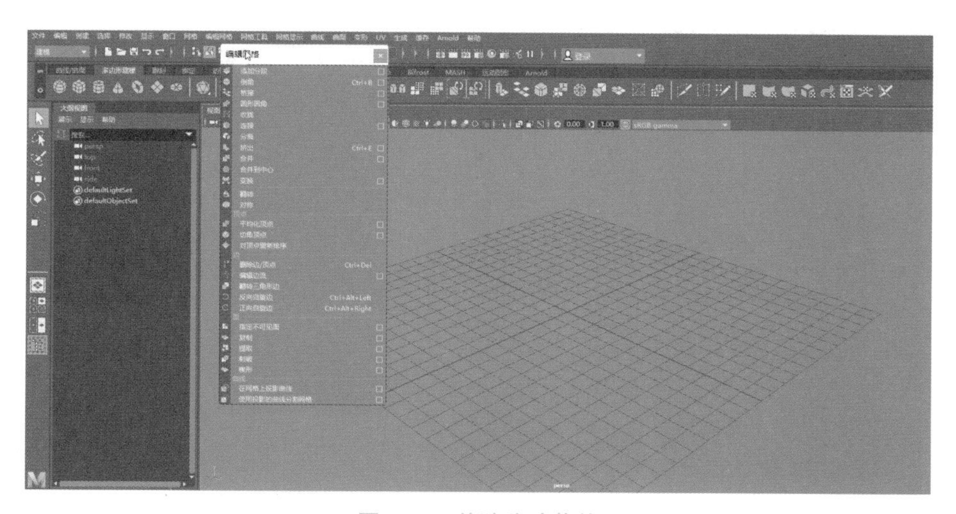

图 1-18 单独移动菜单

6）视图面板

视图面板是便于用户查看场景中模型对象的区域，占据操作用户界面的大部分。在视图面板中，可以使用摄像机视图、各种显示模式等不同的方式查看场景中的对象。单击视图面板菜单栏中的“面板”命令，可以根据自己的工作习惯随时切换操作视图，如图 1-19 所示。

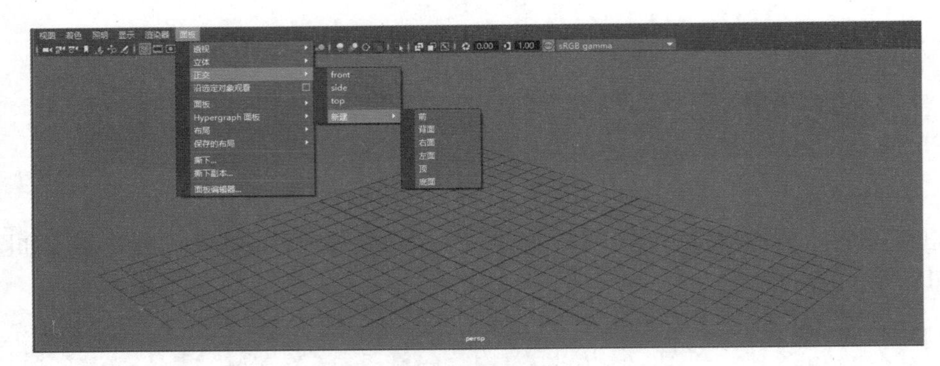

图 1-19　视图面板

按空格键，可以使 Maya 在一个视图与四个视图同时显示之间进行切换，如图 1-20 和图 1-21 所示。

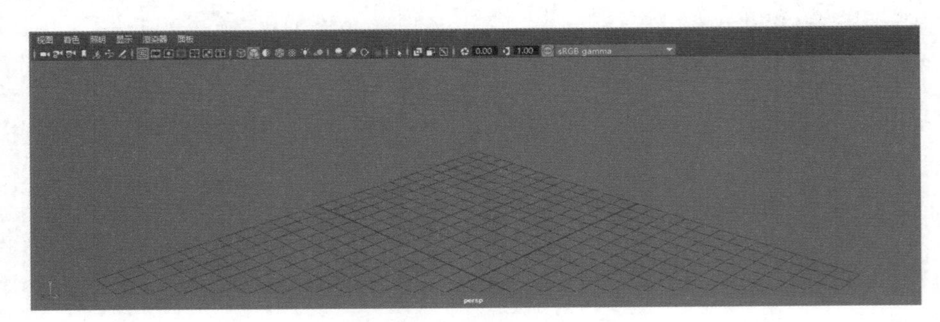

图 1-20　单一视图面板

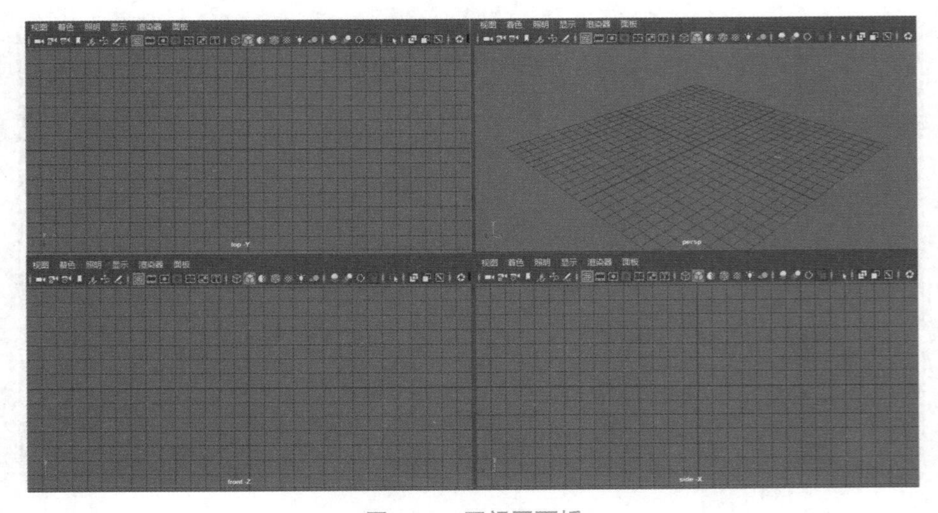

图 1-21　四视图面板

7）属性面板

“属性编辑器”处于界面右侧区域，主要用来修改物体的自身属性，提供了全面完整的节点命令和图形控件，如图 1-22 所示。其中，面板中各命令的数值可以同时按住 Ctrl 和鼠标左键拖曳进行滑动更改。

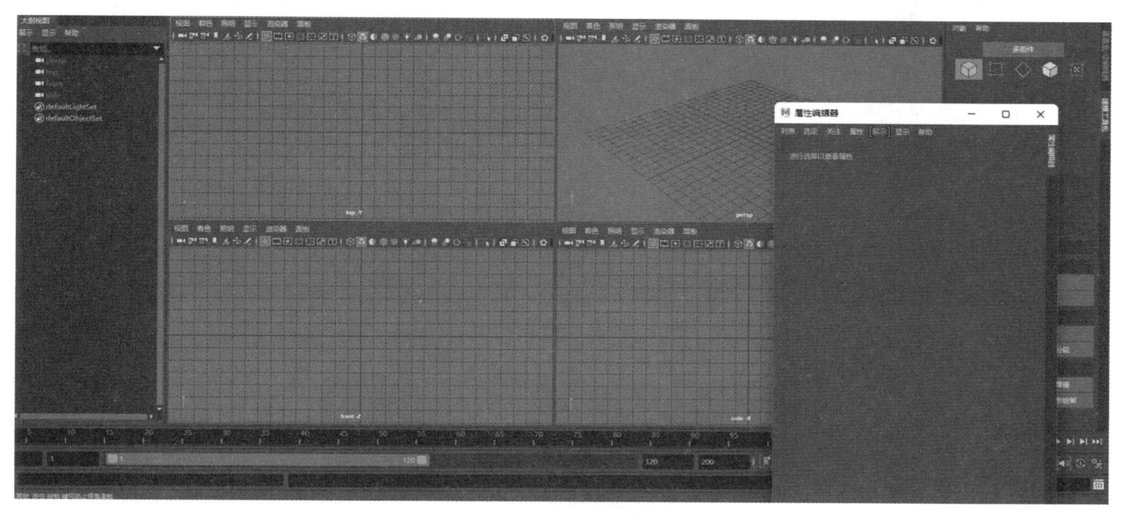

图 1-22 属性面板切换

8）命令栏 / 反馈栏、帮助栏

Maya 界面的最下方是命令栏 / 反馈栏、帮助栏。命令栏在左侧区域，用于输入单个 MEL 命令，右侧区域供用户提供反馈。如果用户熟悉 Maya 的 MEL 脚本语言，则可以使用这些区域。帮助栏主要显示工具和菜单项的简单描述，提示用户使用工具或完成工作所需的步骤，如图 1-23 所示。

MEL

图 1-23 MEL 命令

任务实施

设置 Maya 工作界面

设置 Maya 工作界面步骤如下。

【步骤 1】 双击 Maya 图标启动 Maya 2020。

【步骤 2】 Maya 2020 的工作视图默认背景色为深灰色，按组合键 Alt+B 可以切换 Maya 的背景色。如将背景色改成浅灰色，如图 1-24 所示。

【步骤 3】 单击菜单栏最右侧的“工作区”下拉列表，可以在其中选择工作界面，如图 1-25 所示。

【步骤 4】 选择“建模 - 标准”工作区，如图 1-26 所示。

【步骤 5】 Maya 2020 的工作界面中有一些工具和命令以高亮度的绿色显示，代表这些工具和命令是当前版本的新功能，如图 1-27 所示。

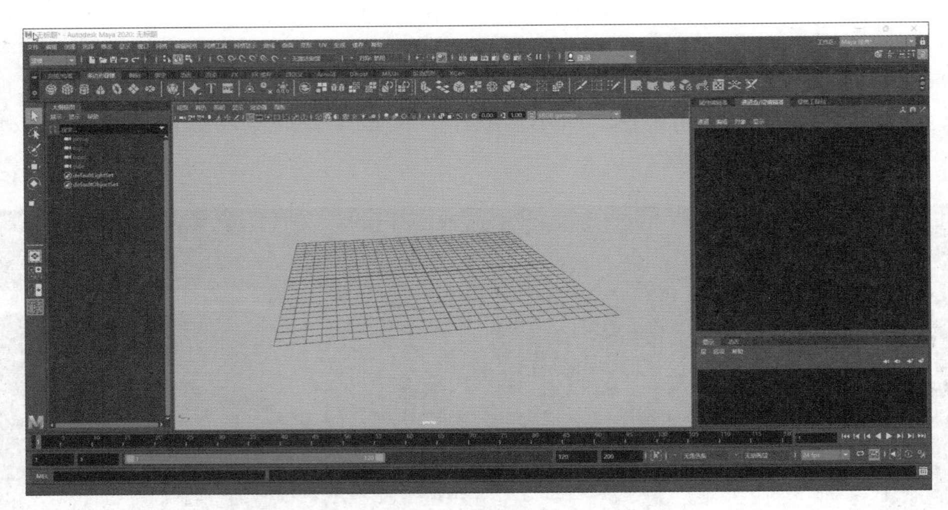

图 1-24　修改背景色

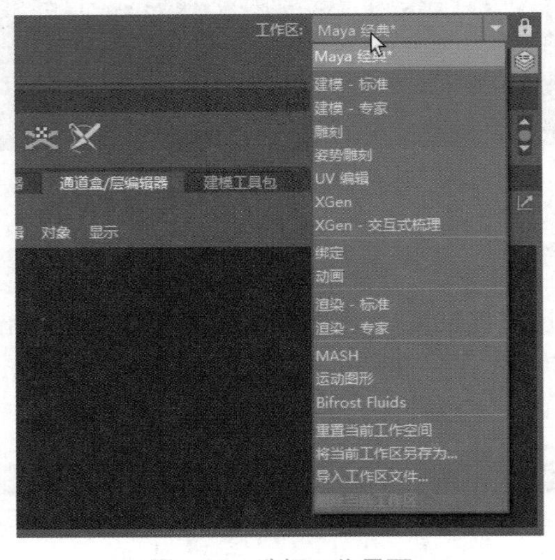

图 1-25　选择工作界面

图 1-26　选择“建模 - 标准”工作区

图 1-27　高亮绿色显示工具

【步骤 6】 在菜单栏执行“帮助→新特性→亮显新特性”命令，可以取消 Maya 新功能的亮显状态，如图 1-28 所示。

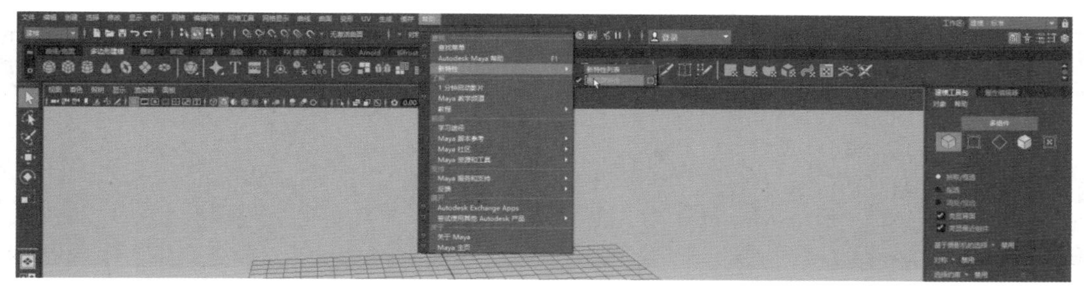

图 1-28 亮显新特性命令

任务 1.2 Maya 基础操作

任务目标

知识目标：掌握 Maya 基础物体的建模操作方法，了解软件界面视图控制以及工具基本功能、项目工程创建以及保存管理。

能力目标：掌握 Maya 建模的基本原理和视图界面的基本操作方法，掌握项目工程管理。

素质目标：培养学生积极进取、勇于挑战、善于发现和一丝不苟的敬业精神。

建议学时

2 学时。

任务描述

本任务针对 Maya 2020 的基本操作，在工作平台中创建、编辑场景元素，将有很多的动作、应用方式产生。本任务将介绍基础模型建模操作、物体编辑、视图控制和项目管理等内容。

知识归纳

1. 物体编辑

在使用 Maya 进行建模时，熟练掌握建模的基本操作是完成创作的必备技能。建模基本操作主要有选择、移动、旋转、缩放和复制等，以下针对各操作进行介绍。

1）物体选择

启动 Maya 2020 后，单击“多边形建模”工具架中的任意几何形模型图标，例如“球体”图标按钮，在视图中拖动鼠标左键即可在场景中创建一个球体模型，如图 1-29 和图 1-30 所示。

图 1-29 选择球体按钮

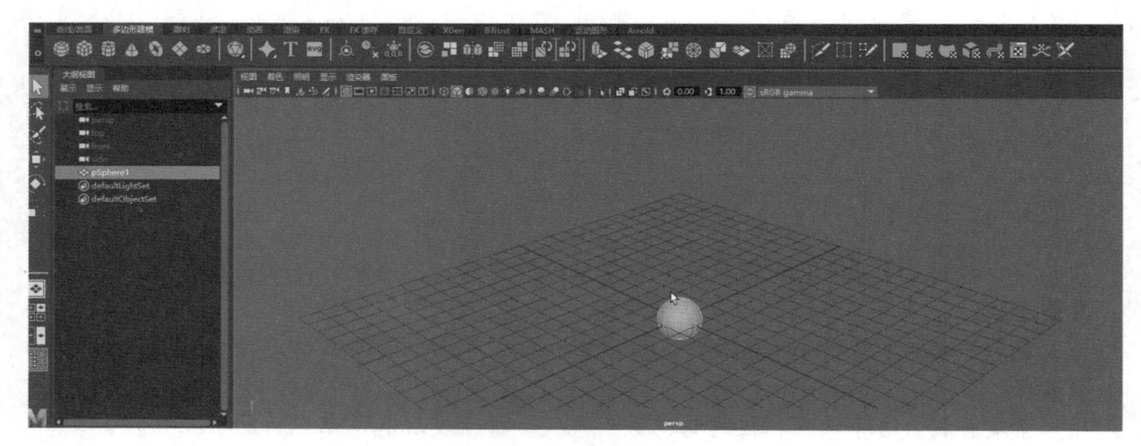

图 1-30 创建球体模型

在 Maya 的任意物体上执行某种操作之前，需要先要选中该物体，也就是说选择对象的操作是建模和设置动画过程的基础。Maya 2020 为用户提供了多种选择方式，如“选择工具”和在“大纲视图”面板中对场景中的物体进行选择等。

（1）选择模式。Maya 的选择模式分为“成组”“对象”和“组件”，用户可以在“状态行”中找到这三种选择模式对应的图标，如图 1-31~ 图 1-33 所示。

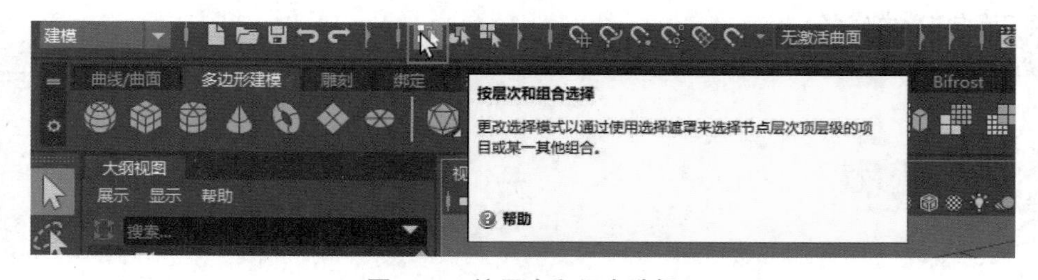

图 1-31 按层次和组合选择

① 成组选择模式。一般用于在 Maya 场景中选择已经设置成组的多个物体，如图 1-34 所示。

② 对象选择模式。它是 Maya 默认的选择物体模式。

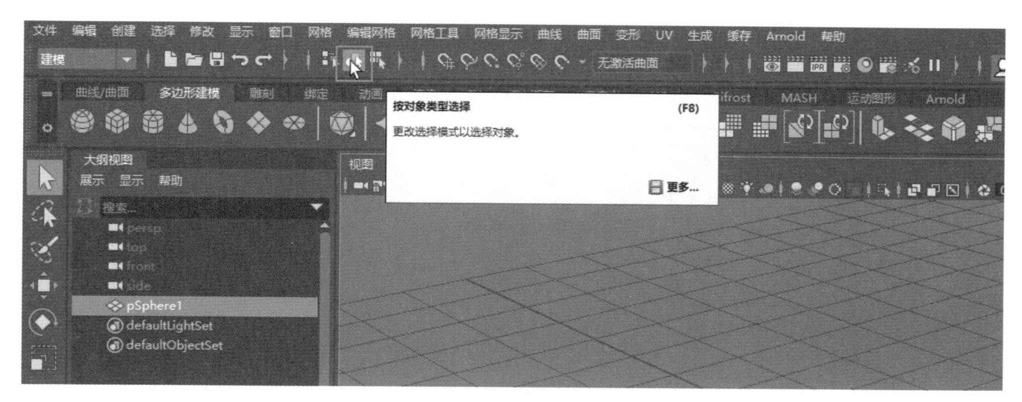

图 1-32 按对象类型选择

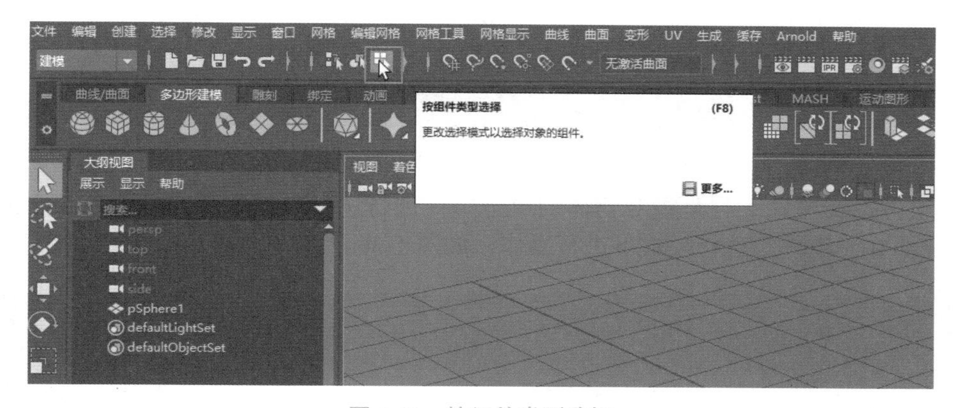

图 1-33 按组件类型选择

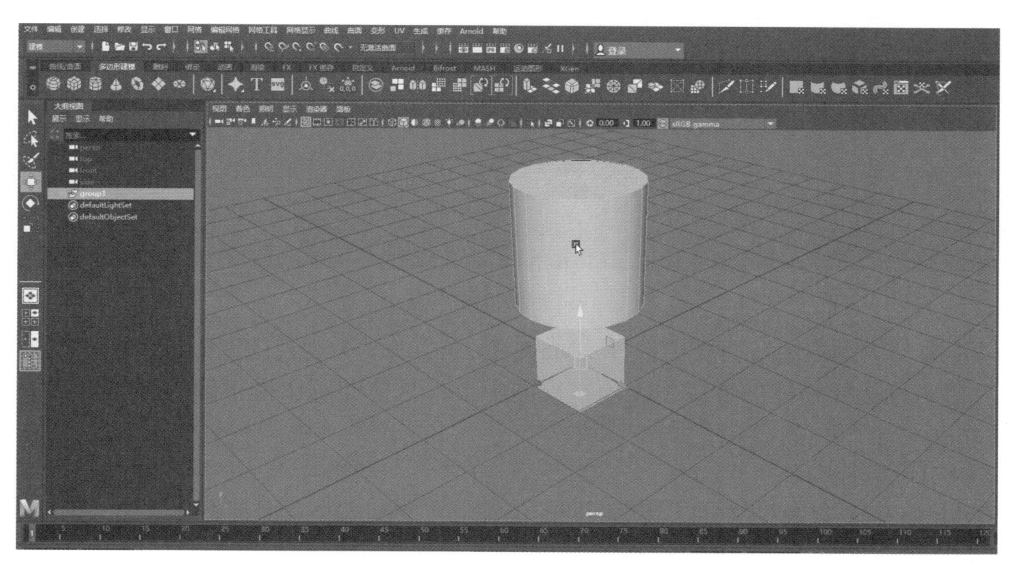

图 1-34 层次选择模式

注意： 在该模式下，选择设置成组的多个物体时，是以单个物体的方式进行选择的，而不是一次就选择所有成组的物体。

在 Maya 中按住 Shift 键进行多个物体的加选时，最后一个选择的物体总是呈绿色高亮显示，如图 1-35 所示。

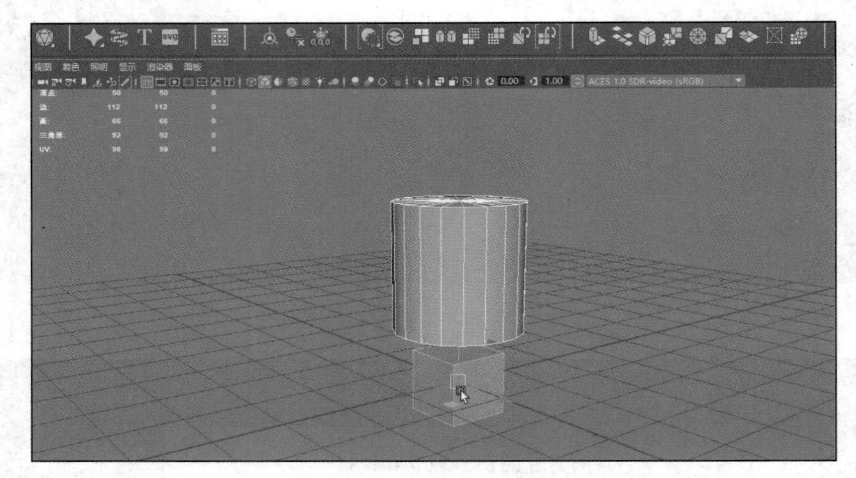

图 1-35　对象选择模式

③ 组件选择模式。它是指对物体的单个组件进行选择。例如选择一个对象上的几个顶点，需要在“组件”选择模式下进行操作，如图 1-36 所示。

图 1-36　组件选择模式

（2）在“大纲视图”面板中选择。Maya 2020 中的“大纲视图”面板为用户提供了一种按对象名称选择物体的方式，无须在视图中单击物体即可选择正确的对象，如图 1-37 所示。

2）物体移动

在 Maya 中，变换对象可以改变模型的位置、方向和大小，但是不会改变对象的形状。Maya 工具箱中提供了多种用于变换对象操作的工具，主要包括移动、旋转和缩放三种基本操作，单击对应的工具图标可以在场景中进行相应的变换操作。

移动，也称为平移，是相对于对象的枢轴或平面更改对象的空间位置。键盘上 W 是启动“移动工具”的快捷键。当旋转多个对象时，可根据公用枢轴点移动，该枢轴点取决于添加到当前选择的最后一个对象。移动有七种情况，即沿 X、Y、Z 三个轴向移动，沿 XY、XZ、YZ 三个平面移动以及轴点处的自由变换，如图 1-38 和图 1-39 所示。

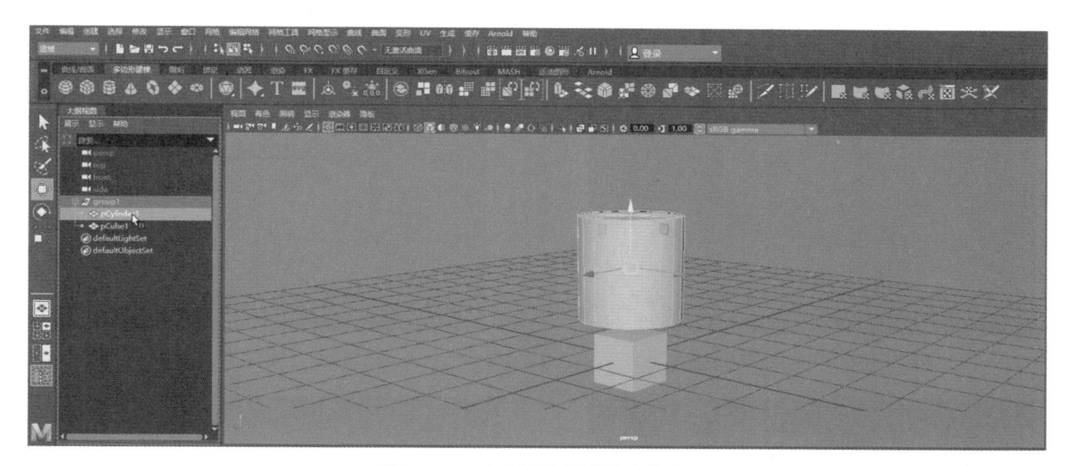

图 1-37 大纲视图面板中选择

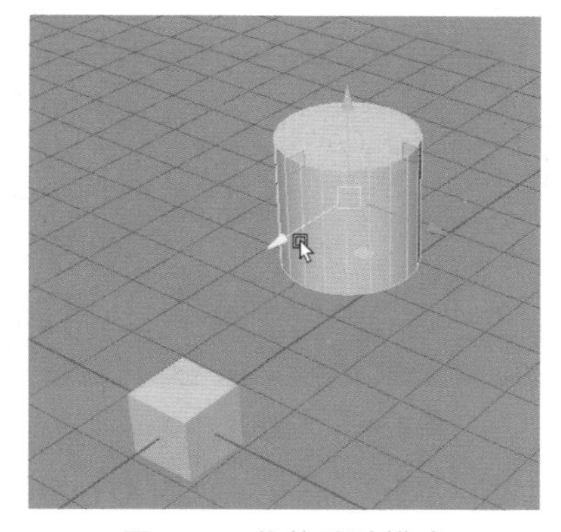

图 1-38 物体移动模式

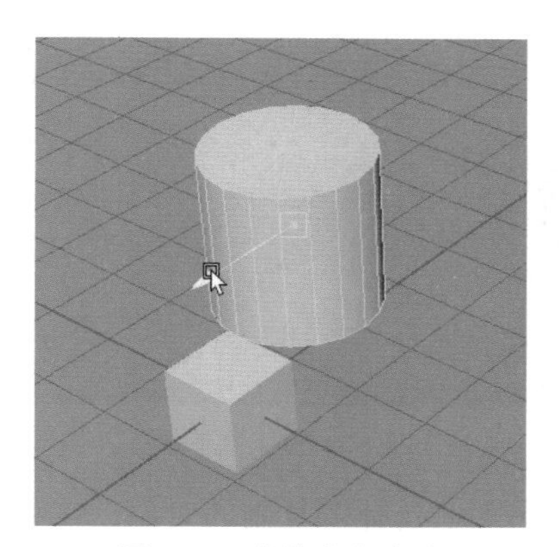

图 1-39 物体方向移动

3）物体旋转

旋转对象是指将围绕对象枢轴更改对象方向。当选择多个对象时，在公用枢轴点处旋转枢轴所在的位置。键盘上 E 是启动“旋转工具”的快捷键。使用旋转工具操作对象时，对象处将出现图 1-40 和图 1-41 所示标识，其中红色代表 X 轴旋转，绿色代表 Y 轴旋转，蓝色代表 Z 轴旋转。

4）物体缩放

缩放对象将从对象的枢轴处开始更改对象大小。键盘上 R 是启动“缩放工具”的快捷键。使用缩放工具操作对象时，可沿 X、Y、Z 三个轴向或 XY、XZ、YZ 三个平面上进行缩放，而拖动中心轴点可以沿所有方向均匀缩放对象，如图 1-42 和图 1-43 所示。

5）物体复制

在场景模型的制作过程中，复制物体是一项必不可少的基本操作。例如，要快速地在一空间中放置许多相同的模型，使用“复制”这一功能就会使这一过程变得非常简单、高效。在 Maya 2020 中复制对象主要有三种方式。

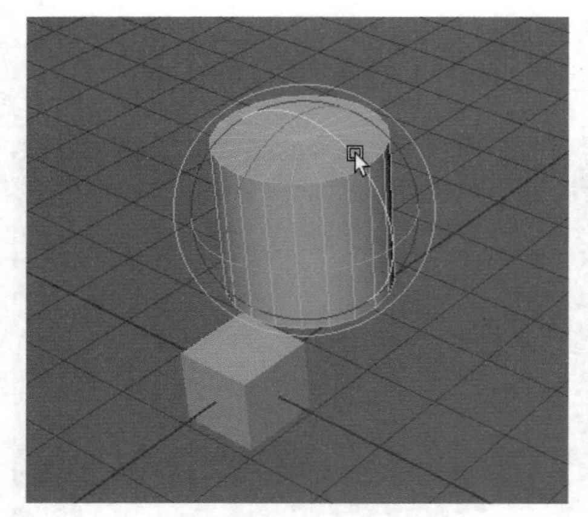
图 1-40　物体旋转模式

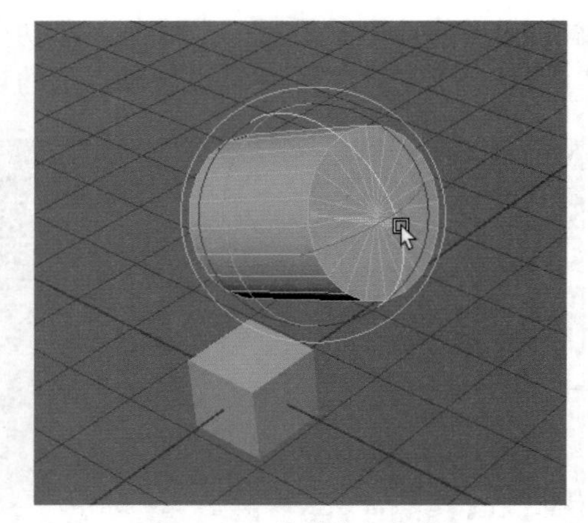
图 1-41　物体方向旋转

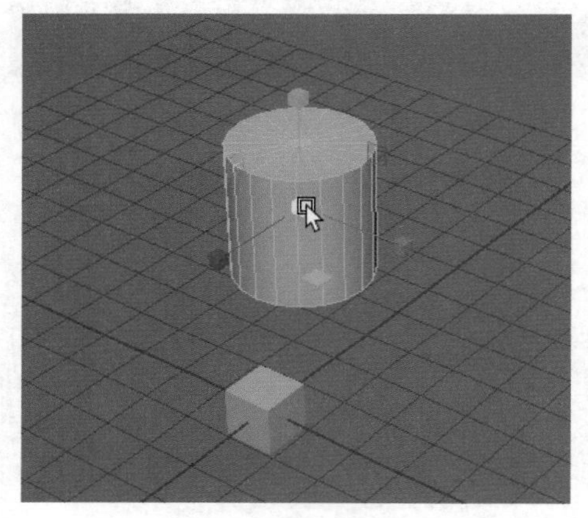
图 1-42　物体缩放模式

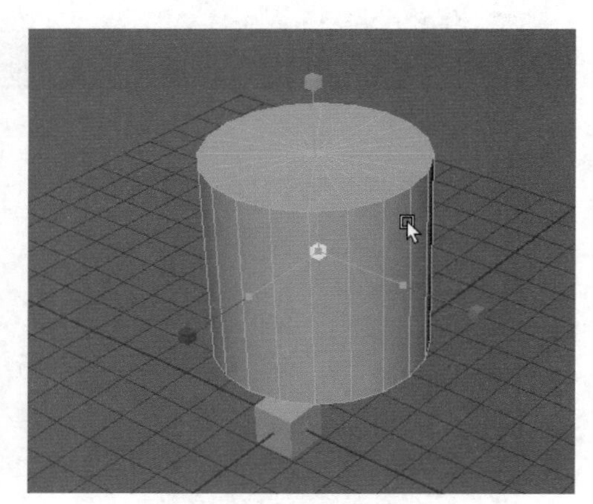
图 1-43　物体尺寸缩放

第一种：选择要复制的对象，在菜单栏执行“编辑→复制”命令，即可原地复制出一个相同的对象。

第二种：选择要复制的对象，按组合键 Ctrl+D，也可原地复制出一个相同的对象。

第三种：选择要复制的对象，按住 Shift 键，并配合变换操纵器也可以复制出一个相同的对象。

6）特殊复制

使用“特殊复制”命令可以在预先设置好的变换属性下对物体进行复制。如果希望复制出来的物体与原物体属性关联，那么也需要使用此命令。“特殊复制选项”面板中的参数如图 1-44 所示，常用参数解析见表 1-3。

2. 视图控制

视图是 Maya 的工作平台，可以创建、编辑场景元素，通过视图观察与编辑场景对象之间的相互关系。只有了解和掌握相应的视图操作，才能更便捷地完成三维模型项目制作。以下从视图切换、视图显示模式、视图的区别以及视图中物体显示与隐藏方面进行介绍。

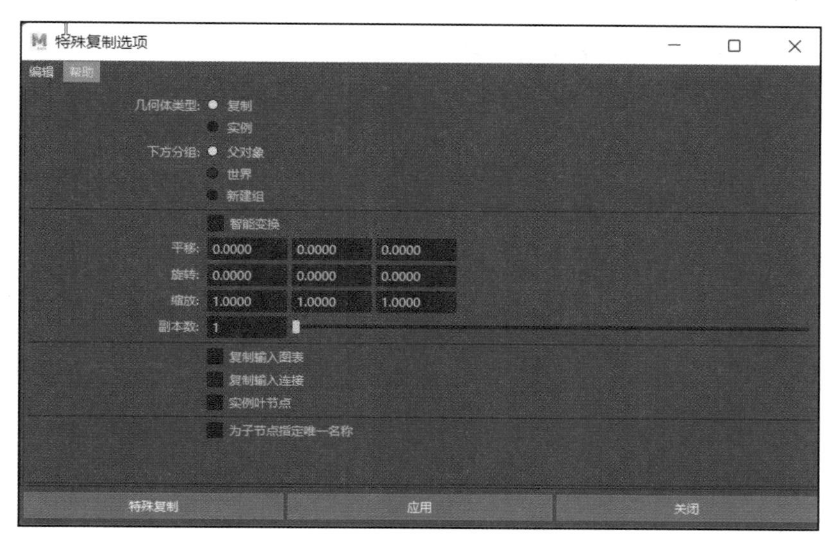

图 1-44 “特殊复制选项”参数面板

表 1-3 “特殊复制选项”面板中常用参数解析

参数名称	解　析
几何体类型	选择希望如何复制选定对象
下方分组	将对象分组到父对象、世界或新建组对象之内
智能变换	当复制和变换对象为单一副本或实例时，Maya 可将相同的变换应用至选定副本的全部后续副本
副本数	指定要复制的物体数量
复制输入图表	启用此选项后，可以强制对全部引导至选定对象的上游节点进行复制
复制输入连接	启用此选项后，除了复制选定节点外，也会复制为选定节点提供内容的相连节点
实例叶节点	对除叶节点之外的整个节点层次进行复制，将叶节点实例化至原始层次
为子节点指定唯一名称	复制层次时会重命名子节点

1）视图切换

如任务 1.1 中所介绍，按空格键可以使 Maya 在一个视图与四个视图同时显示之间切换，还可以按住空格键不放，在显示的热盒控件中心的 Maya 按钮上按住鼠标左键或右键，从弹出的标记菜单中选择对应的视图按钮并切换视图窗口，如图 1-45 所示。

2）移动、旋转和缩放视图

在不改变物体位置、大小、旋转等属性信息的前提下，为了方便观察视图中的对象，用户可以对视图进行相应的移动、旋转和缩放操作。

（1）移动视图。激活视图，按住 Alt 的同时，使用鼠标中键平移视图观察场景，如图 1-46 所示。

（2）旋转视图。激活视图，按住 Alt 的同时，按住鼠标左键拖住移动，即可旋转视图观察场景，如图 1-47 所示。

（3）缩放视图。激活视图，按住 Alt 的同时，按住鼠标右键拖住移动，即可缩放视图观察场景，如图 1-48 所示。

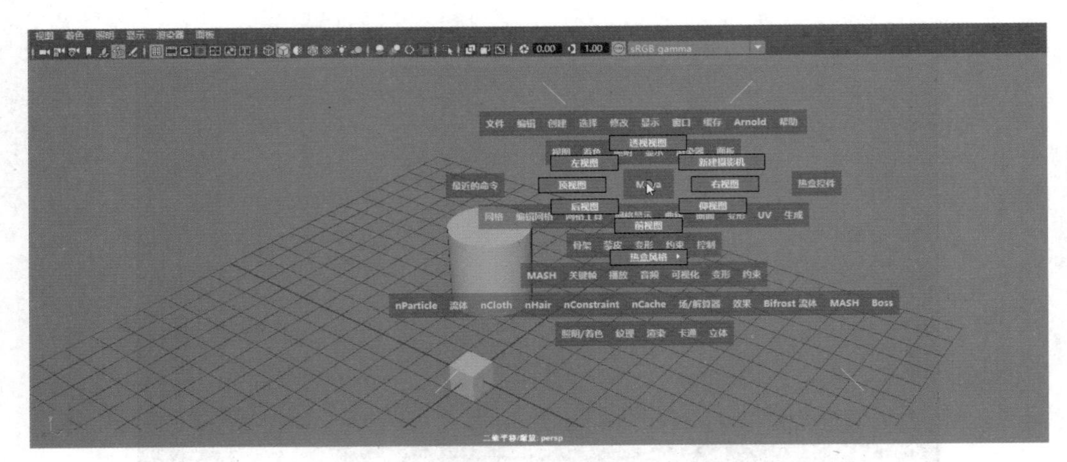

图 1-45　视图切换

图 1-46　移动视图

图 1-47　旋转视图

图 1-48　缩放视图

3）视图显示模式

在 Maya 的视图面板中，可以采用不同的方式更改对象的显示外观，如对象的显示模式（着色、纹理等）、线框颜色以及几何体的平滑度等。在视图顶部的面板菜单栏中单击“着色”菜单，从列表中选择相应的单选按钮，进行显示模式的切换，如图 1-49 所示。显示模式切换方式见表 1-4。

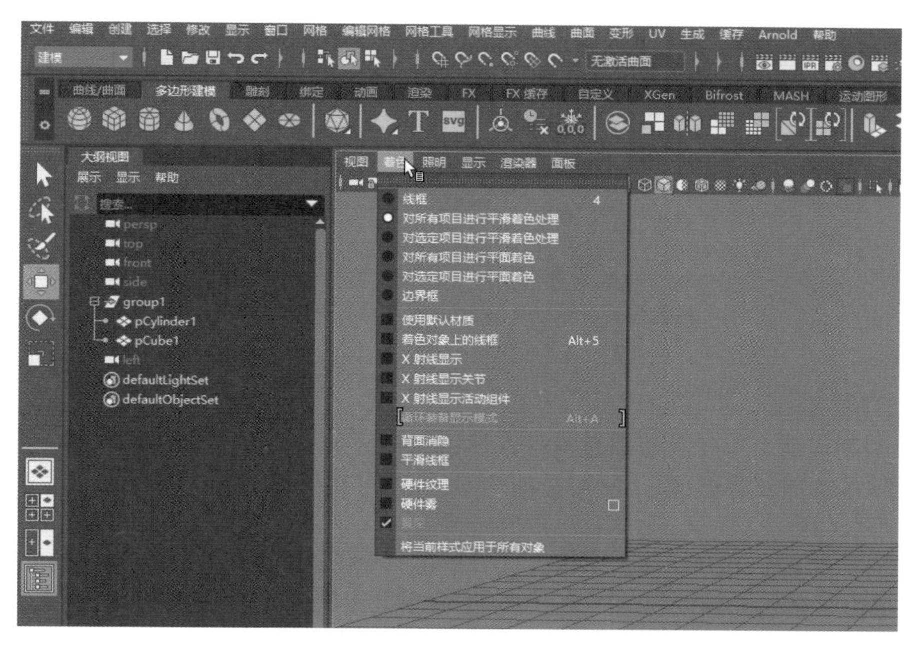

图 1-49　视图显示着色菜单

表 1-4　显示模式切换方式

显示模式	切 换 方 式
线框	用户可以单击视图面板工具栏中的“线框”按钮或者按快捷键数字键 4，切换至线框显示模式
着色	单击视图面板工具栏中的“对所有项目进行平滑着色处理”按钮或者按快捷键数字键 5，切换至着色显示模式
着色对象上的线框	在启用着色显示的基础上，单击视图面板工具栏中的“着色对象上的线框”按钮，启用着色对象上的线框显示模式
使用所有灯光	单击视图面板工具栏中的“使用所有灯光”按钮或者按快捷键数字键 7，启用灯光显示模式
边界框	在视图顶部的面板菜单栏中，打开“着色”菜单，选择“边界框”单选按钮，启用边界框显示模式

4）物体显示与隐藏

在使用 Maya 建模时，若遇到场景中的物体个数较多，容易造成操作失误、不易观察等情况出现，不利于对象的选择和编辑，这时可以利用物体显示或隐藏等命令来方便操作，可以将其选中，执行隐藏操作，然后在必要时再将其显示出来，物体显示与隐藏操作方式见表 1-5。

表 1-5　物体显示与隐藏操作方式

物体显示与隐藏	操 作 方 式
切换对象可见性	选择一个或多个对象，按 H 隐藏选定对象，再不退出选择状态情况下，按 H 显示选定对象
隐藏对象	选择一个或多个对象，按 Ctrl+H 组合键隐藏选定对象
隐藏未选定对象	选择对象后，按 Alt+H 组合键隐藏未选定对象
显示上次隐藏对象	在执行隐藏操作后，可以按下 Ctrl+Shift+H 组合键显示上次隐藏对象
显示特定隐藏对象	要显示特定的隐藏对象，首先需要选择该隐藏对象，用户可以打开大纲视图，而隐藏对象在大纲视图中以灰色文本显示，选择特定对象的名称后，按 Shift+H 组合键即可将其显示出来
显示或隐藏所有对象	在菜单栏中执行“显示 - 隐藏 - 全部”命令，隐藏所有对象；执行“显示 - 显示 - 全部”命令，显示所有对象
孤立对象	选择对象后，按下 Shift+I 组合键孤立当前选定对象，若要退出孤立对象模式，需在不选定任何对象的情况下，再次按下 Shift+I 组合键即可。此外，也可以按 Ctrl+1 组合键打开或关闭视图面板工具栏中的“隔离选择”按钮，从而孤立或取消孤立对象操作

3. 项目管理

在模型制作前，首先新建项目文件，然后保存好工程文件，最后进行下一步的制作。下面针对项目管理方法进行介绍。

1）创建工程

首次启动 Maya 2020 软件，系统会直接新建一个场景，可以直接在这个场景中进行操作。也可单击菜单栏并执行“文件 - 新建场景”命令进行项目场景创建，打开“新建场景选项”面板，会出现图 1-50 所示对话框，学习该面板中的参数，可以对 Maya 场景中的单位及时间帧的设置有基本了解，具体参数解析见表 1-6。

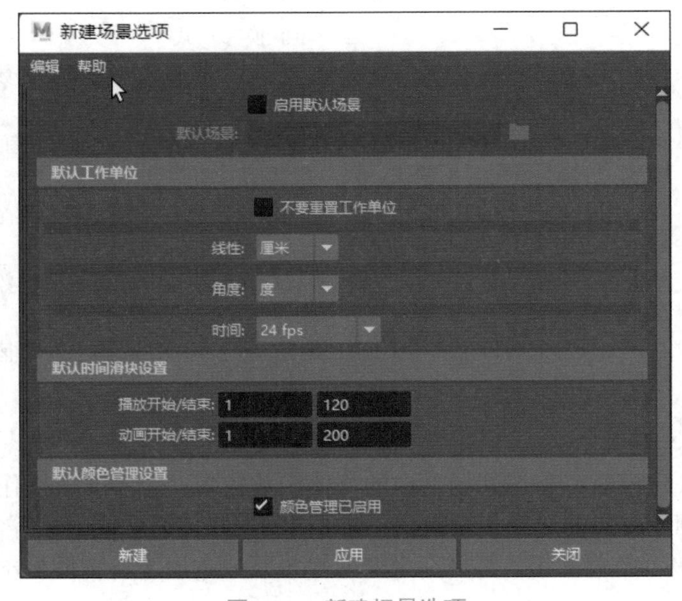

图 1-50　新建场景选项

表 1-6 "新建场景选项"面板中的参数解析

参 数 名 称	解　　析
启用默认场景	勾选该选项后，用户可以选择每次启动新场景时需要加载的特定文件，勾选的同时，还会激活下方的"默认场景"浏览功能
不要重置工作单位	勾选该选项，允许用户暂时禁用下方的单位设置命令
线性	为线性值设置度量单位，默认为厘米
角度	为使用角度值的操作设定度量单位，默认是度
时间	设定动画工作时间单位
播放开始 / 结束	指定播放范围的开始和结束时间
动画开始 / 结束	指定动画范围的开始和结束时间
颜色管理已启用	指定是否对新场景启用或禁用颜色管理

2）工程保存

（1）保存文件。创建工程并进行项目操作后，需要针对制作中的项目工程文件进行保存，并且设计师需要养成随时保存文件的良好习惯，以防项目制作过程中遇到设备断电、软件闪退等突发情况。在项目窗口中，可以在"当前项目"文本框输入项目名称，单击"位置"属性右侧的文件夹按钮，选择项目保存的位置。保存位置设置好后即可开始制作项目的模型。项目操作过程中，Maya 2020 提供了多种保存文件的途径，主要有以下三种方法。

第一种：单击 Maya 界面中的"保存"按钮，如图 1-51 所示，即可完成对当前文件的保存。

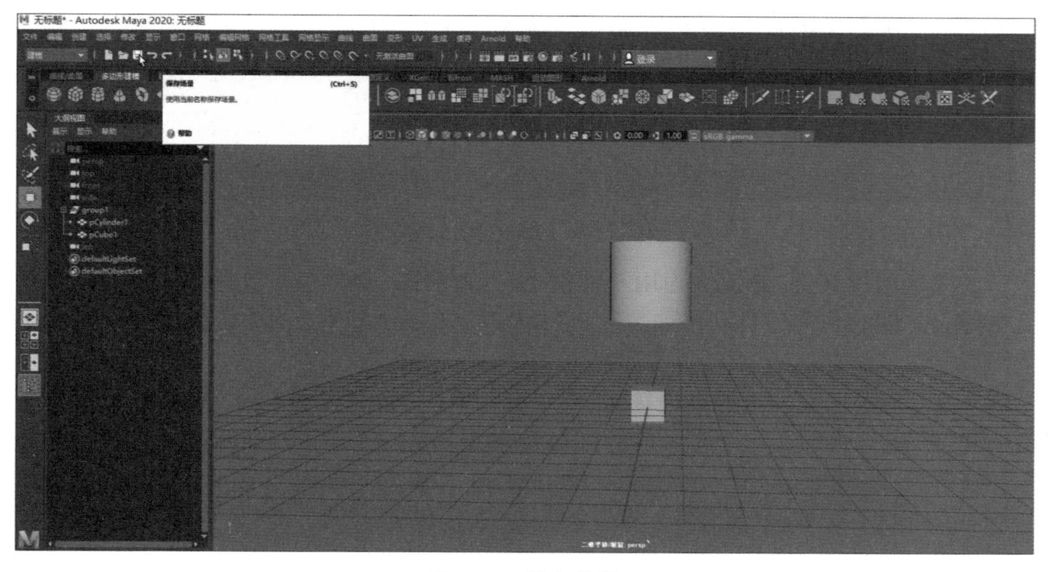

图 1-51　保存按钮

第二种：菜单栏执行"文件"→"保存场景"命令，如图 1-52 所示，即可完成对当前文件的保存。

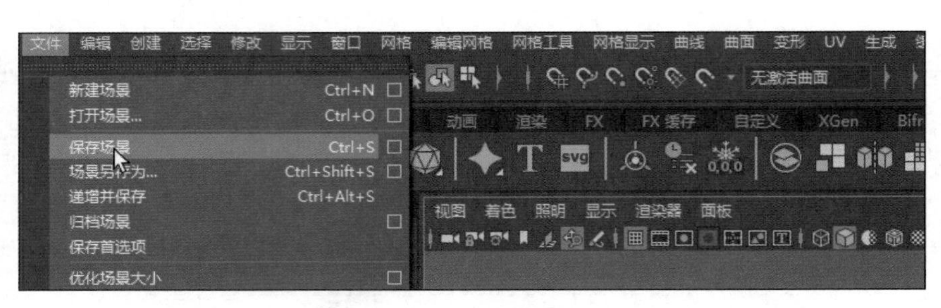

图 1-52　保存场景

第三种：按组合键 Ctrl+S，可以完成对当前文件的保存。

（2）自动保存文件。Maya 为用户提供了一种以一定的时间间隔自动保存场景的方法。如果用户确定要使用该功能，则需要先在 Maya 的“首选项”对话框中设置保存文件的路径和相关参数。单击菜单栏并执行“窗口”→“设置”→“首选项”命令，即可打开“首选项”对话框。在“类别”选项中选择“文件 / 项目”，勾选“自动保存”选项区中的“启用”选项，即可在下方设置项目自动保存的路径、保存的文件个数和保存时间间隔等，如图 1-53 和图 1-54 所示。

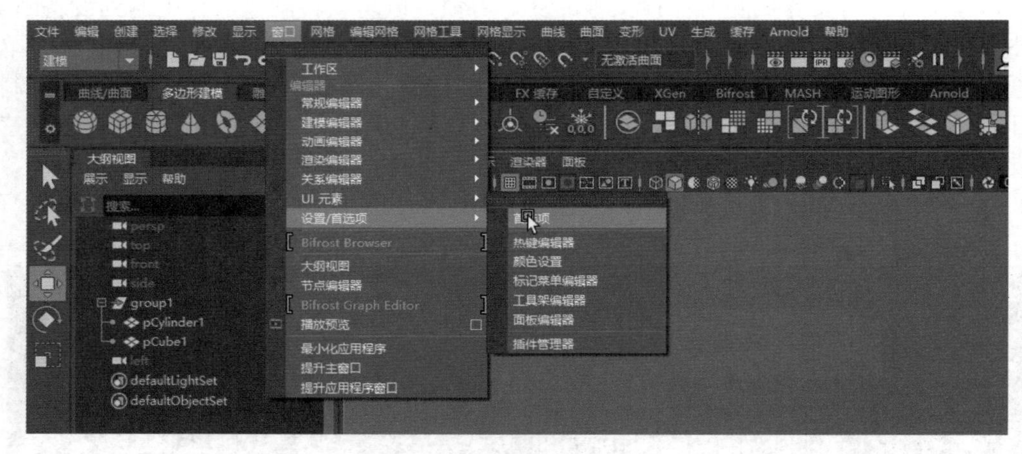

图 1-53　打开首选项对话框

（3）保存增量文件。Maya 为用户提供了一种叫作“保存增量文件”的存储方法，即采用在当前文件的名称后自动添加数字扩展名的方式不断地对工作中的文件进行存储，具体操作步骤如下。

第一步：将场景文件进行本地存储，然后在菜单栏执行“文件”→“递增并保存”命令，如图 1-55 所示，即可在该文件保存的路径目录下另存一个新的 Maya 工程文件。默认情况下，新场景文件的名称为 <filename>.0001.mb。每次创建新场景文件时，文件名就会递增 1。

第二步：保存后，原始文件关闭，新文件将成为当前文件。其中保存增量文件的快捷键是 Ctrl+Alt+S。

（4）使用“归档场景”命令可以很方便地将与当前场景相关的文件打包为一个压缩包文件，这一命令可以快速收集场景中所用到的贴图。

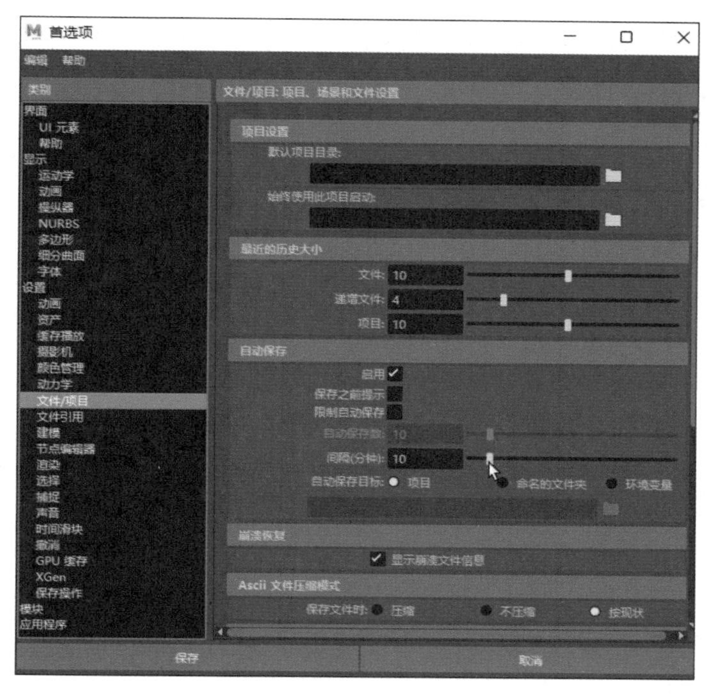

图 1-54 首选项对话框设置

图 1-55 保存增量文件

注意： 使用这一命令之前一定要先保存场景，否则会出现错误提示，如图 1-56 所示。

// 错误: line 1: 场景未保存，必须在归档之前保存它。

图 1-56 “归档场景”错误提示

任务实施

模型的复制

【步骤 1】 使用“多边形建模”工具架中的“球体”图标，在场景中创建一个球体模型，如图 1-57 所示。

【步骤 2】 选择创建的球体模型，按组合键 Ctrl+D 即可在同样的位置复制出一个新的球体模型，通过“移动工具”对其进行移动，如图 1-58 所示。

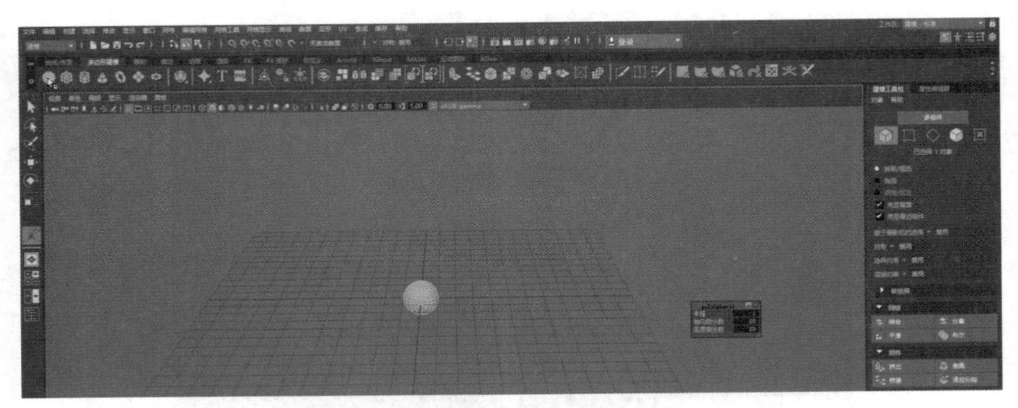

图 1-57　创建球体

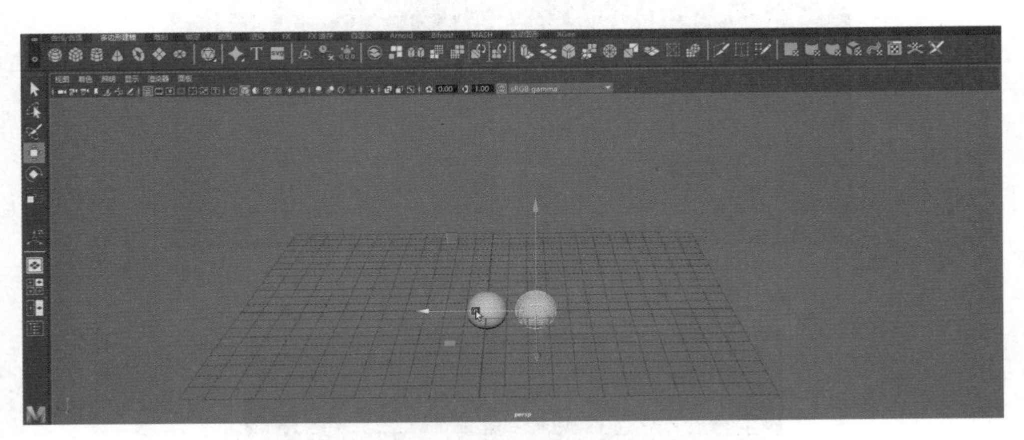

图 1-58　复制新的球体模型移动

【步骤 3】 按组合键 Shift+D 进行“复制并变换”操作，这样新复制出来的第三个球体模型会延续第二个球体与第一个球体之间的相对变换数据，如图 1-59 所示。

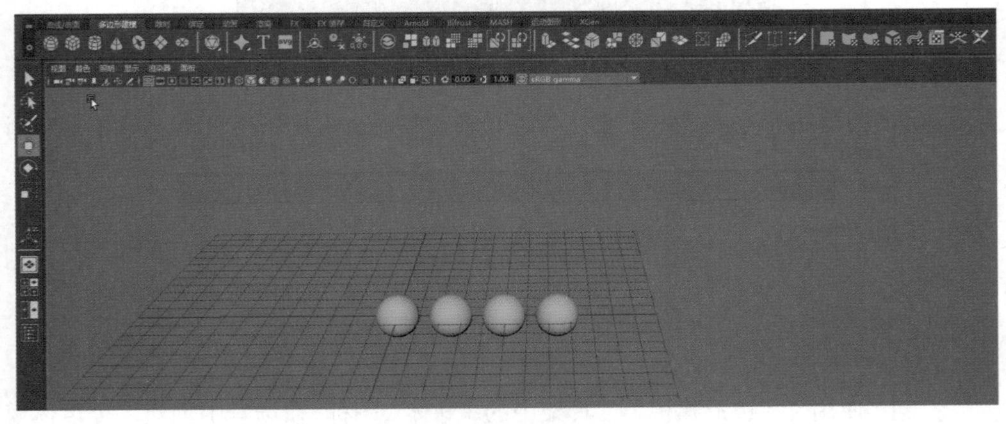

图 1-59　复制并变换

【步骤 4】 删除复制出来的两个球体模型，选择创建的第一个球体模型，单击菜单栏“编辑 / 特殊复制”命令后面的球体，打开“特殊复制选项”面板，将“几何体类型”的选项设置为“实例”，如图 1-60 所示。

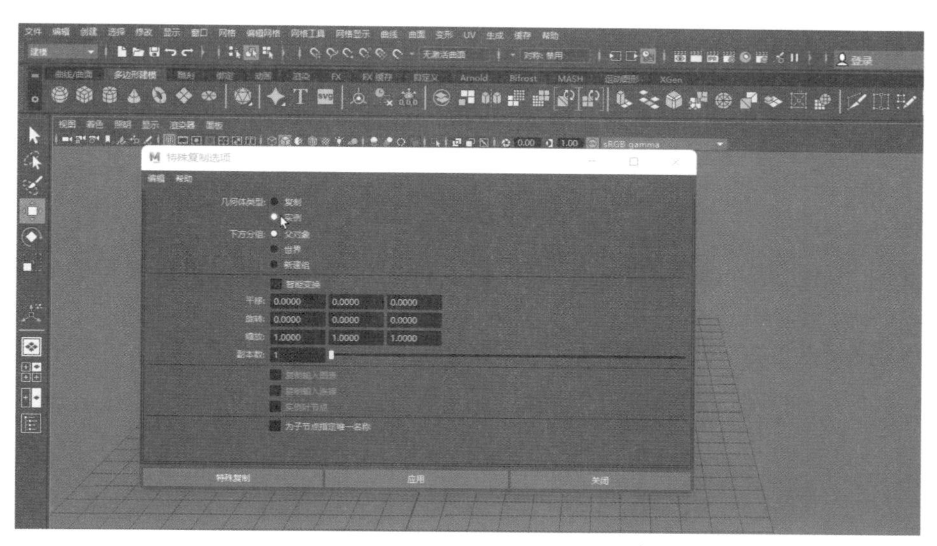

图 1-60 特殊复制选项

【步骤 5】 单击“特殊复制选项”面板下方的“特殊复制按钮”，对选择的球体模型进行特殊复制操作，再次使用“移动工具”对其进行移动。在“属性编辑器”面板中调整球体的“高度”参数，如图 1-61 所示。这时，场景中的两个球体模型都会出现对应的变化，如图 1-62 所示。

图 1-61 调整高度参数

图 1-62 两个球体同时变化

◈ 项 目 小 结 ◈

本项目针对 Maya 2020 的应用领域、工作界面和基本操作等内容进行了详细介绍，本项目是学习 Maya 2020 的入门知识点。希望读者对 Maya 2020 的各种常用工具的操作多加练习，为学习后面的章节打下坚实的基础。

◈ 实 战 训 练 ◈

1. 使用 Maya 2020 多边形建模，对模型进行变换操作，重点更改模型的位置、角度及大小。

2. 使用 Maya 2020 多边形建模，完成多边形建模复制与组合操作。

虚拟现实模型制作

项目导读

虚拟现实是在虚拟的数字空间中模拟真实事物，在这一过程中离不开逼真的数字三维模型，本项目主要介绍这类虚拟现实建模技术。在处理这类模型的过程中，主要用到两种建模方式，分别为 Polygon 建模方式（也称为多边形建模方式）和 NURBS 建模方式（也称为曲面建模方式）。随着科技的进步以及经济条件的好转，也可以采用扫描建模的方式制作高效逼真的三维模型。

在项目制作过程中，数字三维模型是第一要素，因此，选择快捷高效的建模方式至关重要。随着人们对虚拟现实技术更为深入地研究，近年来“元宇宙”概念也已成为此领域的另一代名词。“元宇宙”的本质是将现实世界的事物搬到虚拟时空当中(也称为平行宇宙)。基于这点认识，虚拟现实项目模型的精度和准度要求越来越高，建模必然使用多种适合的方式，综合灵活应用才能做出项目需要的准确模型。党的二十大报告指出，要加快建设网络强国、数字中国。建设数字中国是数字时代推进中国式现代化的重要引擎，是构筑国家竞争新优势的有力支撑。虚拟现实技术行业作为数字经济中的一部分，发挥着十分重要的作用。因此，对于这方面技术人才的需求很大。希望通过此项目能够为我国虚拟现实技术行业培养更多的模型制作专业人才，为数字中国建设添砖加瓦。

项目素质目标

- 培养学生善于运用 Maya 各种建模方式及技术制作还原真实事物的能力。
- 培养学生利用所学专业建模知识，能够熟能生巧，通过多种建模方式及技术更好地为虚拟现实项目服务的能力。

项目知识目标

- 了解模型制作的概念，掌握制作虚拟现实模型的方法及流程。
- 了解三维模型建模方式的原理和虚拟现实模型的特点。

项目能力要求

- 熟练使用 Maya 建模的相关工具命令。
- 掌握创建以及编辑修改模型的能力，并能在项目开发中灵活使用。
- 掌握模型制作的基本原则。

项目重难点

项目内容	工作任务	建议学时	技 能 点	重 难 点	重要程度
虚拟现实模型制作	任务 2.1　多边形建模	2 学时	多边形建模的概念、多边形基础模型创建以及编辑、多边形进阶模型创建以及编辑	多边形建模的基本原理	★★★☆☆
				多边形进阶模型的编辑、工具使用以及制作思路	★★★★★
				多边形模型布线的基本原则	★★★★☆
	任务 2.2　曲面建模	2 学时	曲线的创建、曲线的编辑以及修改方法，曲面的创建、曲面的编辑以及修改方法	曲线的创建方法	★★★☆☆
				曲线的编辑修改方法	★★★★☆
				曲线的编辑修改方法	★★★★★
	任务 2.3　虚拟现实“1+X”案例——机器猫模型制作	4 学时	多边形建模方式在真实案例中的应用	多边形初模创建	★★★☆☆
				多边形中模细化	★★★★★
				多边形模型布线优化	★★★★☆
	任务 2.4　虚拟现实“1+X”案例——牡丹花模型制作	4 学时	NURBS 曲面建模方式在真实案例中的应用	NURBS 曲面初模创建	★★★☆☆
				NURBS 曲面中模细化	★★★★★
				NURBS 曲面模型优化	★★★★☆

任务 2.1　多边形建模

任务目标

知识目标：理解多边形建模的概念，了解多边形建模方式的原理。

能力目标：掌握多边形建模的相关命令以及多边形建模方式的制作思路。

素质目标：培养积极进取、勇于挑战、善于发现和一丝不苟的敬业精神。

建议学时

2 学时。

任务描述

虚拟现实项目模型种类繁多，造型五花八门，模型精度超高，但面数不高，高质量要求决定了此类模型的制作方法必须适合绝大多数新手。因此，多边形建模方式应运而生。本任务就是要系统地学习多边形建模方式的相关概念以及如何使用多边形建模工具制作虚拟现实项目模型。

知识归纳

1. 多边形建模的概念

多边形建模也称为 Polygon 建模，是 Maya 主流建模方式，其建模原理类似玩橡皮泥，通过左拉右推来捏出一个造型。多边形建模的优势首先在于其操作非常方便，更易于初学者上手，建模过程非常直观，在操作过程中可以边操作边修改；其次，可以非常灵活地控制用此种建模方式制作的模型面数，而且后期模型布线的修改也很方便。

2. 多边形规则和不规则几何体模型

所有多边形模型的制作都是从创建多边形基本体开始的。这就犹如世间万事万物，不论复杂与否，皆源于小小的元素。古希腊著名哲学家阿那克西美尼曾说过“万物起源于气”，模型的塑造同理。我们应用软件当中的建模工具，通过对简单的基本体进行各种精雕细琢创建出最终的复杂模型。

1）多边形规则几何体模型

Maya 2020 中的多边形建模模块相对于较前版本功能更为强大，在此首先介绍基本模型的创建。其种类非常丰富，共包含了 12 种基本模型（规则几何体）。这些基本模型分别是立方体（Cube）、球体（Sphere）、圆柱体（Cylinder）、圆锥体（Cone）、平面（Plane）、环状体（Torus）、棱柱体（Prism）、棱锥体（Pyramid）、管状体（Pipe）、螺旋体（Helix）和足球体（Soccer Ball），具体如图 2-1 所示。

图 2-1　多边形规则几何体

2）多边形不规则几何体模型

多边形不规则几何体，顾名思义就是在规则形体基础上，通过对其层级元素进行调节而得到的几何体模型。不论其具体形状如何，多边形模型的显示方式都非常重要，这对我们认识和理解多边形建模知识非常必要。多边形显示方式如图 2-2 所示。

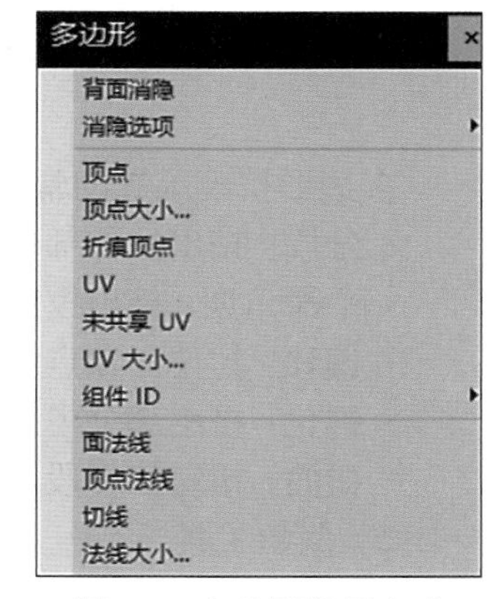

图 2-2　多边形显示方式

多边形显示的常用选项如下。

- 背面消隐：是否显示模型背面信息。有时建模为了节省系统资源，故意隐藏背面的线框，而且在一个面数超多的精模上选取多个点时，可以避免选错。
- 消隐选项：是否选择保留相应元素。在弹出的子菜单中，保持线框是指全部显示背面元素；保持硬边是指保留硬边显示；保持顶点是指保留点显示。

- 顶点：始终显示顶点，再单击一次该命令，就恢复默认状态。
- UV：始终显示模型 UV 位置，再单击一次该命令，就恢复默认状态。
- 未共享 UV：始终显示模型不共享 UV 位置，再单击一次该命令，就恢复默认状态。
- 组件 ID：显示每个元素的 ID 地址，分别是点、边、面和 UV。
- 面法线：显示模型的法线，再单击一次该命令，就恢复默认状态。
- 顶点法线：显示物体上点的法线，再单击一次该命令，就恢复默认状态。
- 切线：显示模型上每个顶点的切线，再单击一次该命令，就恢复默认状态。
- 法线大小：调节法线的长短。

3. 模型挤出与倒角

在进行Maya多边形建模时，最常用的两个命令是挤出和倒角。在介绍这两个命令之前，有必要了解一下与之相关的保持面与面合并的设置。此设置用于控制挤出命令的执行结果。能够实现模型在拉伸相邻的面或者边时，彼此是连接的或是孤立状态的。

1）挤出工具

这个工具主要用于对顶点、边和面进行拉伸变形。在不同的元素层级时，挤出工具的属性也会变换到对应的元素设置，单击该命令后，在右侧属性通道盒中可以通过对拉伸的参数进行调节来设置拉伸效果。具体参数面板如图 2-3 所示。

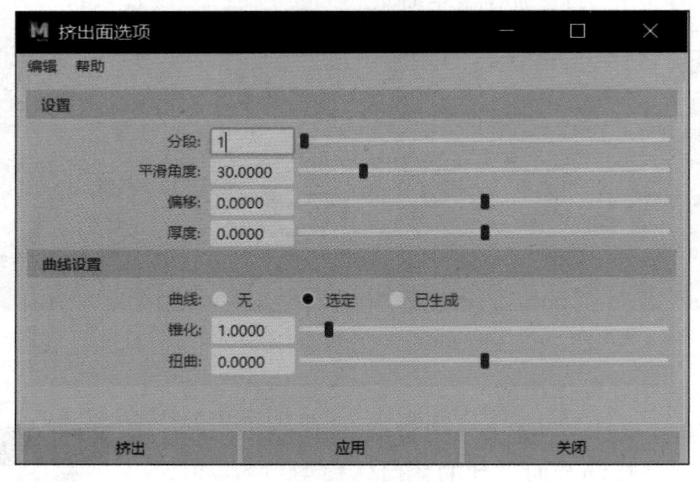

图 2-3　多边形挤出工具参数面板

多边形挤出工具的常用选项如下。

- 分段：挤出拉伸部分的分段数。
- 平滑角度：挤出模型部分的光滑角度。
- 偏移：拉伸面顶点与中心点位置的偏移值。
- 锥化：挤出部分模型的末端大小。
- 扭曲：扭转拉伸段。

2）倒角工具

Maya 在制作多边形模型时，对于物体结构的转折处理常用手法是使用倒角工具。倒

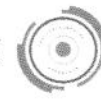

角工具在任何 Maya 版本的模型模块中都是存在的，并且功能不断加强。倒角工具主要是使模型的转折地方不会过于生硬，且有一些平滑的过渡效果，同时又能最大限度地保持原模型的具体造型不变。具体参数面板如图 2-4 所示。

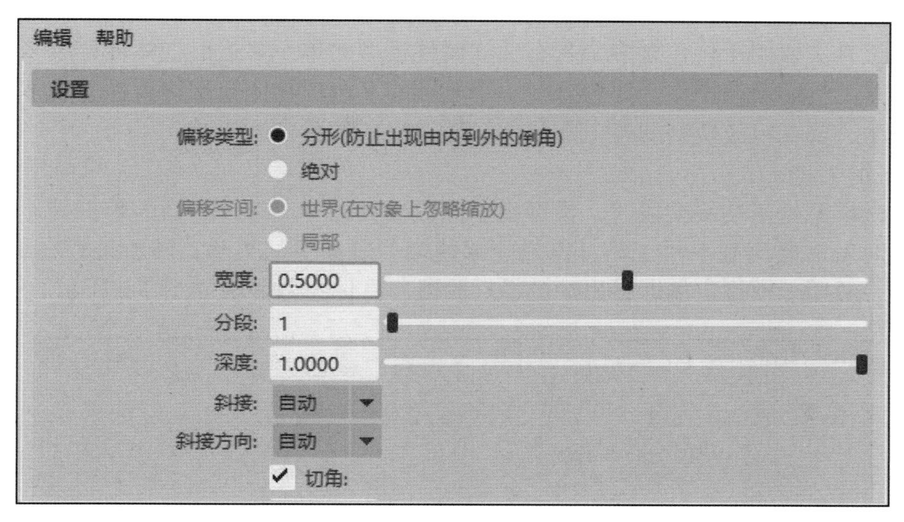

图 2-4 多边形倒角工具参数面板

多边形倒角工具的常用选项如下。

- 偏移类型：选择计算倒角宽度的方式。
- 偏移空间：通过缩放后的模型倒角是否继续按照等比例缩放倒角。
- 宽度：倒角后边与边之间的距离。
- 分段：倒角模型段部分的分段数。
- 深度：倒角形成的模型面凹凸效果。

4. 多边形模型合并、分离与平滑

在多边形建模中，经常需要将做好的模型的各个部分进行结合操作，或者将完整模型的某一结构进行分离操作，对于造型过硬、毛刺感过强的模型需要进行光滑处理。

1）合并工具

合并工具应用于将不一样的两个或者两个以上的多边形物体的边界边连接成一个多边形模型。使用合并工具后，多个物体虽然看似一个完整的多边形模型，但是如果合并前各个模型的边界边相距很远，则边界处不能合并在一起。具体参数面板如图 2-5 所示。

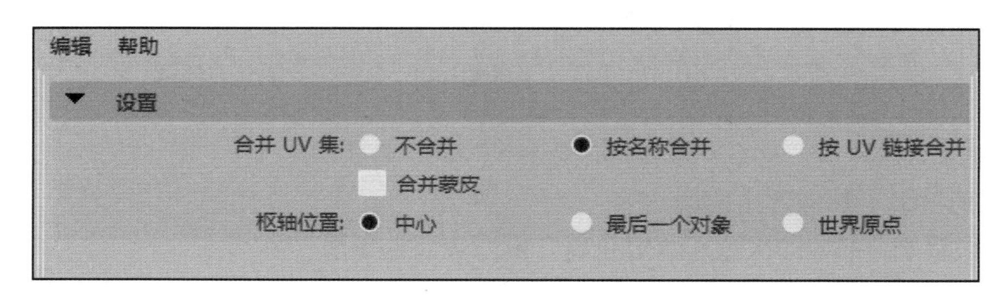

图 2-5 多边形合并工具参数面板

多边形合并工具的常用选项如下。

- 合并 UV 集：是否合并模型的 UV 信息。
- 枢轴位置：中心点的位置。

2）分离工具

分离工具主要用于将包含多个具有独立属性模型的单一多边形物体拆分成多个物体模型，是合并工具的反向操作。要想分辨一个复杂的多边形物体模型能否拆分成多个独立的多边形模型，要看组成模型的各个部分之间是否存在联系。

3）平滑工具

当所做模型处于初级阶段时，模型由于面数极其稀少，在一些面的转折处显得非常的生硬，此时就需要用到平滑工具，这样能够使模型表面更加柔和，转折处存在更多过渡。这个工具一般用于模型定稿即将出炉的最后阶段。具体参数面板如图 2-6 所示。

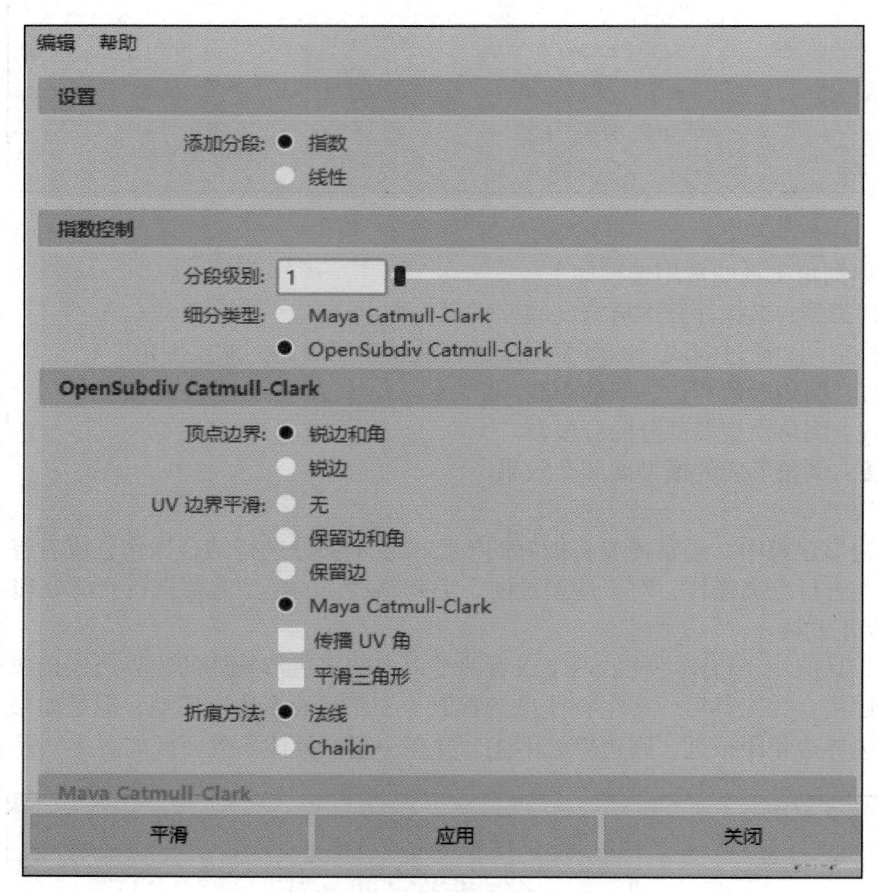

图 2-6 多边形平滑工具参数面板

多边形平滑工具的常用选项如下。

- 分段级别：细分的次数，数值越高，模型表面越平滑。
- 细分类型：使用的是 Maya 细分算法还是源图形技术细分算法。
- 顶点边界：参与细分的元素是点还是线，或者两者兼有。

- UV 边界平滑：采用哪种算法计算 UV 边界。
- 折痕方法：转折处的平滑计算方式。

5. 模型插入循环边与多切割

在制作复杂三维模型（场景 + 道具 + 角色）时，用得最多的工具就是插入循环边工具和多切割工具。在制作模型时，要遵循由大到小、由简到繁的原则制作。刚开始创建的模型都是比较规则的几何体，模型本身的结构线非常少。但是较少的结构线无法完成复杂模型的创建，这时就要考虑给模型加线。通常加线会用到插入循环边工具和多切割工具。

1）插入循环边工具

这个工具主要是在模型的边上添加新的边循环。插入循环边能精准地一次为多条结构线添加一条或者多条循环边。插入循环边工具的参数面板如图 2-7 所示。

插入循环边工具的常用选项如下。

- 与边的相对距离：循环边上每个点的位置跟所在边长度的比例保持不变。
- 与边的相等距离：循环边上每个点的位置跟最短边上的点与最近端点距离相等。
- 多个循环边：一次性添加多条等间距的循环边。
- 循环边数：设置循环边数。
- 自动完成：是否自动完成整条边循环。

2）多切割工具

多切割工具的作用是沿模型直面对多边形进行切片，可以自由切割多边形的面，而且这个工具还有一个非常强大的地方在于，其包含了之前插入循环边的部分功能。具体参数面板如图 2-8 所示。

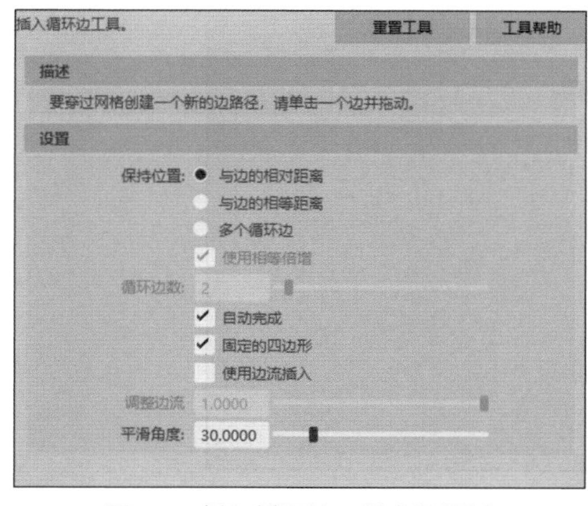

图 2-7　插入循环边工具参数面板

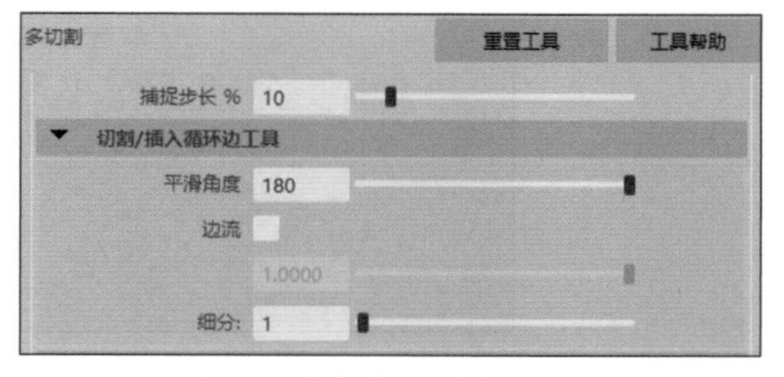

图 2-8　多切割工具参数面板

多切割工具的常用选项如下。

- 捕捉步长：吸附物体表面的间距。
- 平滑角度：多切割时的内置角度值。
- 细分：使用多切割时的细分等级。

6. 模型切角顶点与桥接

在制作三维模型时，有时模型布线需要比较有规律地开一个孔。此时，切角顶点工具就能够较好地实现这一点，而桥接通常是为了将两部分子模型很好地衔接。

1）切角顶点工具

这个工具的主要作用是将一个点以一段距离发射状连接到周围的边上，形成一个均匀的网格孔。具体参数面板设置如图 2-9 所示。

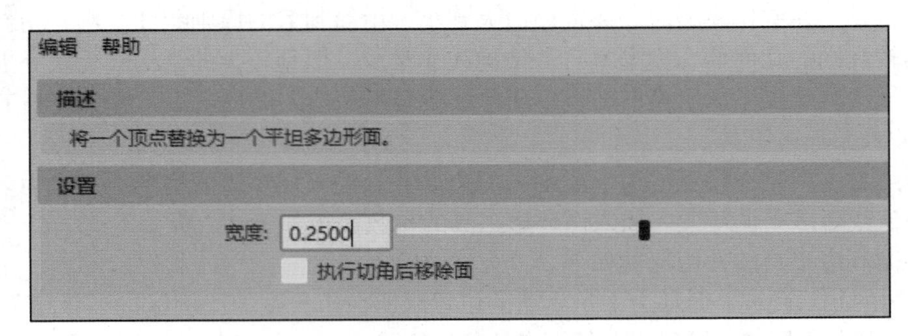

图 2-9 切角顶点工具参数面板

切角顶点工具的常用选项如下。

- 宽度：是指距离当前所选顶点多远距离创建切角。
- 执行切角后移除面：是指启用该选项后，不会使用新面填补切角区域。

2）桥接工具

在制作多边形模型时，有时需要将两部分不同的子模型衔接到一起，此时需要使用多边形桥接工具。这个命令的具体参数设置如图 2-10 所示。

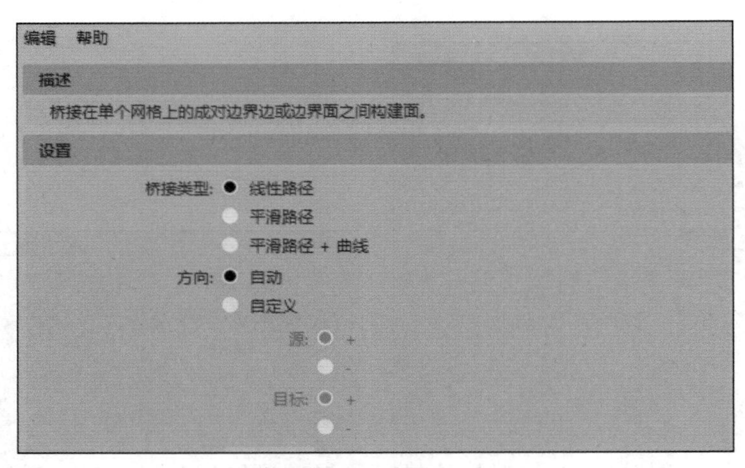

图 2-10 桥接工具的参数面板

桥接工具的常用选项如下。

- 桥接类型：是指桥接时模型接缝处理的类型。
- 方向：是指桥接处理时路径的方向。

7. 模型面的提取与复制

在制作三维模型时，如果需要提取某一个面，通常会用到提取面工具；如果创建一个与原物体本身某一结构一致的面，可以使用复制面工具。

1）提取面工具

此工具用于将多边形模型中的某一部分进行提取操作。

注意： 如果在执行 Maya 提取面命令时，显示只有一片已忽略，这是系统 bug 导致的，这时需要重启 Maya。

具体参数面板设置如图 2-11 所示。

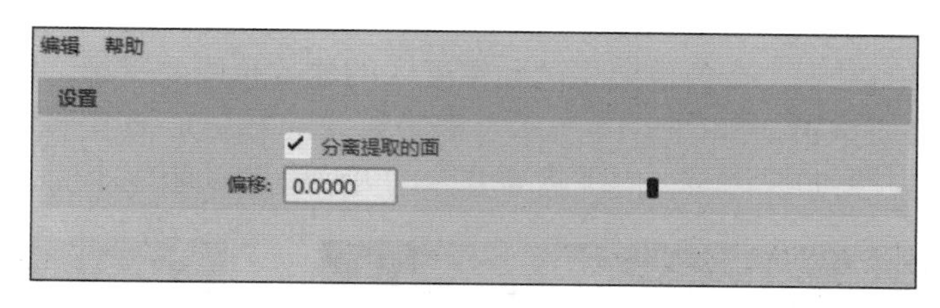

图 2-11　提取面工具的参数面板

提取面工具的常用选项如下。

- 分离提取的面：提取出来的面是否与原物体分离。
- 偏移：提取的面是否与原物体保持一定的距离。

2）复制面工具

此工具用于对模型表面的面进行复制。使用复制面工具时，要注意保持面的连接性的状态。如果勾选了保持面的连接性选项，当复制多个有共同边的面时，复制出来的面也将是连接在一起的；如果处于非选中状态，则复制出来的面是彼此孤立的。这个工具的具体参数设置如图 2-12 所示。

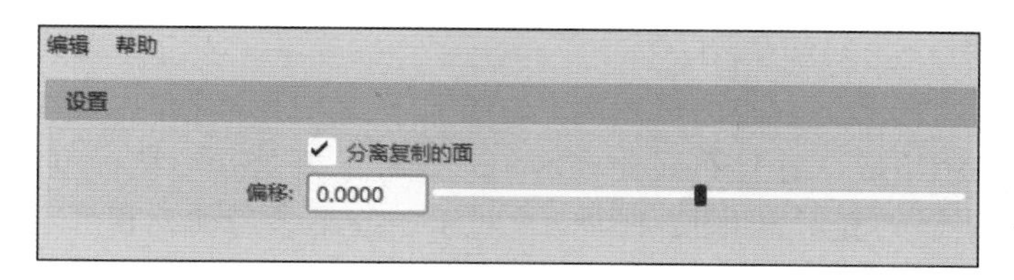

图 2-12　复制面工具的参数面板

复制面工具的常用选项如下。

- 分离复制的面：复制出来的面是否与原物体分离。
- 偏移：复制的面是否与原物体保持一定的距离。

8. 模型布线原则

在制作三维模型时，一个物体好看与否，取决于模型的细节制作是否到位。而这些细节体现在模型的结构线上，在 Maya 中通常是指模型的布线。布线是后期展 UV、刷权重以及制作动画的依据。一般来讲，虚拟现实项目制作的模型分为两套：一套低模；另一套高模。低模一般是在程序引擎中使用，这套模型的特点是面数极少，结构简单，细节没有。高模一般是宣传 CG（computer graphics，计算机图像）或者影视类作品中会用到，其特点是面数极多，结构复杂，细节丰富。因此，程序引擎几乎不用。如果模型既要面数少又要兼顾细节多的效果，就必须将这两套模型结合起来使用，因此出现了虚拟现实项目模型制作中提到的高低模烘焙法，通过法线的形式将高模中的细节信息等因素植入面数极少的低模中，使低模呈现出高模的效果。因此，对模型布线的合理性有非常高的要求。模型布线如图 2-13 所示。

某些观点认为在刻画角色模型时，线越简单越好，这种想法是片面的，因为线过少会造成角色肌肉变形的可控性下降。在虚拟现实项目制作过程中，模型的布线不是以最终的定型为根本目的，建模者必须为后期动画绑定着想。因此，在制作生物类角色模型时，必须遵循以下原则。

（1）布线疏密的原则。在角色模型运动幅度大的地方布线要密集。例如人物关节部位和表情活跃的面部肌肉群，如图 2-14 所示。密集布线的好处是细节丰富，后期动画调节将变得更自然方便。例如说话时，上下嘴唇开合的表现。运动幅度小的地方布线稀疏。

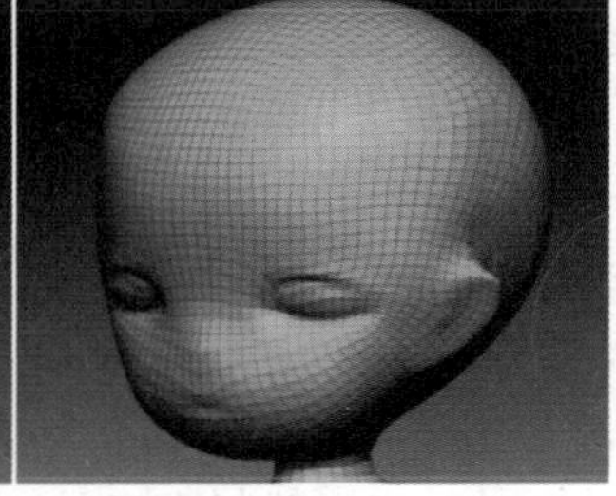

图 2-13　模型布线

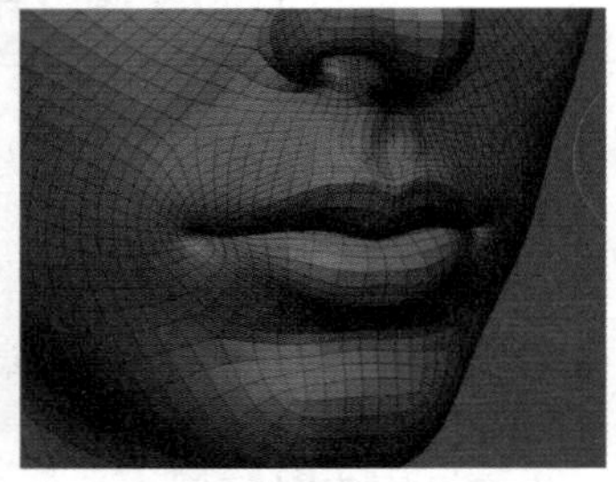

图 2-14　面部肌肉布线

（2）动则平均、静则结构的原则。对于伸展空间要求大、模型变形复杂的局部可以采用平均布线的方法，这样可以最大限度地保证后期三维动画调节的顺畅。动作幅度不大的地方，只要卡住结构线即可（结构线必须卡住）。如图 2-15 所示红圈的地方线条相对密集。

（3）均匀的四边形法则。四边形法则是指在制作多边形模型时，模型身上的每一个面都尽可能地由四条边组成，并且布线比较均匀。这样的好处是后期模型展 UV 和绑定刷蒙皮时，都不会出现错误的变形，如图 2-16 所示。对于一些不参与动画和绑定的角色模型部分，可以允许存在少量的三角面。总而言之，情况千万变，要灵活应用这些原则。

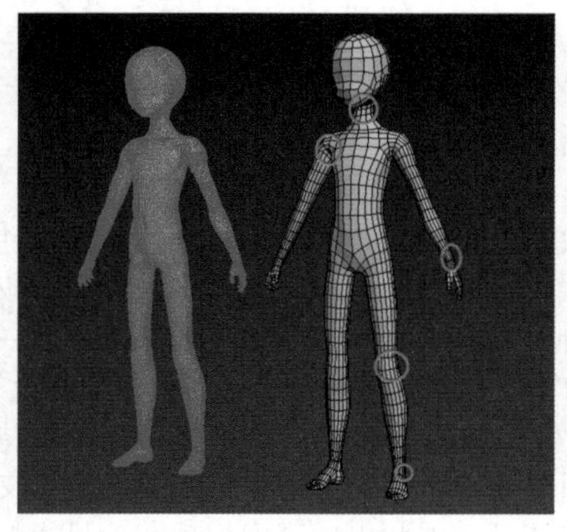

图 2-15　模型卡线要点

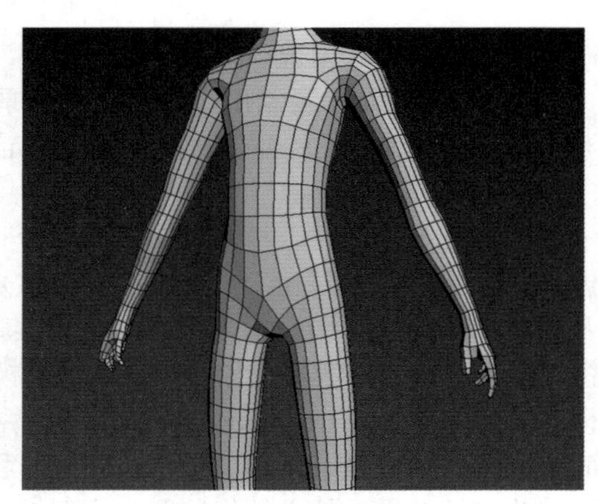

图 2-16　模型四边形布线

任务实施

【步骤 1】创建多边形基本体。

（1）单击主菜单并执行“创建”→“多边形基本体”→“立方体”命令，这时在主视图区出现了一个标准的规则立方体模型，如图 2-17 所示。

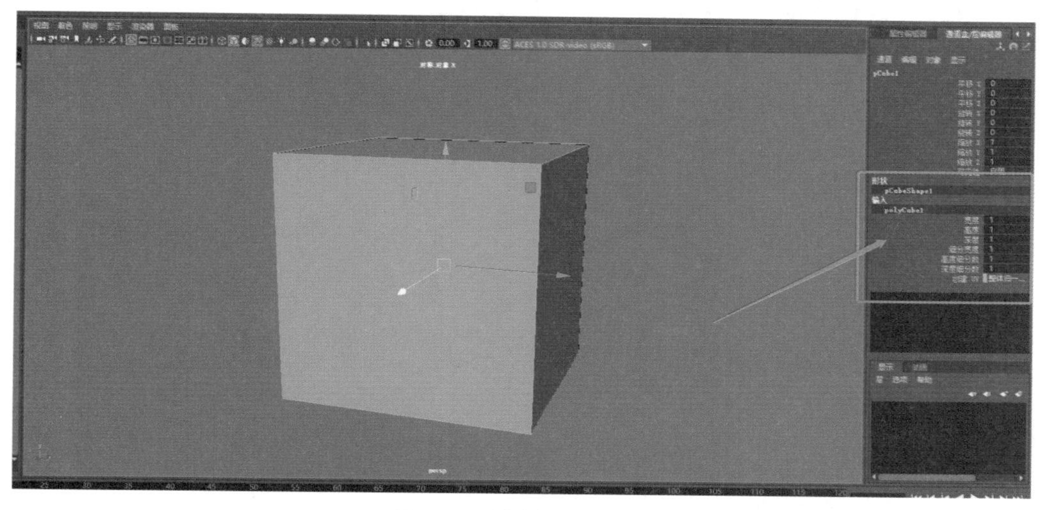

图 2-17　创建规则立方体

（2）通过调节相关参数改变立方体形状。按住鼠标中键移到屏幕右侧属性卷展栏的宽度属性栏上准备拖动，如图 2-18 所示。

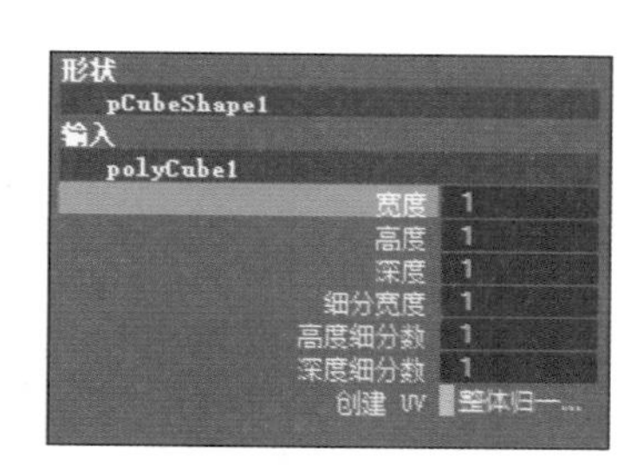

图 2-18　属性卷展栏

（3）按住鼠标中键拖拉，立方体变成了长方体。再将鼠标指针移动到屏幕右侧属性卷展栏的细分宽度上，按住鼠标中键拖拉，发现该立方体增加了宽度面数，如图 2-19 所示。

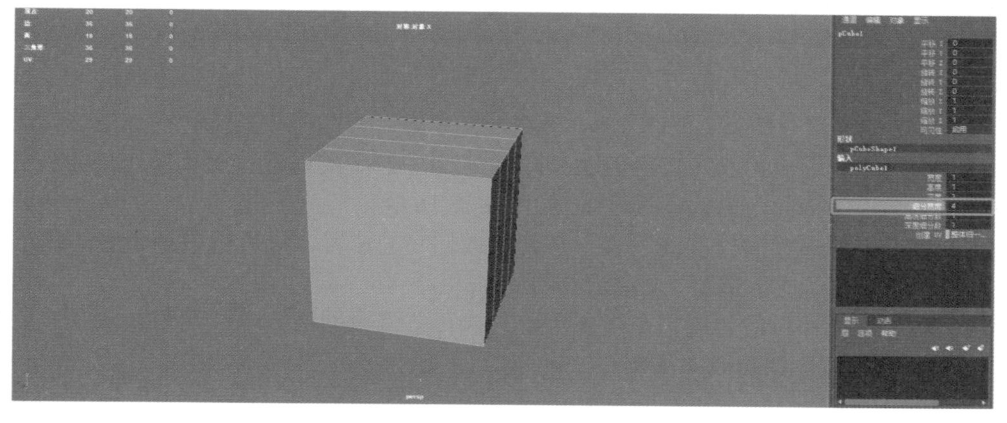

图 2-19　细分后的效果

【步骤 2】 模型挤出与倒角。

（1）单击主菜单并执行“窗口”→“设置”→“首选项”命令，弹出对话框如图 2-20 所示。

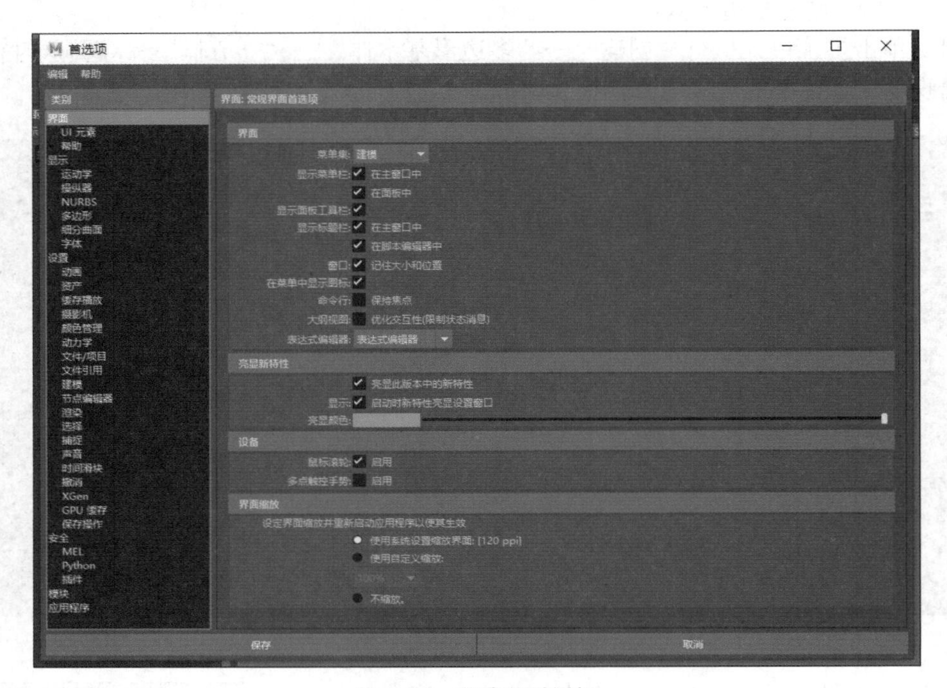

图 2-20 首选项对话框

（2）在面板左侧找到建模命令，此时可以看到右侧中部出现保持面的连接性选项，如图 2-21 所示。是否勾选该选项，决定了挤出面或边时是否连接在一起。

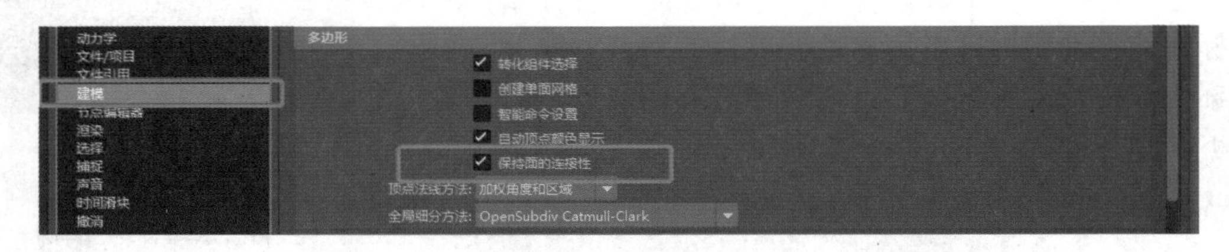

图 2-21 建模选项

（3）单击主菜单并执行“创建”→“多边形基本体”→“圆柱体”命令，如图 2-22 所示。

（4）使用比例缩放工具（快捷键 R）将图 2-22 中选中的面进行缩小操作，再使用“挤出”命令（必须保持面与面的连接性），如图 2-23 所示。

（5）将选中的这些面慢慢往下移，直到接近杯底的位置，最后选中杯子底部的点，按快捷键 R，缩小杯子底部造型，如图 2-24 所示。

（6）双击选择杯口的边线，单击主菜单并执行“编辑网格”→“倒角”命令，设置分数为 0.5，段数为 2。倒角效果如图 2-25 所示。

【步骤 3】 模型合并、分离与平滑。

（1）在视图中创建两个多边形立方体模型，如图 2-26 所示。

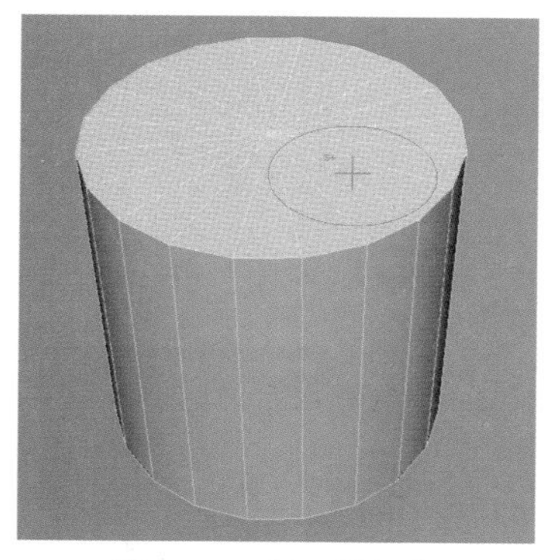

图 2-22 创建圆柱体

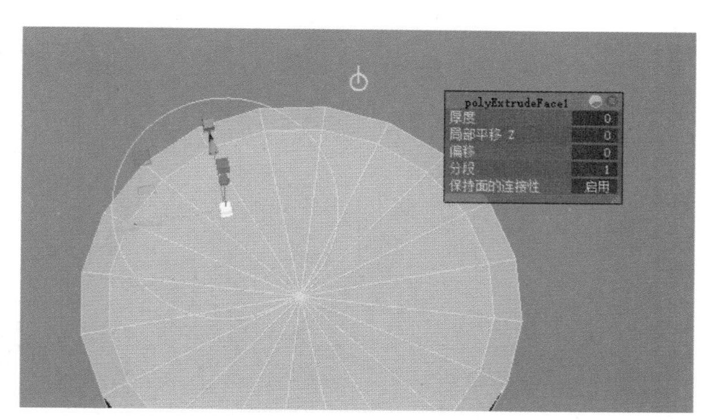

图 2-23 挤出选择的面

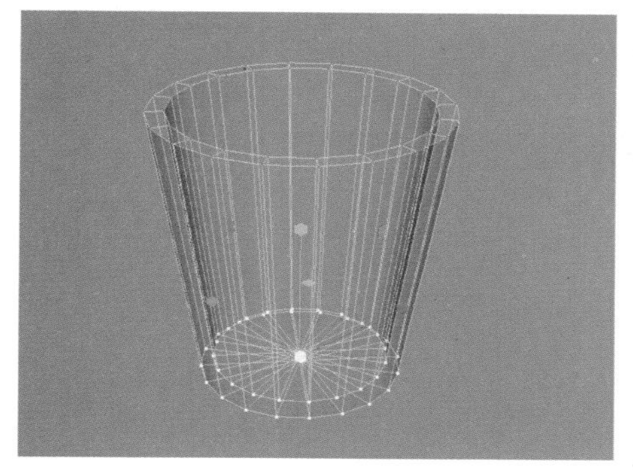

图 2-24 挤出后的杯子模型

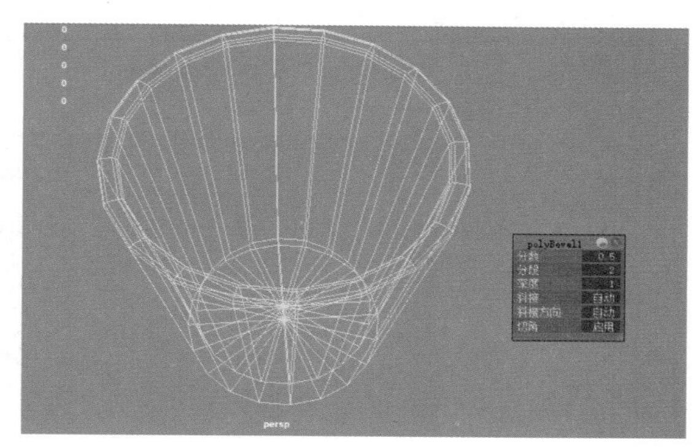

图 2-25 倒角后的杯子模型

（2）选择两个立方体，单击主菜单并执行“编辑网格”→“合并”命令，此时两个立方体就合并成一个物体，见左侧大纲视图为一个多边形物体 pCube3，如图 2-27 所示。

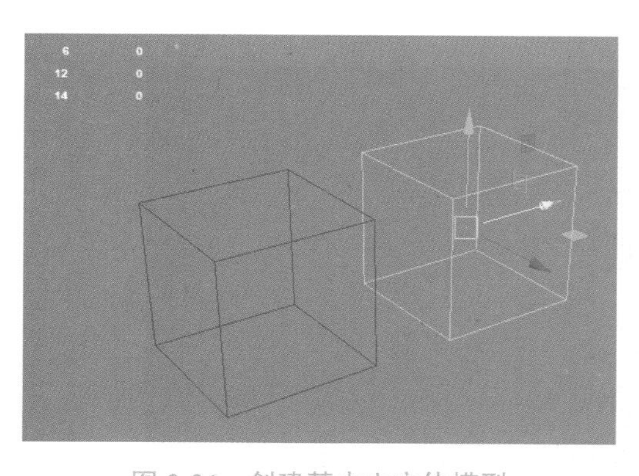

图 2-26 创建基本立方体模型

图 2-27 合并后的立方体模型

（3）这是由四个立方体组成的大立方体，如图 2-28 所示。可以使用分离工具进行拆分，单击主菜单并执行“网格”→“分离”命令，得到四个小立方体，如图 2-29 所示。

（4）创建一个标准的立方体，然后在旁边复制一个。选中复制出来的立方体，单击主菜单并执行“网格”→“平滑”命令，平滑级别设为 2，效果如图 2-30 所示。

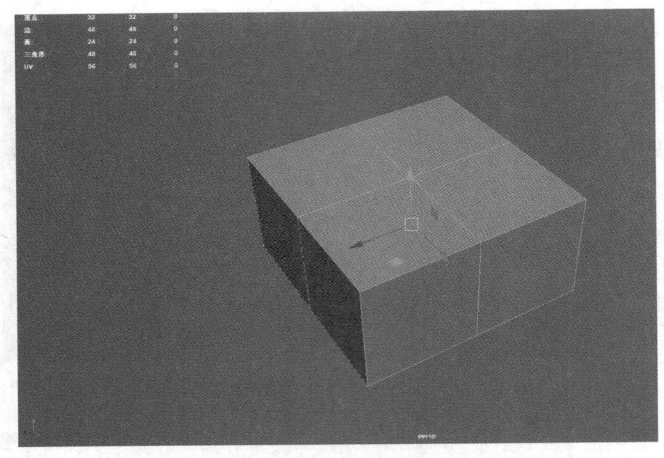

图 2-28　大立方体模型

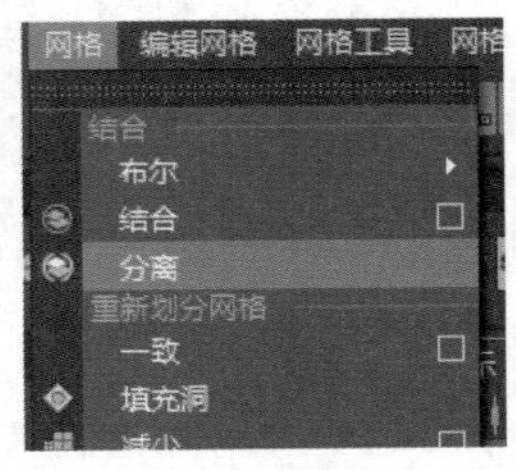

图 2-29　多边形分离工具

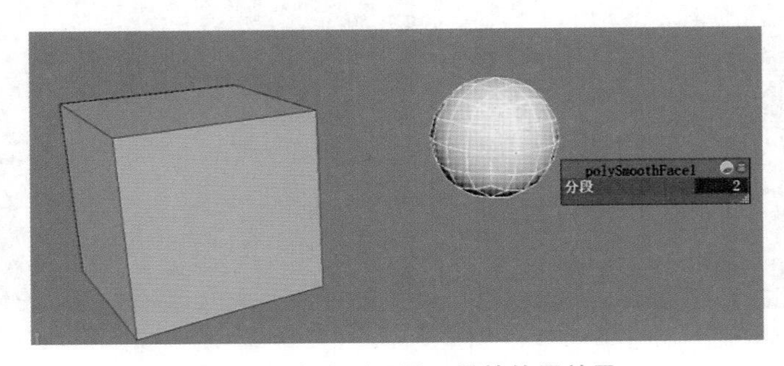

图 2-30　多边形平滑工具的使用效果

【步骤 4】 插入循环边与多切割工具的使用。

（1）单击主菜单并执行“创建”→“多边形基本体”→“立方体”命令，将所创建的立方体调整为长方体，如图 2-31 所示。

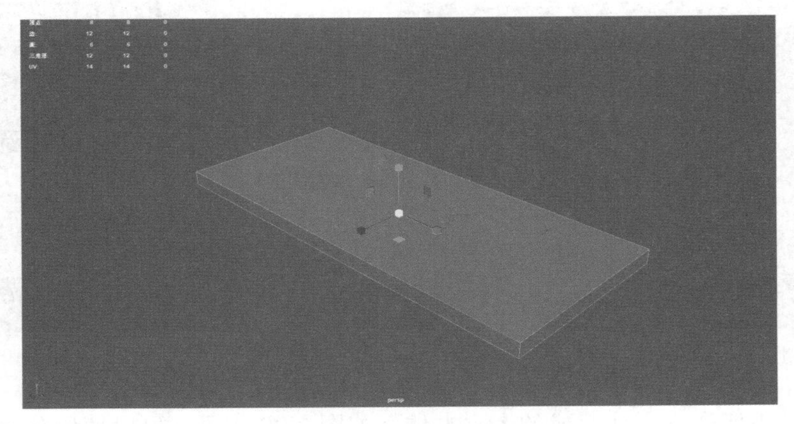

图 2-31　多边形长方体模型

（2）单击主菜单并执行“网格工具”→“插入循环边”命令，设置循环边数为 2，在模型上单击插入两条循环边，如图 2-32 所示。

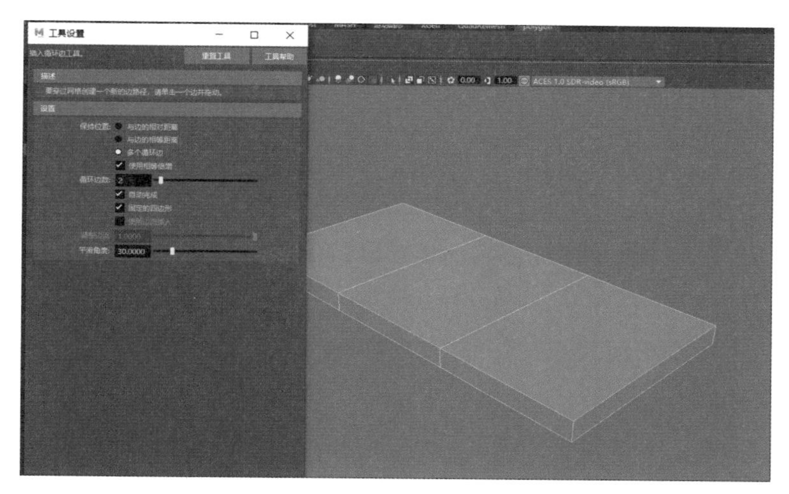

图 2-32 插入循环边后的长方体模型

（3）在使用多切割工具时，既可以在边或者面的元素层级下使用，也可以直接在对象模式下使用，如图 2-33 所示。

（4）在按住 Ctrl 的同时，单击多切割工具能够在物体上添加循环边，如图 2-34 所示。

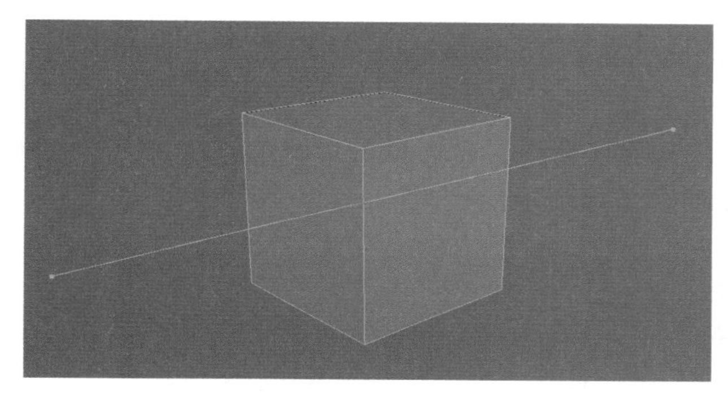

图 2-33 边层级下使用多切割工具

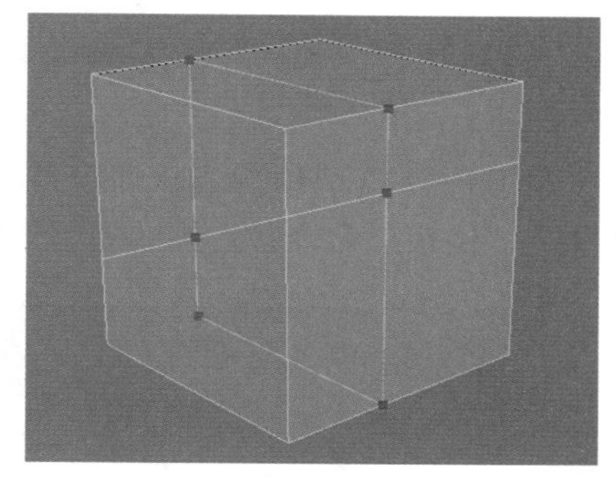

图 2-34 边层级下使用多切割工具

【步骤 5】 模型切角顶点与桥接操作。

（1）在视图中创建多边形圆柱体并调整为如图 2-35 所示的形状。

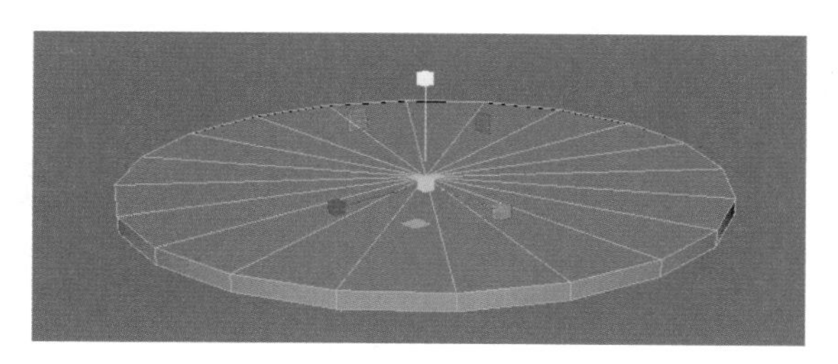

图 2-35 创建多边形圆柱体

（2）单击主菜单并执行“编辑网格”→“切角顶点”命令，在圆面中央开出一个新的网状孔，宽度设为 0.25，如图 2-36 所示。

（3）选择模型顶部和底部正中心的两个圆面并删除，如图 2-37 所示。

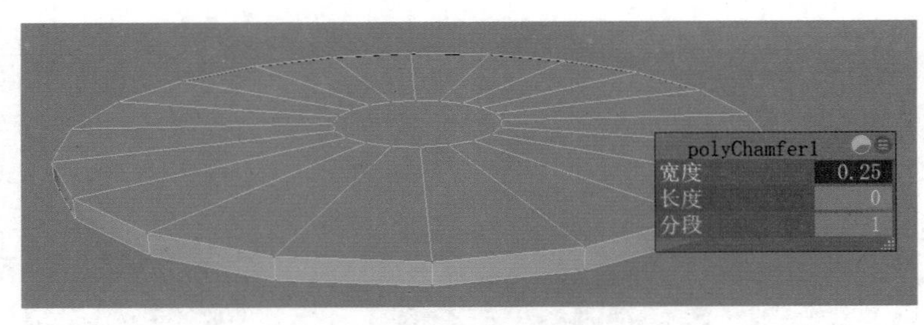

图 2-36　多边形切角顶点

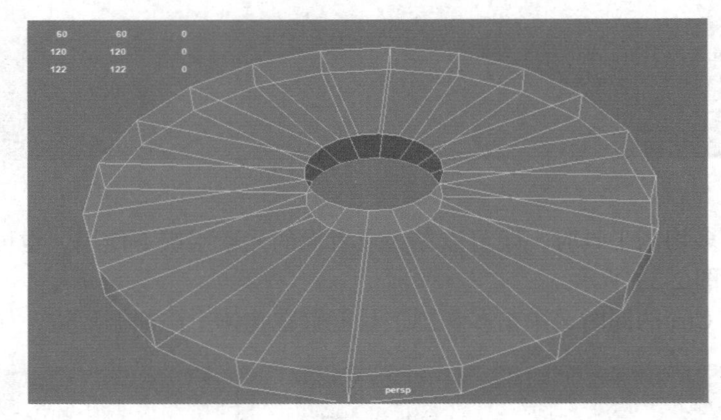

图 2-37　删除面的操作

（4）选择模型顶部和底部正中心的两个圆边线，然后单击主菜单并执行“编辑网格”→“桥接”命令，得到的模型效果如图 2-38 所示。

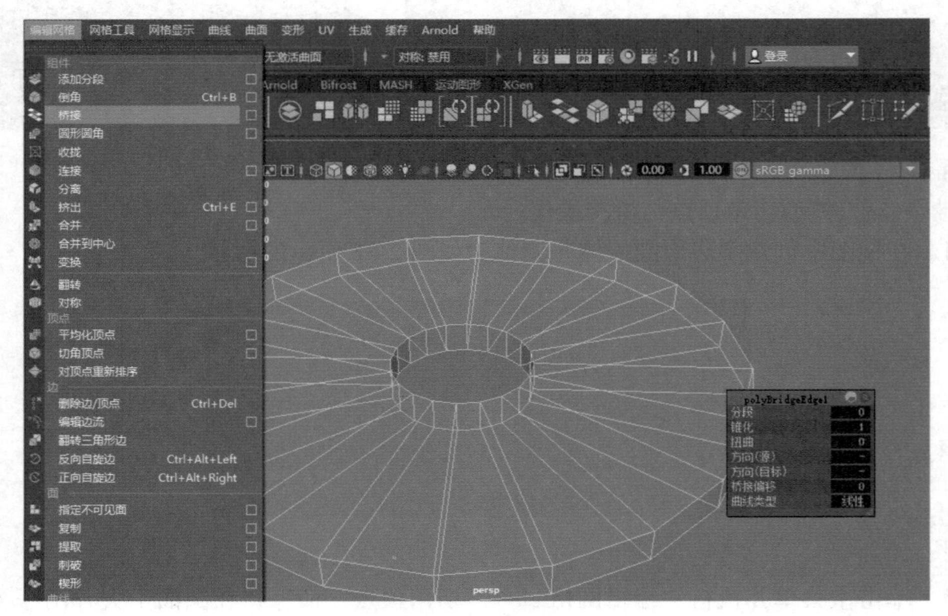

图 2-38　桥接操作

【步骤 6】 模型面的提取与复制操作。

（1）单击主菜单并执行“编辑网格”→“提取”命令，在使用此工具前一定要切换到多边形的面元素级别，如果要多选几个面，可以按住 Shift 进行多选，如图 2-39 所示。

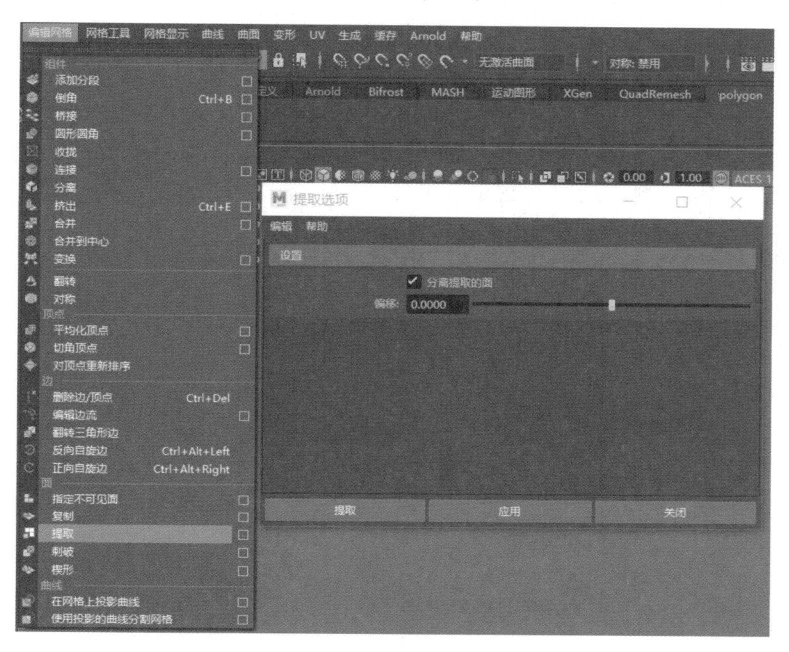

图 2-39　多边形提取面工具

（2）首先创建一个立方体，右击切换到面级别，选择其中一个面，如图 2-40 所示。

（3）单击主菜单并执行“编辑网格”→“提取”命令，此时多边形立方体的面提取后的效果如图 2-41 所示。

图 2-40　选取多边形立方体的面

图 2-41　多边形立方体的面提取后的效果

（4）单击主菜单并执行“编辑网格”→“复制”命令，如图 2-42 所示。

（5）创建一个立方体，右击切换到面级别，选择其中一个面，如图 2-40 所示。

（6）单击主菜单并执行“编辑网格”→“复制”命令，此时多边形立方体的面复制后的效果如图 2-43 所示。

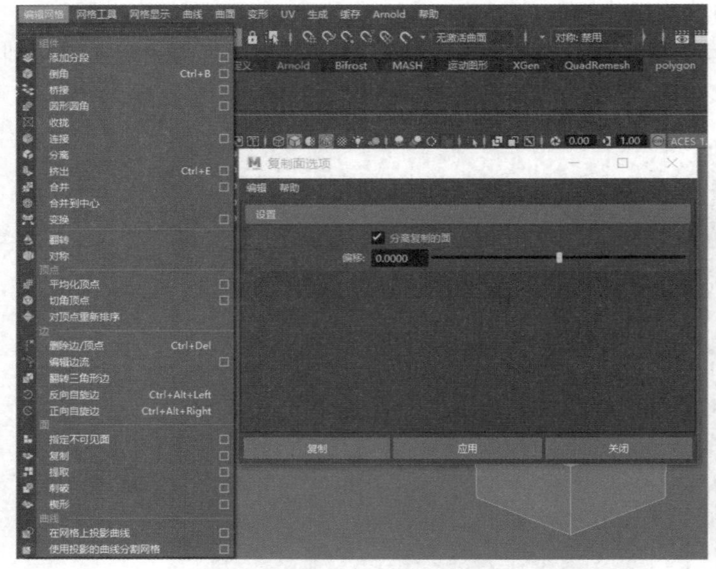

图 2-42　多边形复制面工具

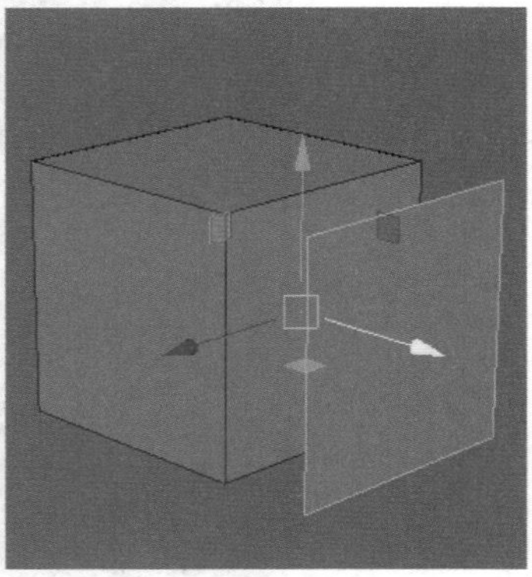

图 2-43　多边形立方体的面复制后的效果

任务 2.2　曲面建模

任务目标

知识目标：了解 NURBS 曲线和 NURBS 曲面工具的使用方法。

能力目标：掌握创建曲线、曲面、编辑曲面模型的方法，掌握应用曲面建模工具独立开发项目的能力。

素质目标：培养积极进取、勇于挑战、善于发现和一丝不苟的敬业精神。

建议学时

2 学时。

任务描述

本任务主要学习曲面建模工具的使用，包括创建曲线曲面时的方法、双轨成形、曲面放样、旋转成形、在曲面上投影曲线等，为后续使用曲面方式制作模型打好基础。

知识归纳

1. 认识 NURBS 曲线

一个曲面模型的构成元素是曲线。在 Maya 中有两种创建曲线的工具，分别是 CV 和

EP 曲线。这两种曲线创建方式有着各自不同的特点，它们的共同点是由曲线点的方向控制曲线的走势。不同的地方在于创建的 CV 曲线编辑点在曲线外，而创建的 EP 曲线编辑点在曲线上，如图 2-44 所示（左边为创建 EP 曲线，右边为创建 CV 曲线）。

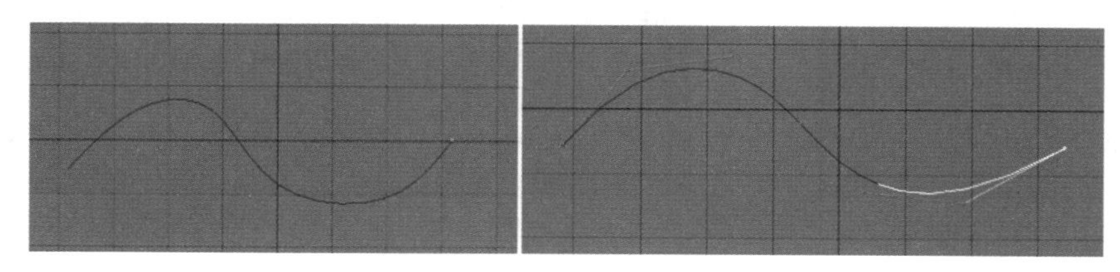

图 2-44　EP 曲线与 CV 曲线

NURBS 曲线是由控制点、编辑点等元素控制的，如图 2-45 所示。在 Maya 中要创建出合理的曲线，就必须能够对 Maya 曲线点的方向和张力值的设计驾轻就熟。控制点离曲线越远，张力值越大，反之越小。

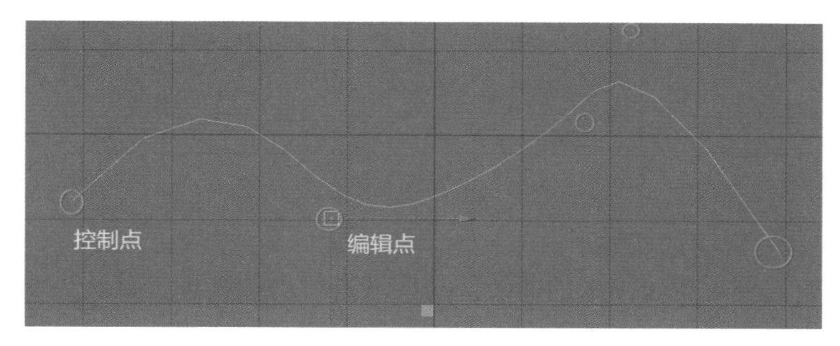

图 2-45　Maya 曲线各参数节点

2. NURBS 曲线编辑

曲面构成了体（模型），而曲面是由曲线构成的，因此，学习曲面建模就要掌握曲线的编辑方法。在 Maya 中，曲线的编辑涉及曲面中的线的编辑。在早期 Maya 版本中，如果要编辑曲线和曲面，需要把菜单切换至曲面模块，而 Maya 高版本（如 2019、2020、2021 等）已经将所有的曲面建模菜单与多边形建模菜单合并到一个“建模”模块，这大大提升了曲线和曲面编辑效率。下面介绍 NURBS 曲线编辑中常用的一些命令。

1）复制曲面曲线工具

这个工具主要是实现在曲面模型上提取结构线、剪切线和 ISO（isoparm）线。从本体中取出的线始终与原模型相关联，只有删除线的历史，才能彻底断开线与原模型的关联。这个工具位于如图 2-46 所示的位置。

复制曲面曲线工具的常用选项如下。

- 与原始对象分组：在使用复制曲面曲线命令时，如果勾选了与原始对象分组选项栏前面的小方框，则表示复制出来的线与原始物体同组。
- 可见曲面等参线：NURBS 模型表面上的结构线是 U 方向还是 V 方向，或者二者都有。

2）曲线圆角工具

这个工具的作用是在两条曲线间创建一个圆弧形的过渡曲线。可以通过调节属性通道栏设置曲线的各种参数，如半径、深度、偏斜等参数，如图 2-47 所示。这个工具的参数面板如图 2-48 所示。

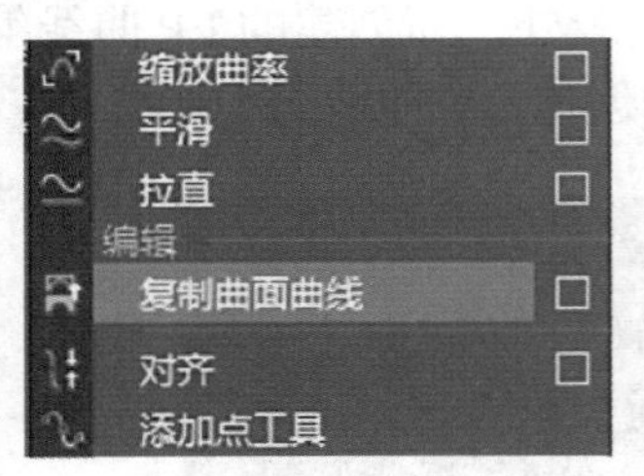

图 2-46　复制曲面曲线工具

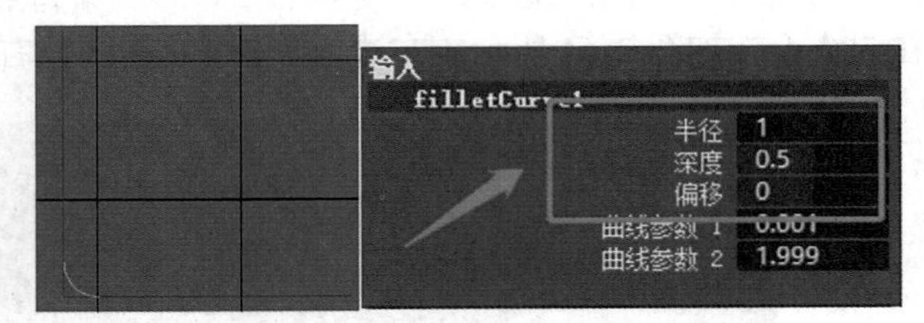

图 2-47　曲线圆角工具参数面板

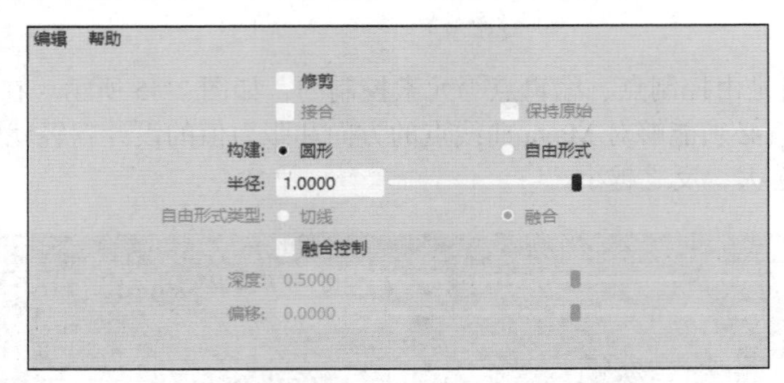

图 2-48　曲线圆角工具参数面板

曲线圆角工具的常用选项如下。

- 修剪：是否需要对创建出来的曲线圆角区域进行剪切处理，默认为取消选中状态。
- 接合：是否需要将创建出来的圆弧曲线与原曲线进行连接，合为一体。
- 保持原始：是否保持倒圆角之前的原始曲线。
- 构建：是否构建曲线的过渡形式。
- 自由形式类型：圆角圆弧曲线是以切线方式还是以融合方式与两曲线相连。
- 融合控制：设置圆角融合的最佳匹配。
- 深度：执行圆角命令后，所得的圆弧线段与两线相交所得交叉点的距离。

3）插入结工具

这个工具主要是用于在已有的曲线上插入新的结，位于如图 2-49 所示的位置。这个工具不会更改原始曲线的形状，主要是增加曲线的段数，可以作为曲线细化工具使用。参数面板如图 2-50 所示。

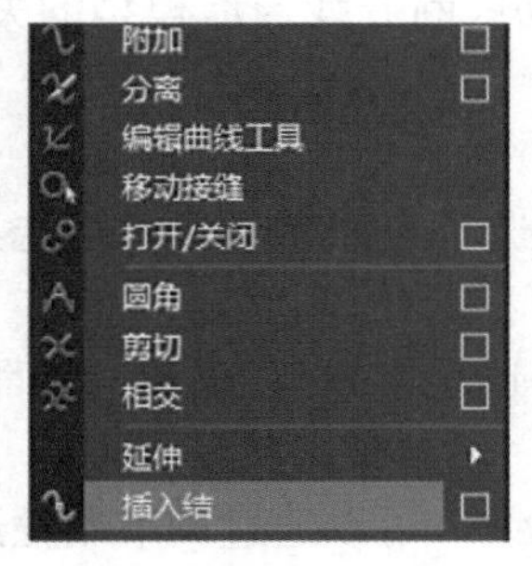

图 2-49　插入结工具

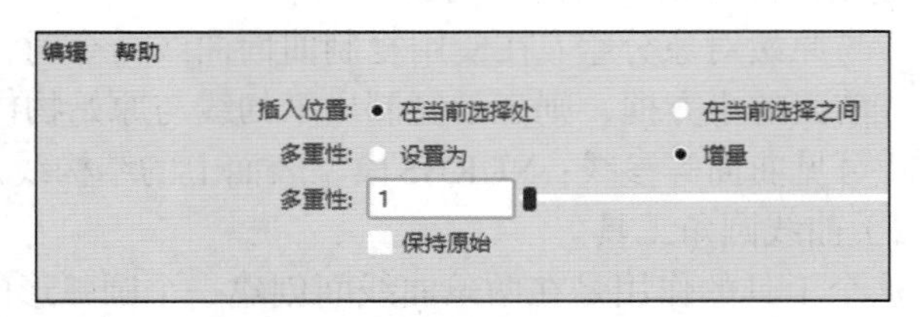

图 2-50　插入结工具参数面板

插入结工具的常用选项如下。

- 插入位置：插入结的方式。“在当前选择处”是在用户选择的位置插入；“在当前选择之间”是在原结点与选择处之间插入。
- 多重性：“设置为”是指设置插入结点的模式是按照设定好的数值进行插入，原来位置的结点将被替换；“增量”是按照设定好的数值进行插入，保留原来位置的结点。
- 保持原始：是否保留原始曲线不动，只修改新曲线结点的位置。

4）反转方向和添加点工具

反转方向和添加点工具位于如图 2-51 所示位置。反转方向工具用于对已有曲线的方向进行反转，曲线形状保持不变。该工具使用频率非常高，在后期路径动画的调节中也经常用到。添加点工具用于继续为已有的曲线末端添加线段。

图 2-51　添加点工具和反转方向工具

3. 创建及修改曲面模型

曲面由曲线构成，在 Maya 中甚至可以直接创建初始曲面物体。初始默认的基础曲面模型包括球体、立方体、圆柱体、圆球体等 3D 模型。这里重点讲解一下曲面的构成元素。一个完整的 NURBS 曲面是由控制顶点、ISO 等参线、曲面点、Hull 壳线等元素组成的，如图 2-52 所示。

右击创建好的基本 NURBS 物体，弹出选择控制点，可以调节模型的控制顶点位置：如果选择 ISO 等参线，则可以直接控制曲面上的曲线，并添加曲面结构线；如果选择壳线，则可以间接控制物体的形变。通过对以上元素的编辑，可以实现 NURBS 曲面的塑形目标；如果选中曲面中某些元素，对其执行删除命令，物体模型不会出现空洞，但是会改变基本形的样子，如图 2-53 所示。

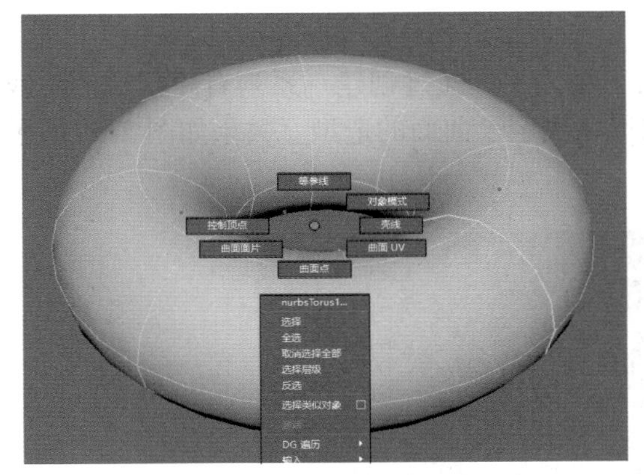

图 2-52　NURBS 曲面的构成元素

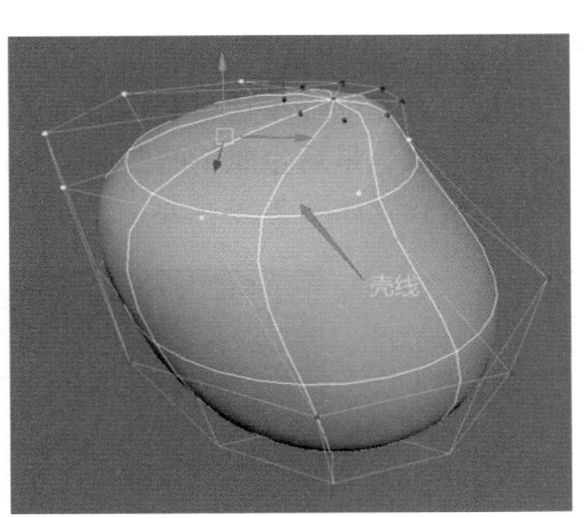

图 2-53　调整 NURBS 曲面壳线结构

1）双轨成形工具

在 Maya 中经常用到通过轨道扫描建模的形式。双轨成形工具不是单独一个工具，而是一组工具。双轨成形包含双轨成形 1、双轨成形 2 和双轨成形 3+ 这些工具，如图 2-54 所示。

（1）双轨成形 1 工具。此工具是通过一条轮廓线和两条轨道线生成模型，效果如图 2-55 所示。

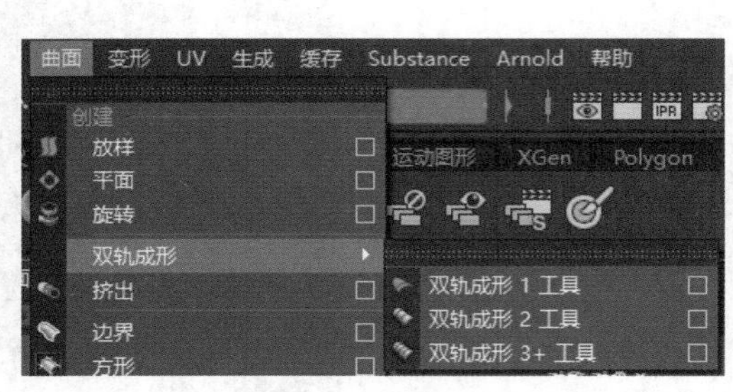

图 2-54　双轨成形工具

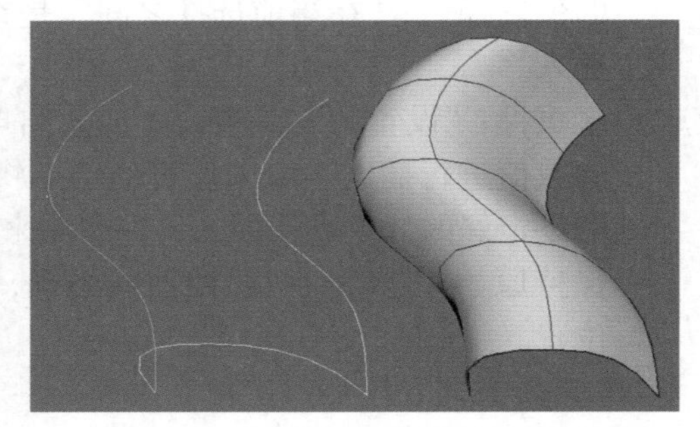

图 2-55　双轨成形 1 工具使用效果

（2）双轨成形 2 工具。此工具是通过两条轮廓线和两条轨道线生成模型，效果如图 2-56 所示。

（3）双轨成形 3+ 工具。此工具是通过三条或者以上轮廓线和两条轨道线生成模型，效果如图 2-57 所示。

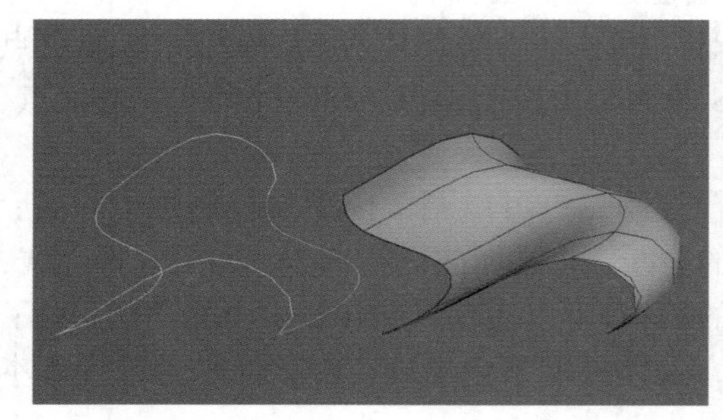

图 2-56　双轨成形 2 工具使用效果

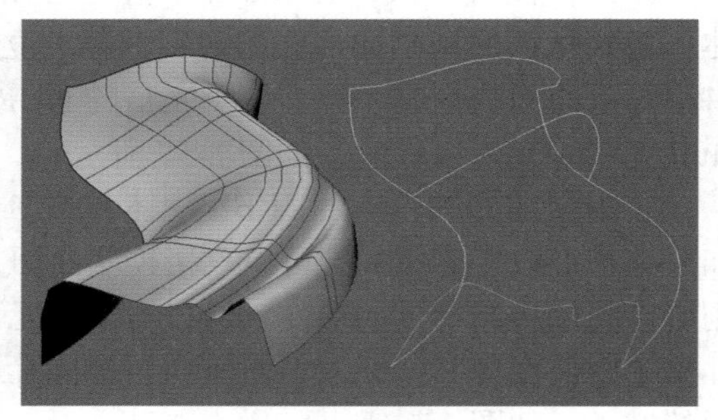

图 2-57　双轨成形 3+ 工具

2）曲面放样工具

放样工具是曲面生成过程中最为常用的工具之一。通过创建一系列有序摆放的曲线，然后依次点取，最后生成新的曲面。曲线的形状决定了曲面的造型。效果如图 2-58 所示，其参数面板设置如图 2-59 所示。

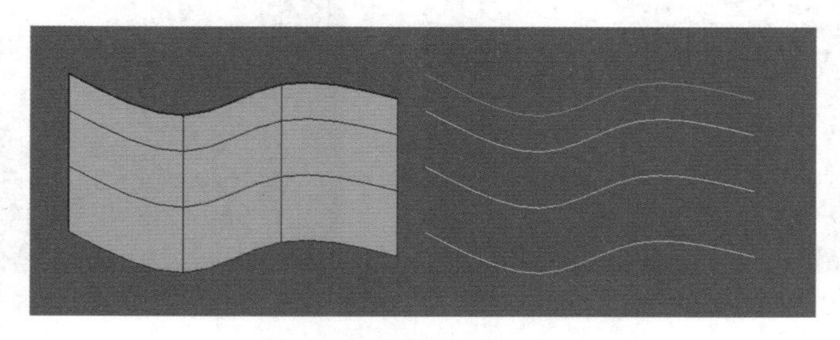

图 2-58　曲线放样成曲面

曲面放样工具的常用选项如下。

- 参数化：放样时曲面生成的计算方式。

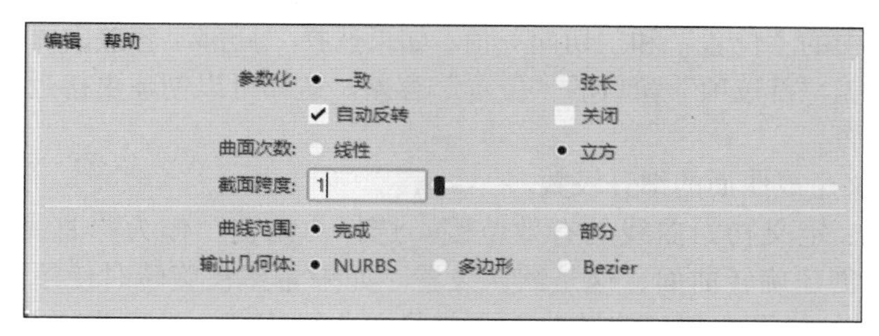

图 2-59 曲面放样工具参数面板

- 曲面次数：定义曲面的曲度。
- 截面跨度：生成曲面的结构线段数。
- 曲线范围：定义原始曲线的有效范围。
- 输出几何体：生成模型的类型。

3）旋转成形工具

通过剖面横截面的 360° 通体扫描成像，形成一个 3D 模型。旋转的作用可以理解为一个重复塑形的过程。在制作器皿、机械零件等模型时，使用率非常高。曲面编辑中，参数设置最多的也是旋转成形工具。此工具参数面板如图 2-60 所示。

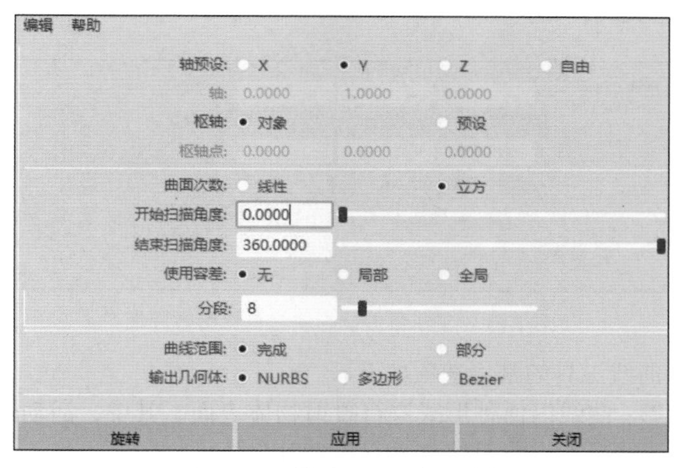

图 2-60 旋转成形工具参数面板

旋转成形工具的常用选项如下。

- 轴预设：定义创建的模型极点的方向。
- 枢轴：生成的物体轴心点的位置。其中“对象”以物体为中心进行旋转，“预设”是以预先设定好的角度进行旋转。
- 曲面次数：定义表面曲度。
- 开始扫描角度：定义扫描的起始角度。
- 结束扫描角度：定义扫描的结束角度。
- 使用容差：选项控制生成旋转曲面的精度。可以全局或局部应用容差。如果选择“无”,可以更改分段值；如果选择“全局”容差,Maya 将使用“首选项”窗口的“设置”区域中的“位置”和“切向”值；如果选择“局部”容差，可以直接输入一个新值来覆盖“首选项”窗口的“位置”容差。这样可以创建更接近于实际旋转曲面的旋转曲面。

- 分段：定义生成曲面的细分级数。
- 曲线范围：定义初始曲线的有效范围。选择“完整”作为“曲线范围”，沿整个剖面曲线创建旋转曲面，这是默认设置。如果希望在旋转时使用曲线分段，则选择“部分”；如果在创建旋转曲面之前将“曲线范围”设定为“部分”，就会创建subCurve。通过减少 subCurve 的长度，可以减少旋转曲面的长度。若要编辑“细分曲线”（subCurve）的长度，选择旋转曲面，在“通道盒”中选择“细分曲线”，选择“显示操纵器工具”（Show Manipulator Tool），然后拖动曲线分段操纵器或在“通道盒”中编辑“最小值”和“最大值”。
- 输出几何体：生成模型的几何体类型。

4）在曲面上投影曲线工具

在使用 NURBS 曲面制作模型时，经常需要在模型表面开洞完成更为复杂的建模操作，这种操作的实现得先从 NURBS 曲面表面结构线的添加开始。在曲面表面添加曲线有两种方式：第一种是插入 ISO 等参线；第二种是曲面上投射曲线的方式，后一种用得更为频繁。此工具参数面板如图 2-61 所示。

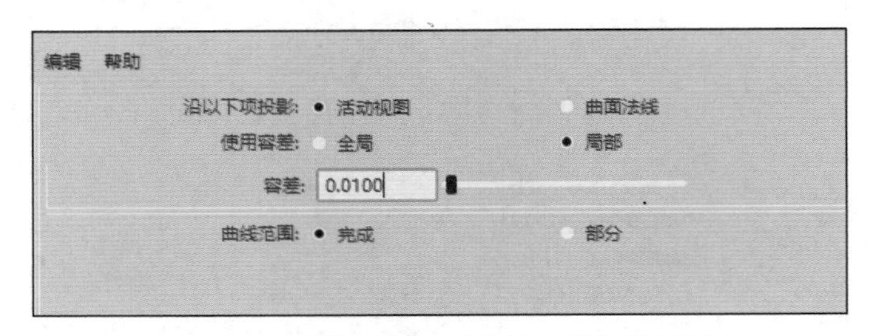

图 2-61　在曲面上投影曲线工具参数面板

在曲面上投影曲线工具的常用选项如下。

- 沿以下项投影：曲线以何种形式进行投射物体表面。其中，活动视图是指以视角方向投射曲线；曲面法线是指以曲面的法线方向投射曲线。
- 使用容差：主要用于设置曲线还原度的容差值。“全局”容差会使 Maya 使用“首选项”窗口的“设置”部分中的“位置”值。“局部”容差允许您输入新值以覆盖“首选项”窗口中的值。
- 曲线范围：主要是控制投射曲线的有效范围。“完成”选项用于将整个曲线投影到曲面上。“部分”选项用于仅将部分曲线投影到曲面上。这将创建一个细分曲线（最初是整个曲线），然后可以使用“显示操纵器工具”编辑它。

任务实施

【步骤 1】 创建 NURBS 曲线。

（1）创建 CV 曲线的方法是：单击主菜单并执行“创建”→“曲线工具”→“CV 曲线工具”命令。创建 EP 曲线的方法是：单击主菜单并执行“创建”→“曲线工具”→“EP 曲线工具”命令，曲线的次数共有六种形式，次数越多，创建的曲线越光滑。当次数为 1 时，曲线将变成直线，如图 2-62 所示。

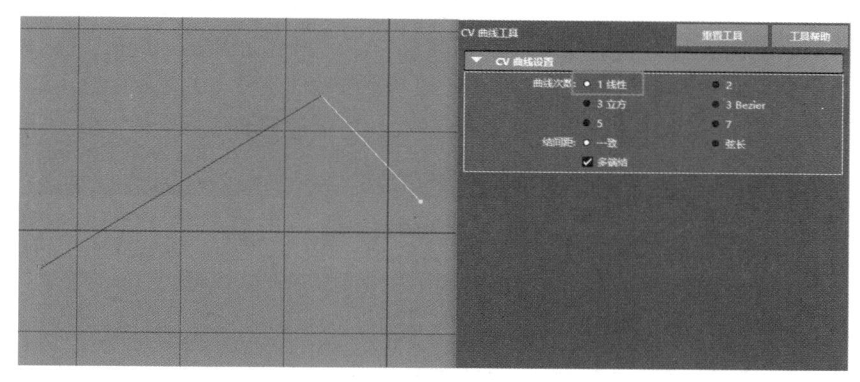

图 2-62　创建 NURBS 曲线（1）

（2）在创建 CV 曲线时，必须拖动四个点才能创建出一段曲线；在创建 EP 曲线时，单击两个点就是一段直线段，拖动三个点就能创建一段曲线。

注意： 创建点次数不等于曲线上点的个数。

在了解了 NURBS 曲线知识的情况下，创建一段 EP 曲线，其步骤为：首先，单击主菜单并执行“创建”→“曲线工具”→“EP 曲线工具”命令，参数保持默认状态；其次，在主视图区拖动创建曲线；最后，按回车键结束创建，如图 2-63 所示。

【步骤 2】 编辑 NURBS 曲线操作。

（1）下面通过一个案例来详细介绍 NURBS 曲线编辑相关命令的使用以及在模型中的制作思路。单击主菜单并执行“创建”→“曲线工具”→“EP 曲线工具”命令，在主视图区域创建花瓶模型的横截面外壁曲线，如图 2-64 所示。

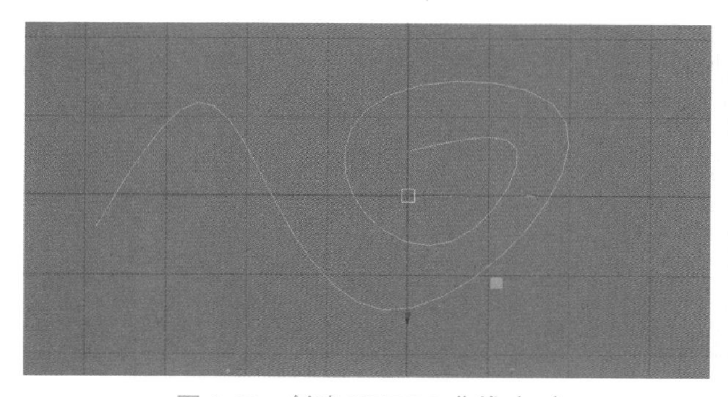

图 2-63　创建 NURBS 曲线（2）

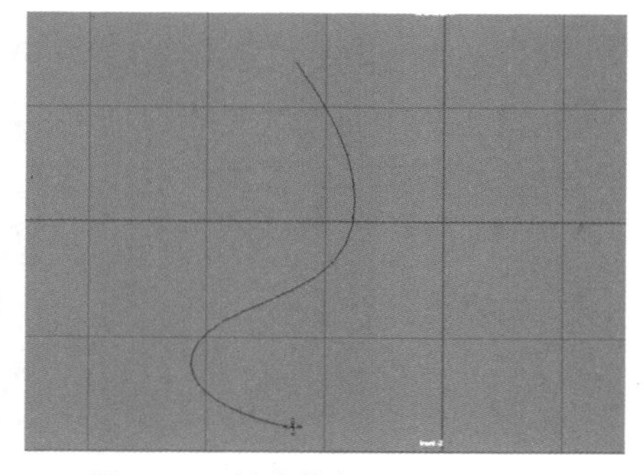

图 2-64　创建花瓶 NURBS 曲线

（2）右击在弹出的窗口中选择控制顶点并进行调节，如图 2-65 所示。

（3）单击主菜单并执行“曲线”→“反转方向”命令，如图 2-66 所示。

（4）单击主菜单并执行“曲线”→“添加点工具”命令，如图 2-67 所示。

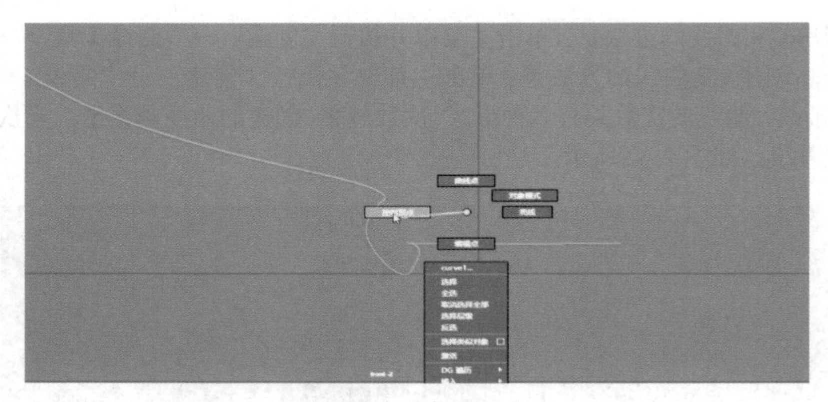

图 2-65　选中控制点

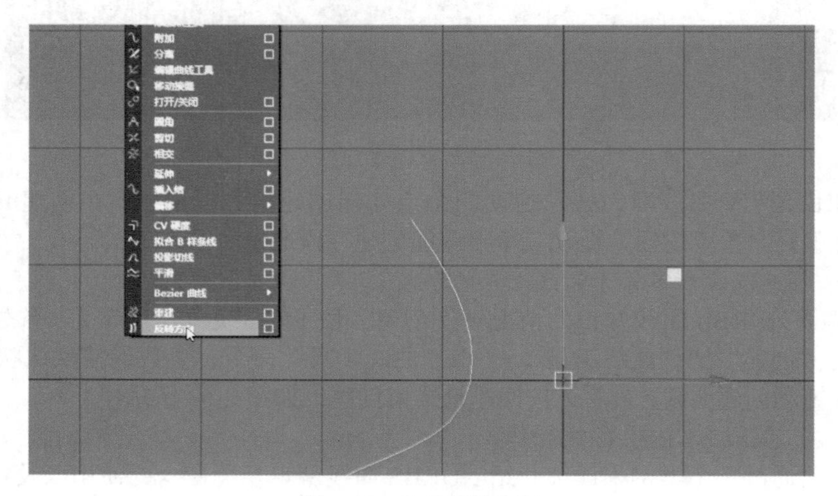

图 2-66　曲线反转方向

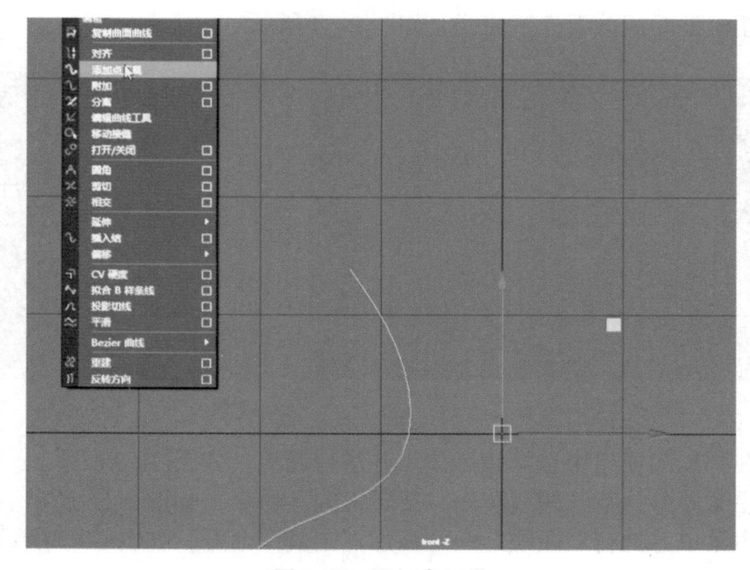

图 2-67　添加点工具

（5）继续画出瓶子内壁结构，如图 2-68 所示。

（6）继续调节顶点位置，如图 2-69 所示。

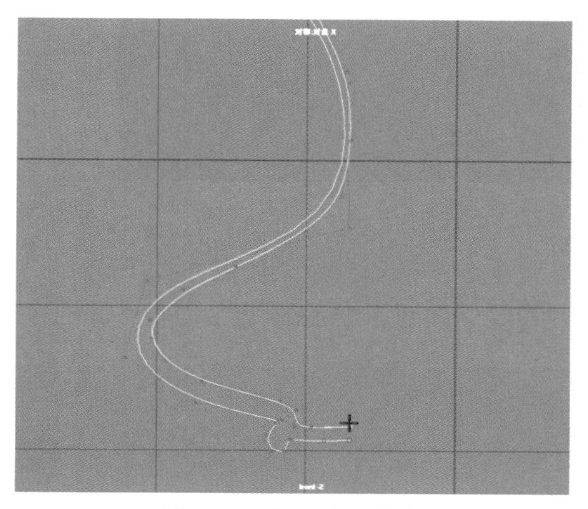

图 2-68　瓶子内壁结构

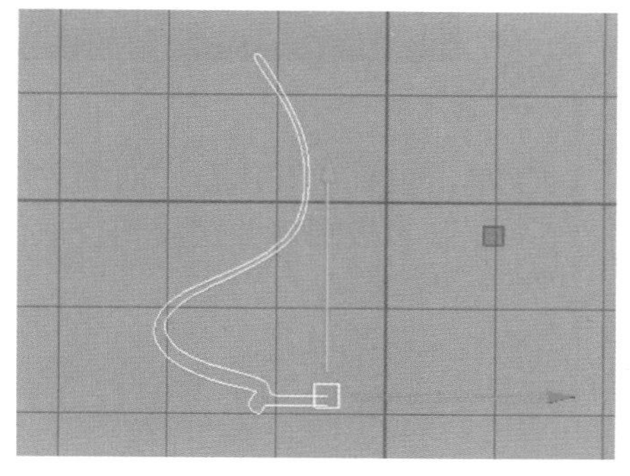

图 2-69　调节顶点位置

（7）使用曲面旋转工具将线生成体，如图 2-70 所示。

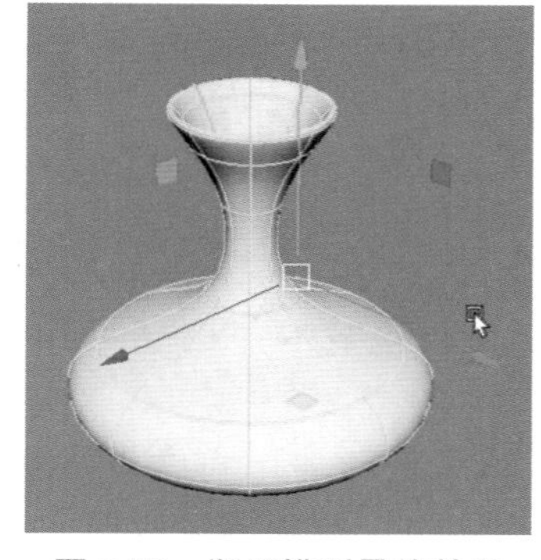

图 2-70　瓶子模型最终效果

【步骤 3】 双轨成形和放样操作。

（1）运用双轨成形和放样的方法制作一个天幕模型。使用 EP 曲线工具在主视图区域画出三条轮廓线和两条轨道线，如图 2-71 所示。

（2）单击主菜单并执行“曲面”→“双轨成形”→“双轨成形 3+ 工具”命令，得到的效果如图 2-72 所示。

（3）单击主菜单并执行“创建”→“NURBS 基本体”→“圆形”命令，在主视图创建曲面圆形，再复制一个移动到底部。具体位置如图 2-73 所示。

图 2-71　创建 EP 曲线

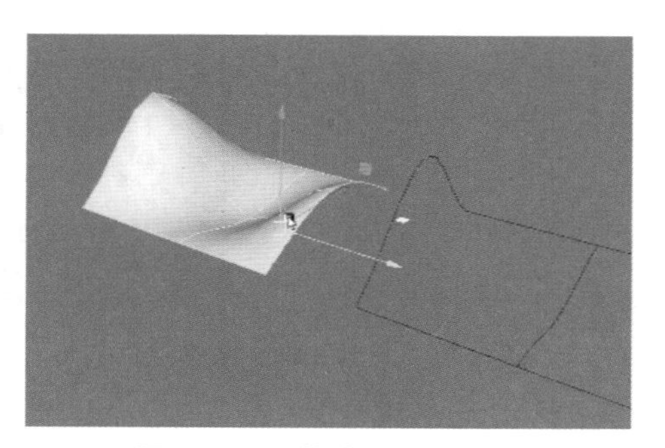

图 2-72　双轨成形后的效果

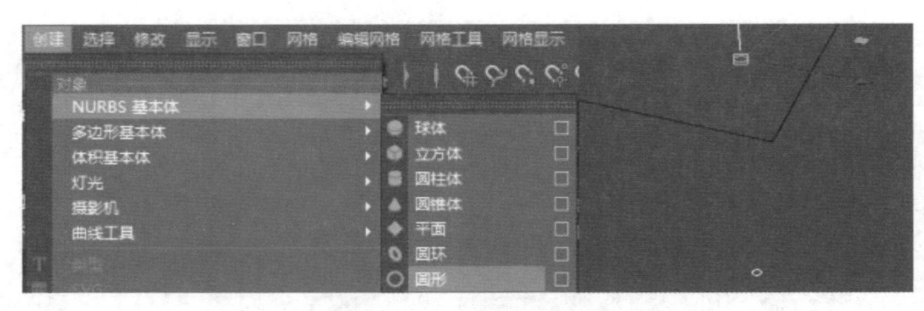

图 2-73 创建曲面圆形

（4）单击主菜单并执行“曲面”→“放样”命令，得到的效果如图 2-74 所示。

（5）复制多根圆柱并摆放到合适位置，最终效果如图 2-75 所示。

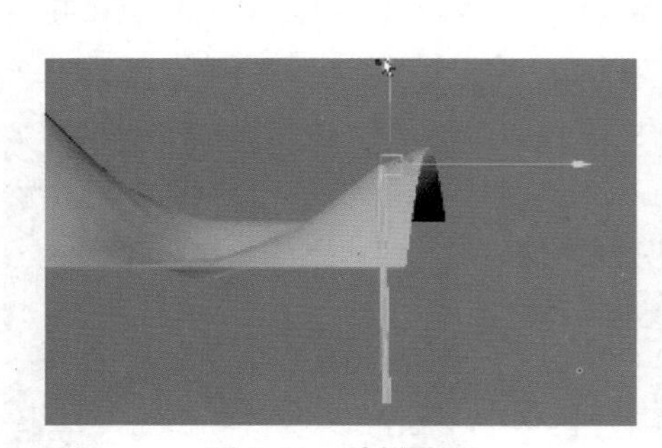

图 2-74 放样曲面

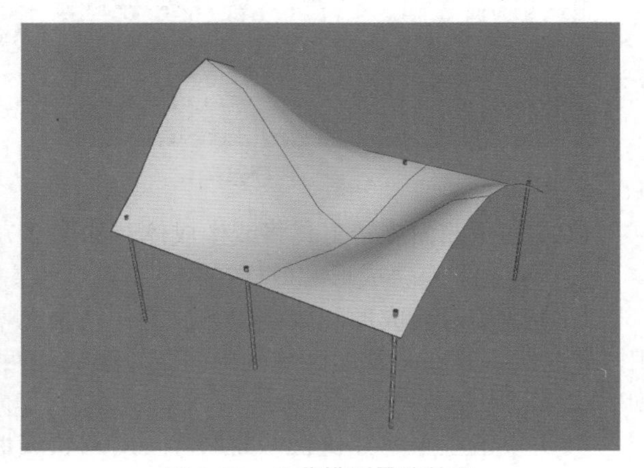

图 2-75 天幕模型最终效果

【步骤 4】 旋转成形操作。

（1）运用旋转成形方法制作一个苹果模型。单击主菜单并执行“创建”→“曲线工具”→“EP 曲线工具”命令。在主视图区域创建苹果的剖面轮廓线，效果如图 2-76 所示。

（2）单击主菜单并执行“曲面”→“旋转”命令，生成立体模型，并调节位置，得到效果如图 2-77 所示。

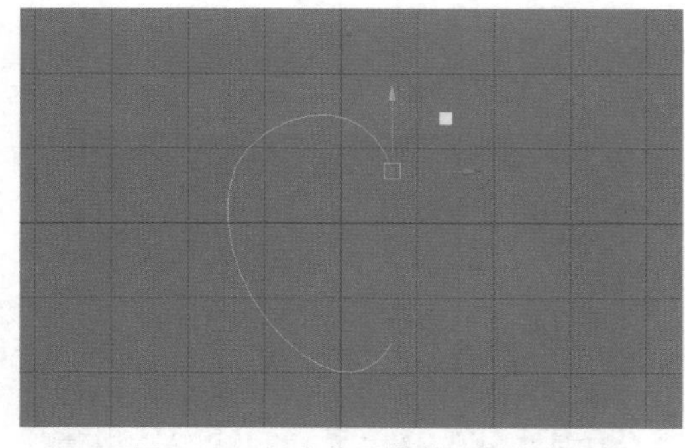

图 2-76 创建苹果横截面结构线

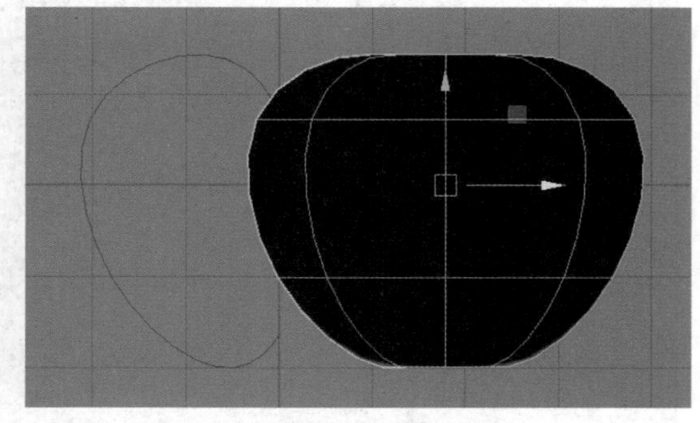

图 2-77 旋转成形效果

（3）单击主菜单并执行“曲面”→“反转方向”命令，得到效果如图 2-78 所示。

【步骤5】 在曲面上投影曲线的操作。

（1）运用投影曲线方法制作一个纸巾盒模型，首先单击主菜单并执行“创建”→“NURBS 基本体”→“立方体”命令，得到效果如图 2-79 所示。

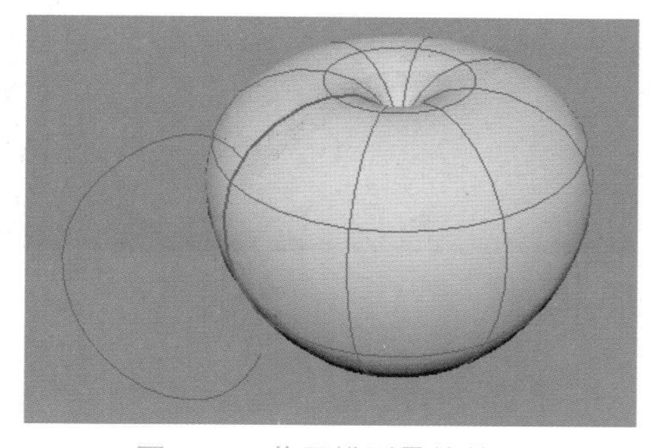

图 2-78 苹果模型最终效果

图 2-79 创建立方体模型

（2）在顶视图单击主菜单并执行“创建”→“NURBS 基本体”→“圆形”命令，并调节成细长的矩形，如图 2-80 所示。

（3）在顶视图先选择矩形再选择曲面进行投射，效果如图 2-81 所示。

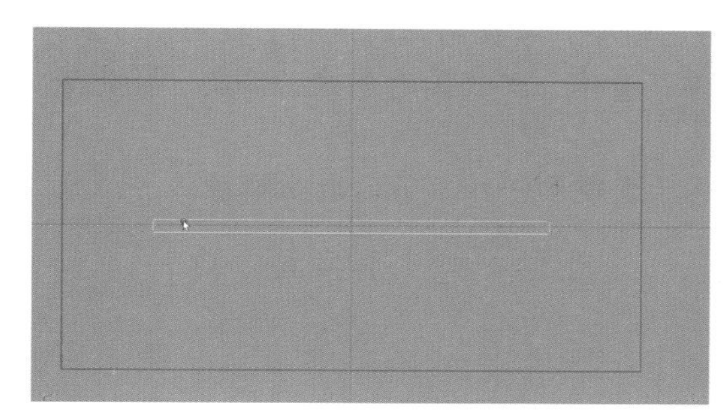

图 2-80 创建细长的长方形

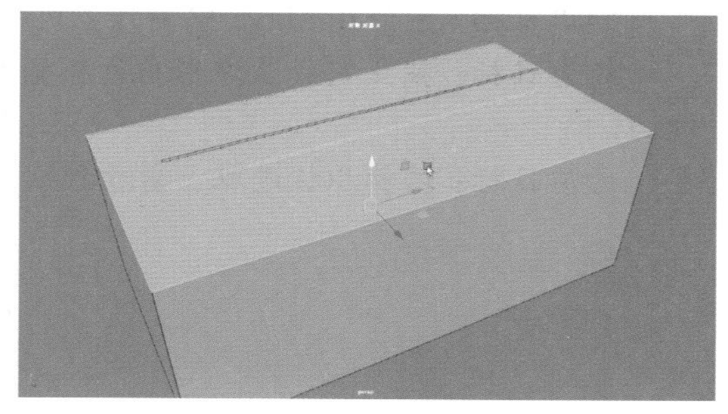

图 2-81 在曲面上投影曲线

（4）单击“修剪”工具，挖掉不要的部分，如图 2-82 所示。

（5）在前视图单击主菜单并执行“创建”→“曲线工具”→“EP 曲线工具”命令，绘制 EP 曲线如图 2-83 所示。

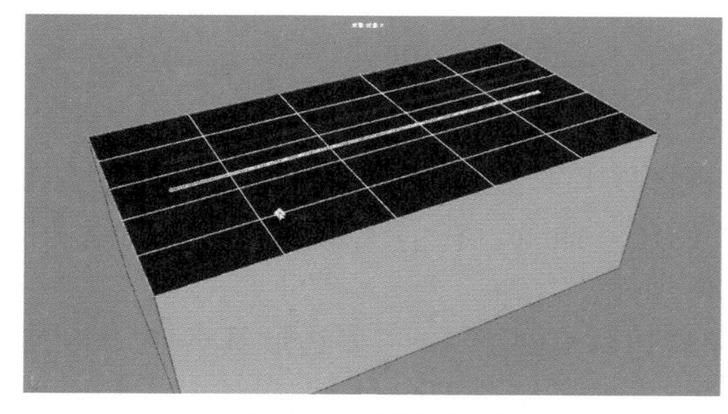

图 2-82 修剪曲面

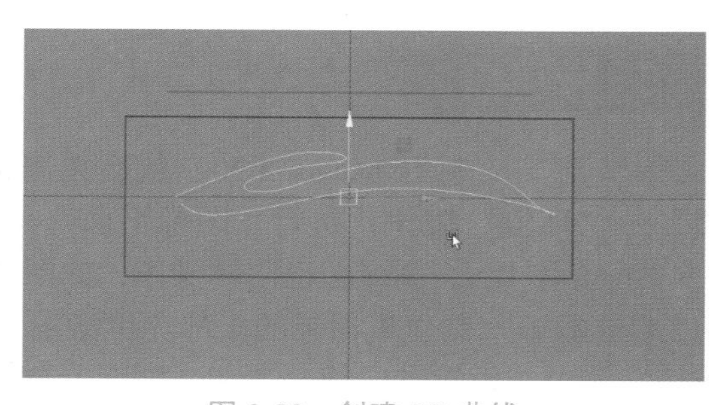

图 2-83 创建 EP 曲线

（6）依次选择绘制成的曲线和曲面，执行“在曲面上投射曲线”命令，如图 2-84 所示。

（7）运用修剪工具，在如图 2-85 所示的侧面开洞，模型制作完成。

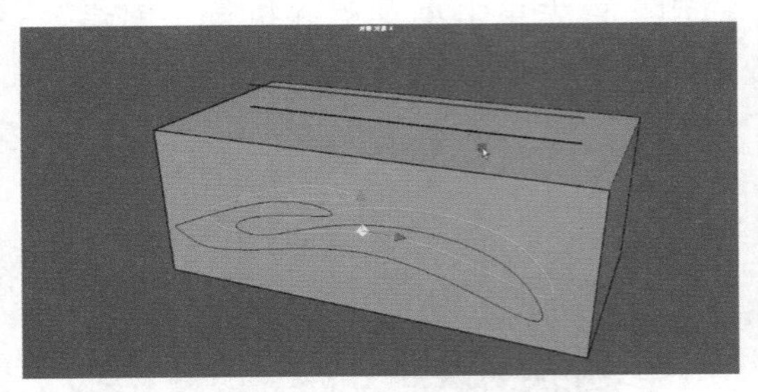

图 2-84　在曲面上投影曲线

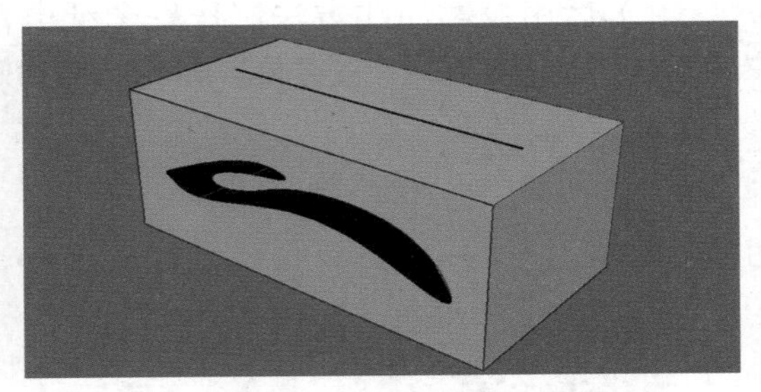

图 2-85　纸巾盒模型最终效果

任务 2.3　虚拟现实“1+X”案例——机器猫模型制作

任务目标

知识目标：学会在 Maya 中制作多边形角色模型，掌握制作的流程、技巧、方法。

能力目标：独立完成多边形角色模型头部、身体、配饰等的创建、修改、优化等能力。

素质目标：培养积极进取、勇于挑战、善于发现和一丝不苟的敬业精神。

建议学时

4 学时。

任务描述

本任务通过制作虚拟现实“1+X”历年真题机器猫模型案例来回顾所学 Maya 多边形建模知识技能的综合应用，达到温故而知新的目的，最终灵活掌握多边形模型的制作方法。

任务实施

【步骤 1】 打开 Maya 2020，依次单击前视图窗口“视图菜单执行摄影机属性编辑器”→“环境”按钮，执行“图像平面”→“创建”命令，在前视图载入前视图参考图（本书配套图片），侧视图也同样操作，如图 2-86 所示。

【步骤 2】 制作机器猫的头部。单击主菜单并执行“创建”→“多边形基本体”→“圆球体”命令，设置轴向细分数和高度细分数均为 8，效果如图 2-87 所示。

【步骤 3】 在球体上右击，选择顶点模式，通过调节顶点的位置和球体整体比例，得到如图 2-88 所示效果。

Maya 多边形建模机器猫模型制作

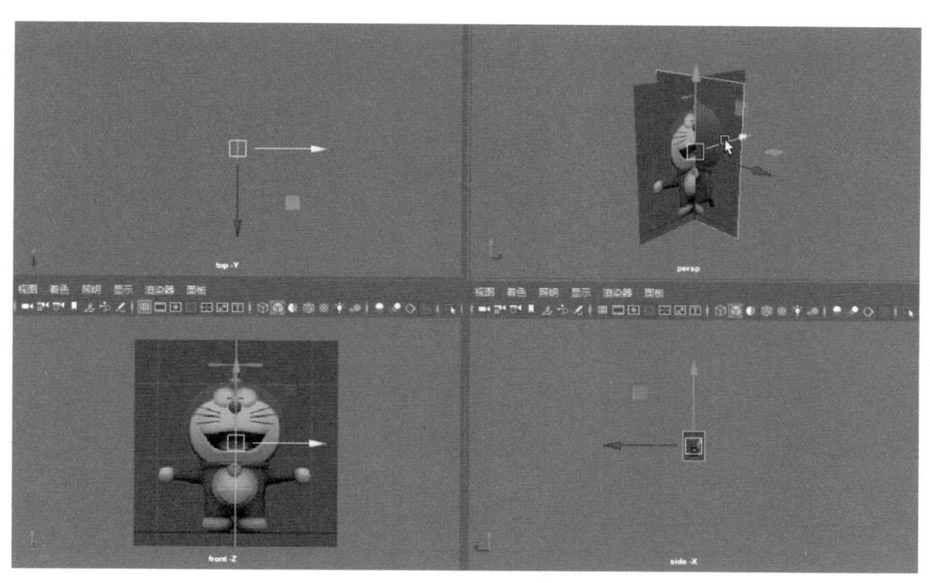

图 2-86 载入机器猫参考图

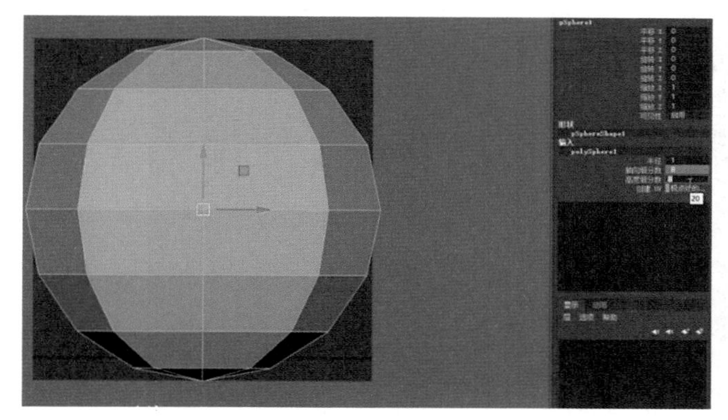

图 2-87 创建机器猫头部基本形

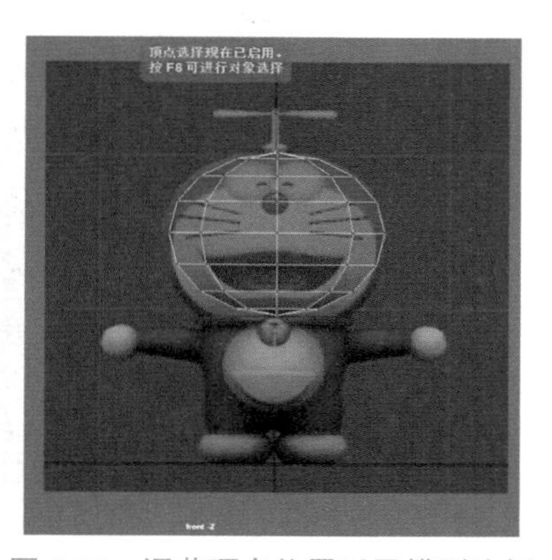

图 2-88 调节顶点位置以及模型比例

【步骤 4】 按下空格键，切换到侧视图，选择顶点模式（也可按下快捷键 F9）进行侧面形状的调节，如图 2-89 所示。

【步骤 5】 通过对顶点的调节，得到机器猫头部半边准确模型。此时单击主菜单并执行“网格”→“镜像工具”命令，得到头部整个模型，效果如图 2-90 所示。

【步骤 6】 我们在制作过程中要养成经常保存文件的好习惯。按住组合键 Ctrl+S，弹出如图 2-91 所示对话框进行保存。

【步骤 7】 下面制作身体模型。单击图标，在主视图创建立方体，并将其挪动至头部下方，在此过程中，伴随着对立方体基本型的比例调整，如图 2-92 所示。

【步骤 8】 使用多切割工具在模型上添加结构线，并调节顶点位置，效果如图 2-93 所示。

注意： 在此过程中，要做到多视图来回切换观察，从而保证模型的准度达到三视图的标准。

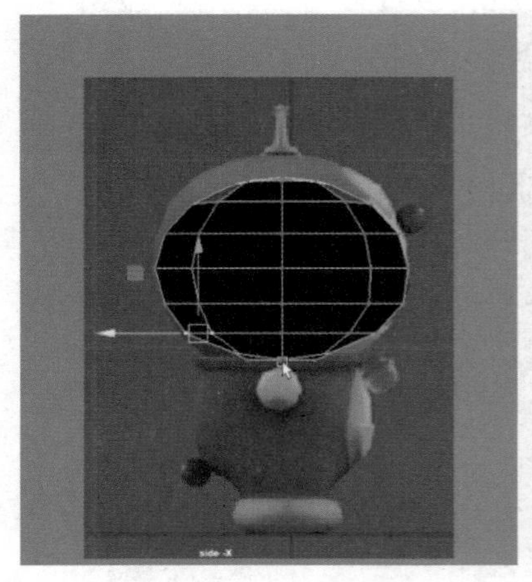

图 2-89　调节侧面形状

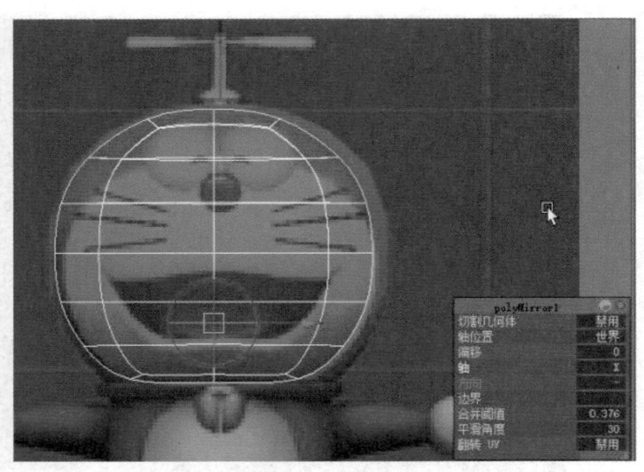

图 2-90　镜像头部多边形模型

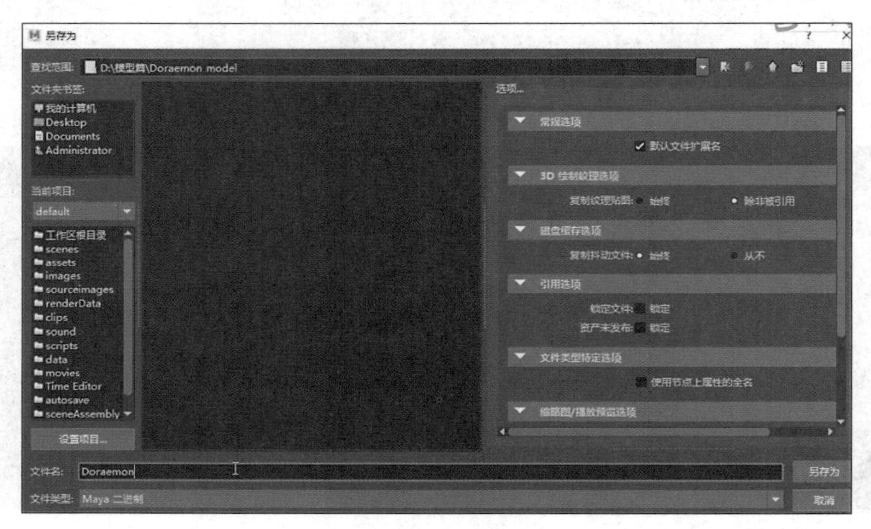

图 2-91　保存模型对话框

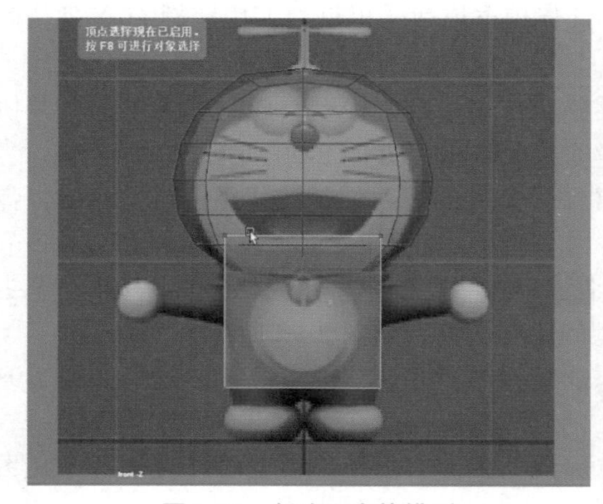

图 2-92　创建立方体模型

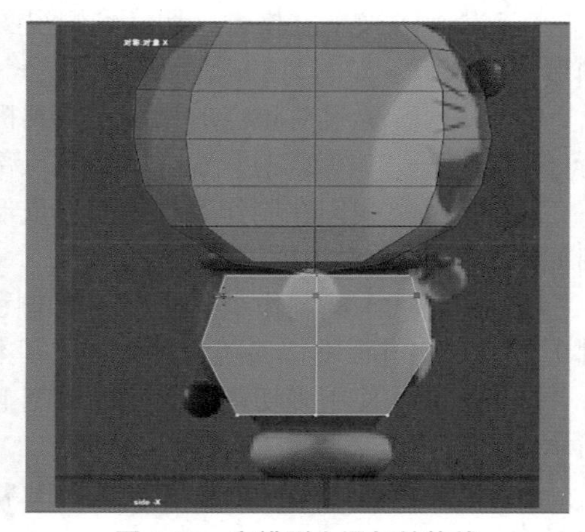

图 2-93　在模型上添加结构线

【步骤 9】 在进行模型塑形的过程中，建议将模型的显示方式切换为线框显示（快捷键为数字键 4），或者单击位于小视图窗口顶部标签栏中的 X-ray 显示方式，这种全新的显示方式能够将模型实体呈现半透明的显示效果，从而保证制作者在刻画模型细节或者对形时，模型框架与实体结构最大化显现，提升制作者的建模效率，如图 2-94 所示。

【步骤 10】 按住键盘上的数字键 3，光滑显示模型预览效果，如图 2-95 所示。

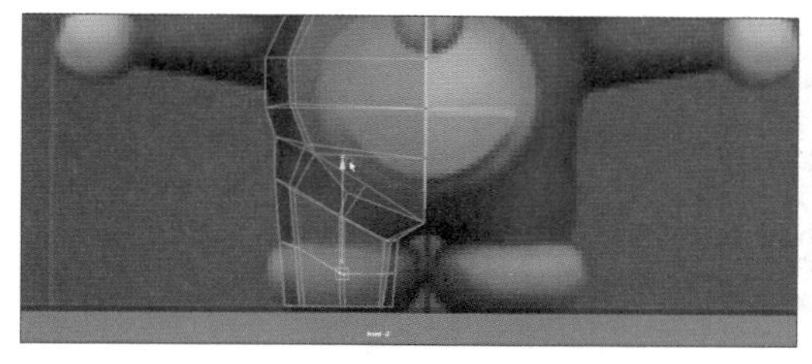

图 2-94 X-Ray 显示方式

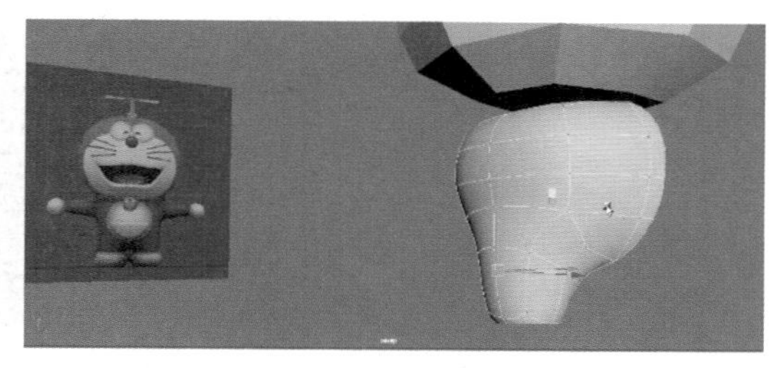

图 2-95 光滑显示模型

【步骤 11】 单击多切割工具，在机器猫腿部添加一条循环边（按住 Ctrl+ 左键操作）用来划定脚部的位置，如图 2-96 所示。多边形建模方式的特色就是自由布线，好的布线结构清晰，便于后期动画制作。

【步骤 12】 用同样的操作思路添加脚部结构线，如图 2-97 所示。

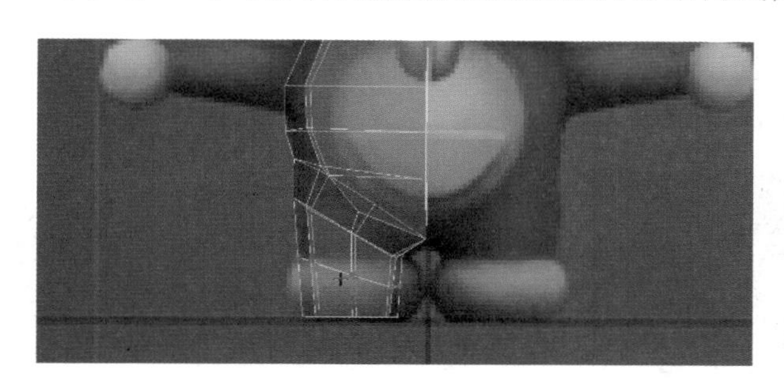

图 2-96 划定脚部位置

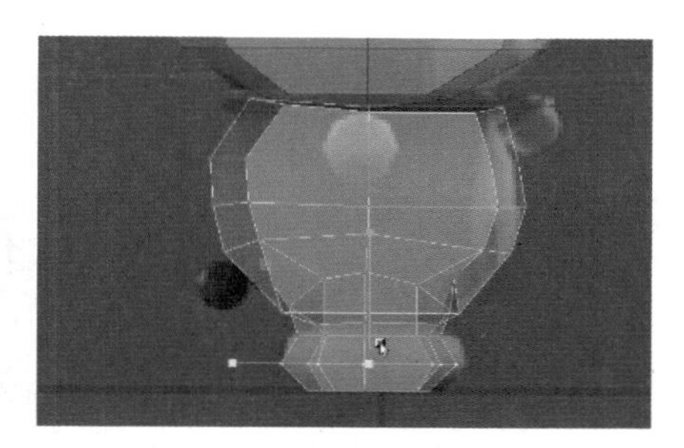

图 2-97 添加脚部结构线

【步骤 13】 对身体部分的顶点进行微调，保证模型的精准度，确定形状之后，单击镜像工具，轴位置为世界，轴为 X，得到如图 2-98 所示效果。

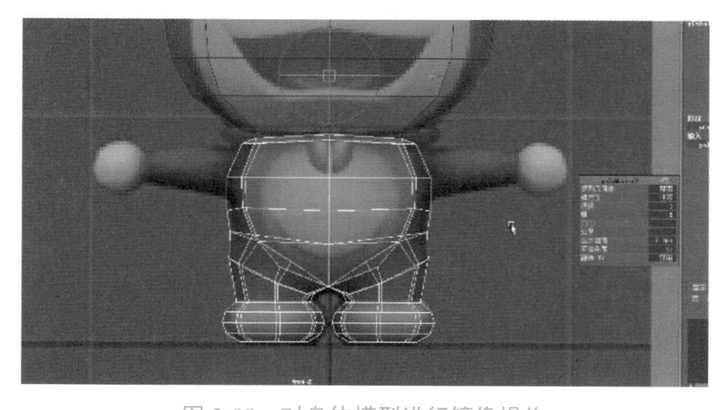

图 2-98 对身体模型进行镜像操作

【步骤 14】 选择头部和身体模型,使用“结合”命令使之合二为一。右击进入面层级，选择头底部以及身体顶部面片进行删除；然后右击进入边层级，选择头部和身体的结合部边界线，右击桥接命令进行面的连接，在此也可以使用顶点焊接工具进行连接，效果是一样的，我们可以根据个人习惯选择操作方式，如图 2-99 所示。

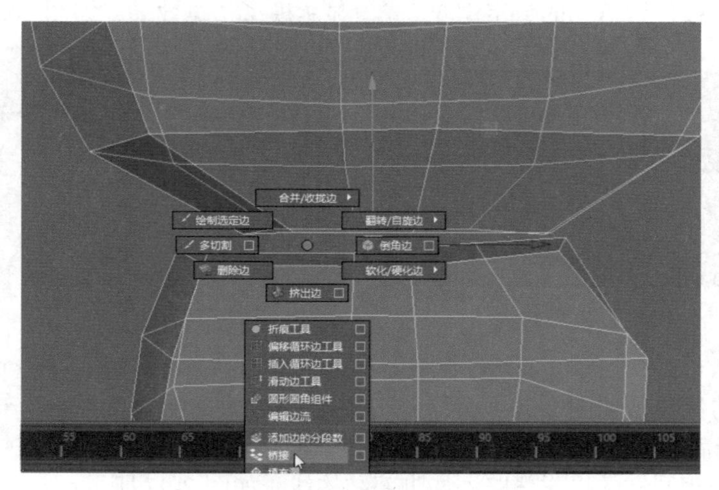

图 2-99　进行顶点焊接

【步骤 15】 进入面层级选择颈脖处环形面，复制此处模型，然后向外挤出得到脖子套环的效果，如图 2-100 和图 2-101 所示。

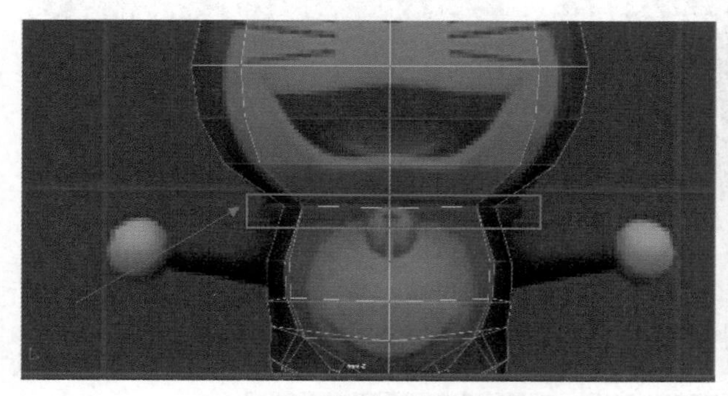

图 2-100　选择颈脖处环形面

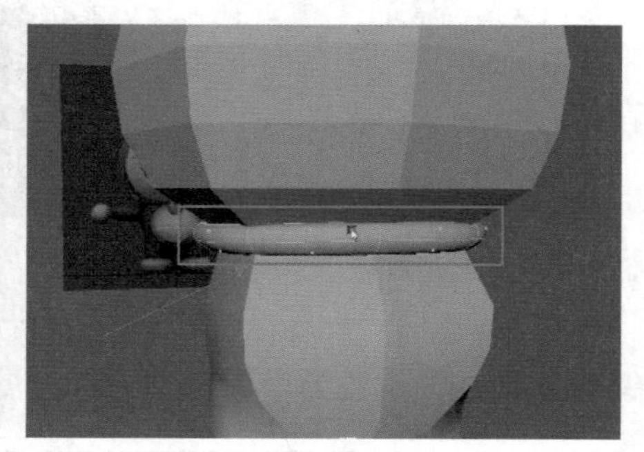

图 2-101　向外挤出得到脖子套环模型

【步骤 16】 我们在制作模型需要养成时刻注意大形（整体造型）效果的好习惯。在刻画细节或者塑造局部物件的过程中，对整体形状不断进行微调完善，达到造型与设计稿的完美匹配目标，如图 2-102 所示。

【步骤 17】 使用切角顶点工具，制作手臂模型。通过切角顶点工具在身体两侧生成环状发射结构点，如图 2-103 所示。

【步骤 18】 使用挤出工具对身体侧面进行推拉，效果如图 2-104 所示。

【步骤 19】 手臂分为前后臂，单击多切割工具，按住 Ctrl 键在手臂适当位置添加结构线，效果如图 2-105 所示。

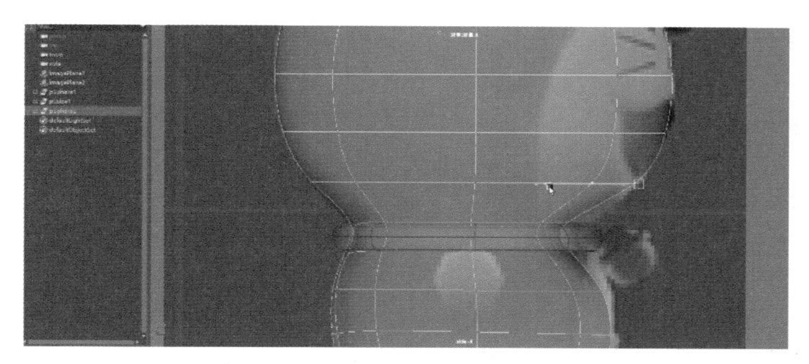

图 2-102　调整模型细节

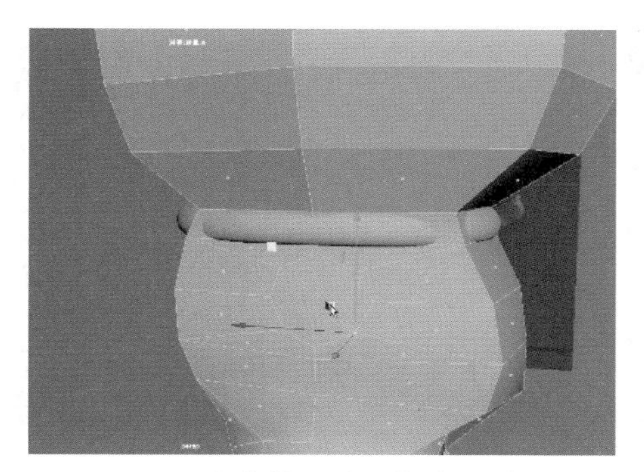

图 2-103　在身体上应用切角顶点工具

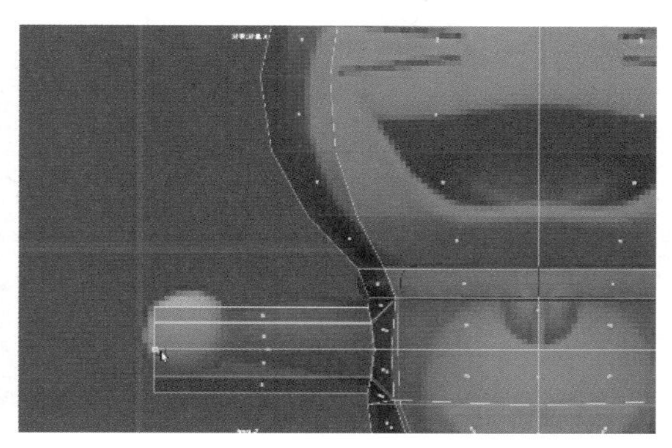

图 2-104　挤出侧面手臂模型

【步骤 20】 单击多边形球体工具，在视图中创建球状手部，并通过比例缩放，移动到手臂最前端，效果如图 2-106 所示。

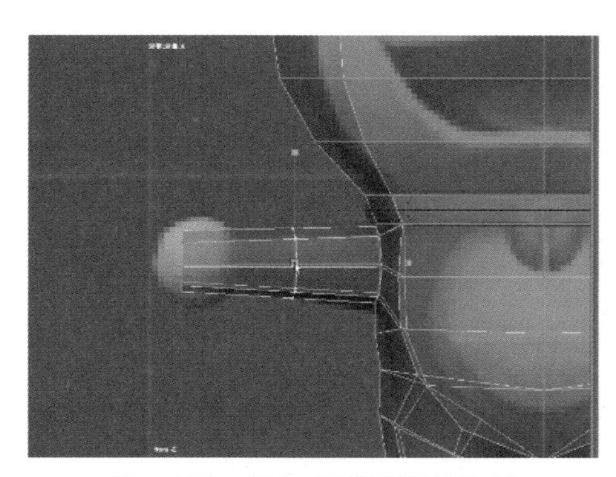

图 2-105　添加手臂模型结构线

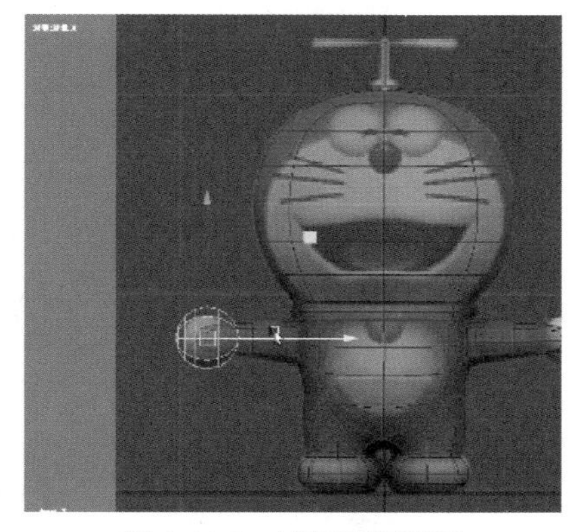

图 2-106　创建手部模型

【步骤 21】 使用多切割工具在头部下方嘴巴的位置添加结构线，机器猫的显著特点是大嘴，因此在画线时务必夸张，制作过程中四个视图反复观察，确保形状无误，如图 2-107 所示。

【步骤 22】 在制作嘴部模型时，会出现多边面的现象，此时使用多切割工具在适当的位置添加结构线即可，如图 2-108 所示。

【步骤 23】 嘴部布线已定，接下来选择嘴部四个面，使用挤出工具往内推做出嘴巴造型，如图 2-109 所示。

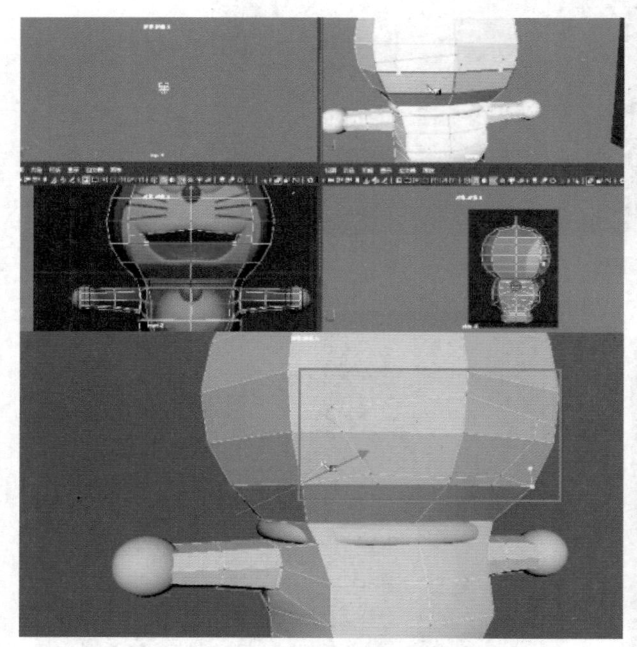

图 2-107 模型嘴巴的位置添加结构线

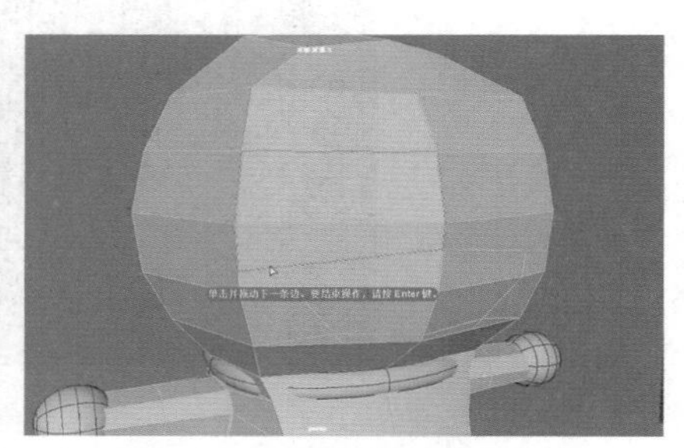

图 2-108 细化嘴部模型布线

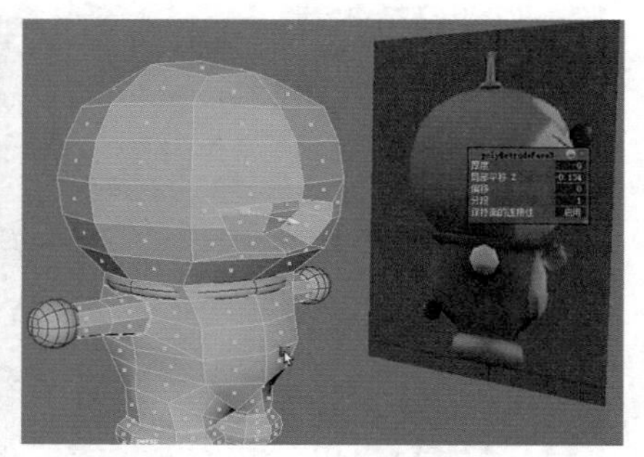

图 2-109 挤出嘴巴造型

【步骤 24】 精准造型的塑造离不开创作者对于细节精益求精的打磨，如图 2-110 所示，对嘴部顶点位置不断微调。

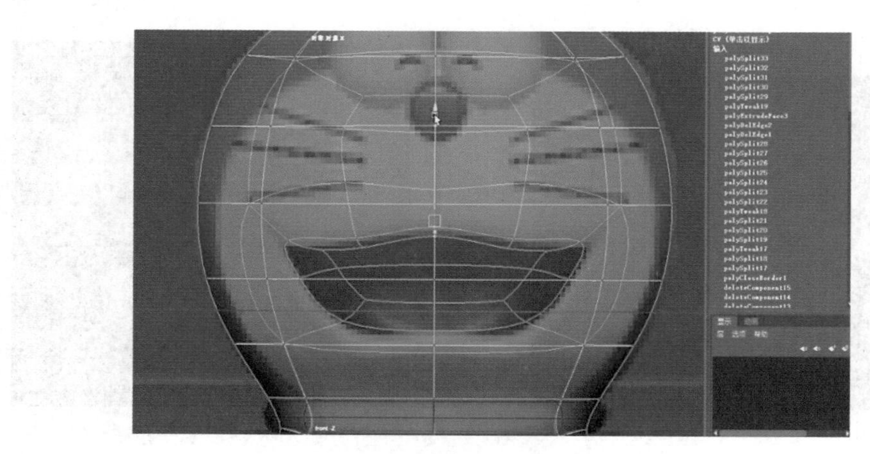

图 2-110 对嘴部顶点位置不断微调

【步骤 25】 完成模型主体部分后，制作模型身上的配件以及附属物，先制作头顶飞行器。使用切角顶点工具和挤出工具在头顶面片位置拉出竖状结构，如图 2-111 所示。

【步骤 26】 使用一个崭新的多边形圆柱体制作飞行器的螺旋桨叶片，形状的调节参考机器猫三视图，效果如图 2-112 所示。

【步骤 27】 使用多边形球体制作机器猫尾巴、眼睛和鼻子，效果如图 2-113 所示。

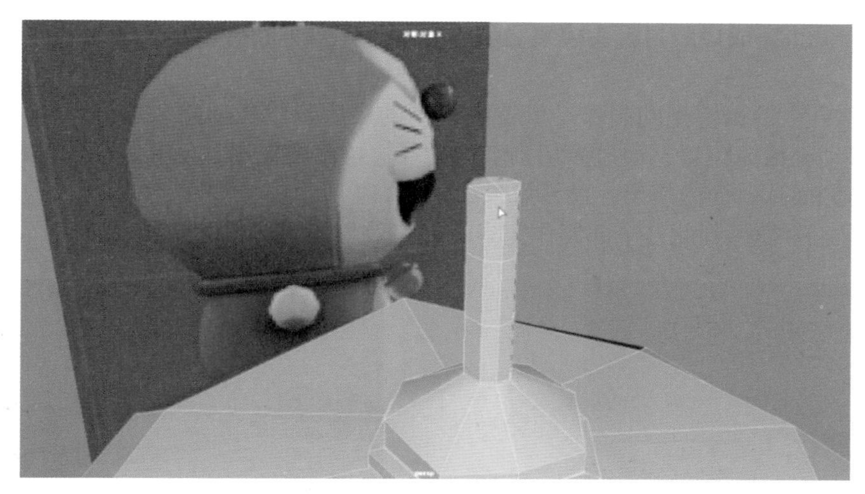

图 2-111　制作头顶飞行器

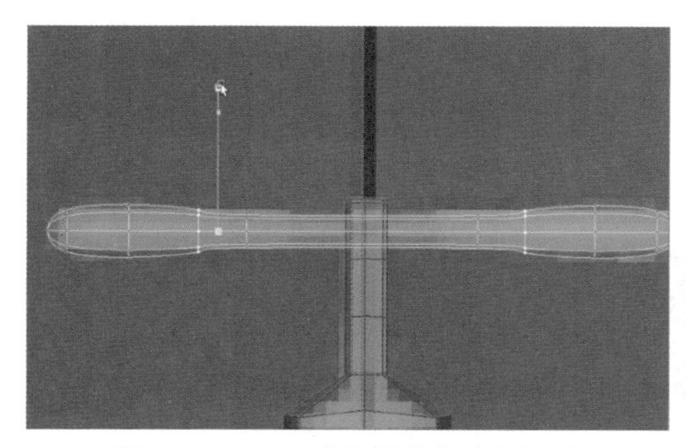

图 2-112　飞行器的螺旋桨叶片模型

图 2-113　机器猫细节模型

【步骤 28】 藤子·F. 不二雄创作的机器猫，其最大特点就是其肚皮口袋。在制作肚皮口袋时，需要充分考虑口袋布线的合理性，避免多边面的误区，效果如图 2-114 所示。

【步骤 29】 单击立方体工具创建舌头模型基本形，如图 2-115 所示，通过拉曳顶点位置塑造舌头标准形。

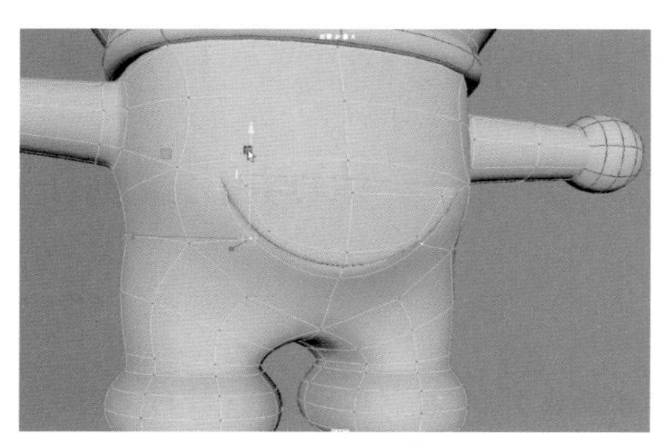

图 2-114　肚皮口袋模型

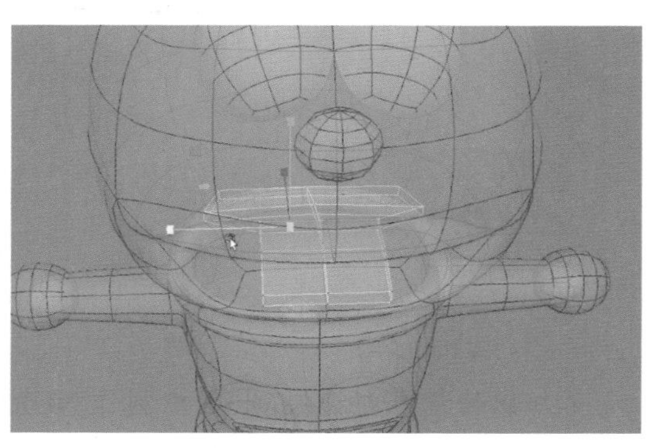

图 2-115　机器猫舌头模型

【步骤 30】 完成口腔内舌头模型之后，观察整体，不断微调完善，得到如图 2-116 所示效果。

【步骤 31】 铃铛模型的制作是机器猫模型的最后阶段。创建多边形球体，使用变换工具将其移动至恰当位置，通过多切割工具循环边技术的应用，使其表面的结构线更为精准。选择部分面片，向内挤出，最终效果如图 2-117 所示。

【步骤 32】 模型到此已全部制作完毕，最终效果如图 2-118 所示。

图 2-116 微调完善模型

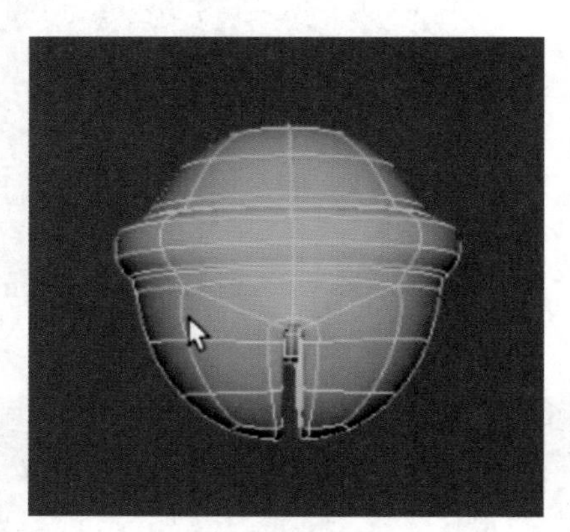

图 2-117 铃铛模型效果

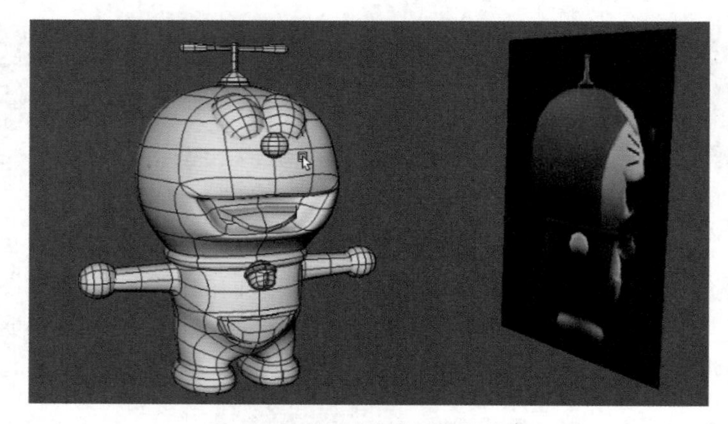

图 2-118 机器猫模型最终效果

任务 2.4 虚拟现实“1+X”案例——牡丹花模型制作

任务目标

知识目标：学会在 Maya 中制作 NURBS 曲面模型，掌握制作的流程、技巧、方法。

能力目标：独立完成 NURBS 曲面模型的创建、修改、优化等能力。

素质目标：培养积极进取、勇于挑战、善于发现和一丝不苟的敬业精神。

■ 建议学时

4 学时。

■ 任务描述

本任务通过制作虚拟现实"1+X"往年真题牡丹花模型案例来回顾一下所学 Maya NURBS 曲面建模知识技能的综合应用，达到温故而知新的目的，最终实现灵活掌握 NURBS 曲面模型的制作方法。

任务实施

【步骤 1】 使用 EP 曲线工具绘制出牡丹花瓣外形结构图形，如图 2-119 所示。画线力求点少形准。

【步骤 2】 使用平面工具将画好的 2D 图形转变成 3D 立体的着色模型，如图 2-120 所示。

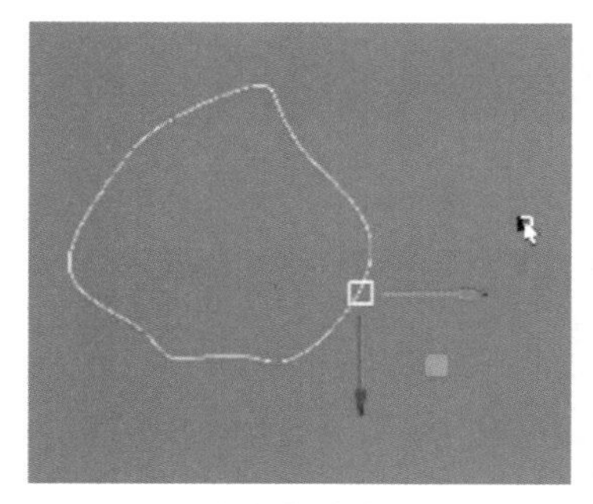

图 2-119 牡丹花瓣外形结构图形

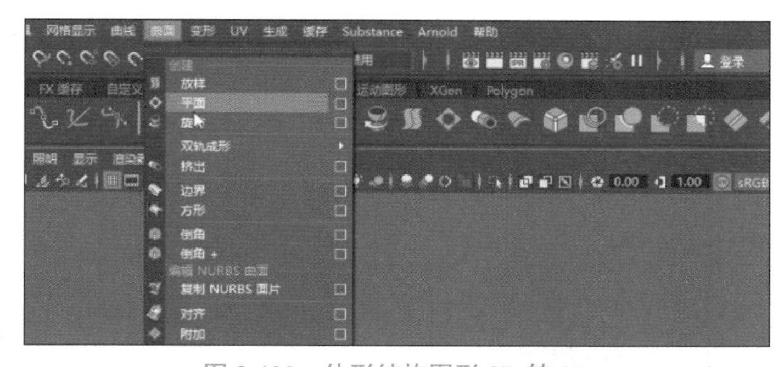

图 2-120 外形结构图形 2D 转 3D

【步骤 3】 单击曲面菜单中的子菜单"反转方向"，如图 2-121 所示。

【步骤 4】 保持花瓣模型处于选中状态，右击选择顶点层级，再选择面片中部四个控制点，略微往上拖曳，形成花瓣效果，如图 2-122 所示。

【步骤 5】 用同样的制作方法做出如图 2-123 所示的花瓣模型。

【步骤 6】 使用 NURBS 曲面平面创建出新的花瓣基础形，然后在面片中间插入等参线，进入顶点层级拖动点来塑造花瓣具体造型，如图 2-124 所示。

【步骤 7】 用同样的方法制作其他花瓣

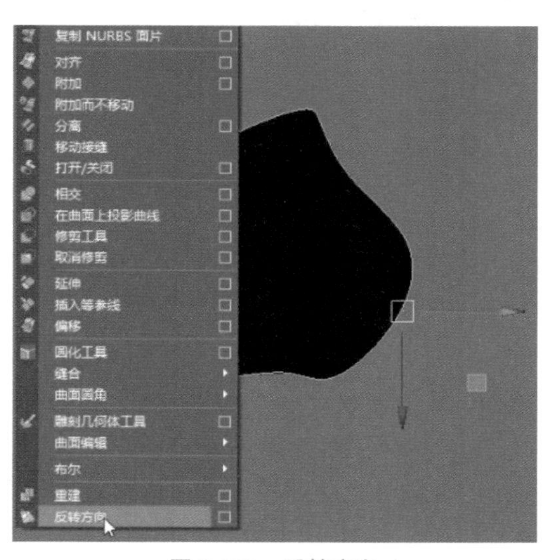

图 2-121 反转方向

Maya 曲面建模之牡丹花模型制作

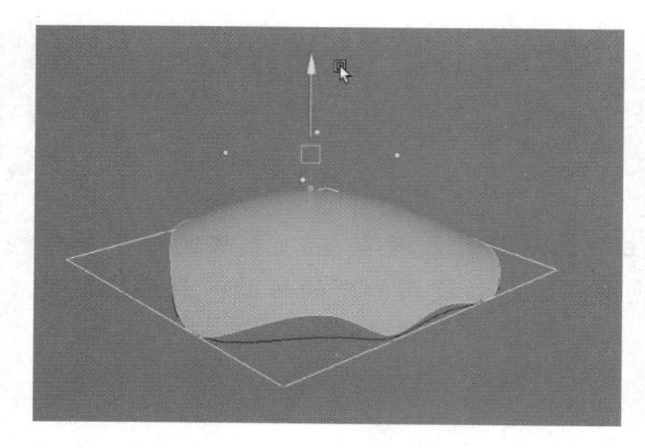

图 2-122　单片花瓣效果

图 2-123　多片花瓣效果

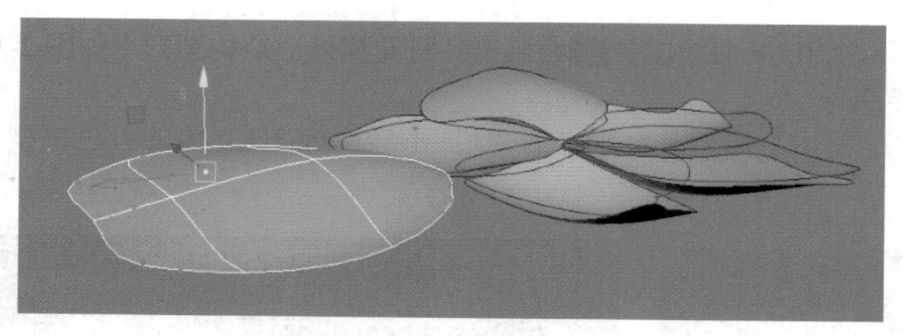

图 2-124　曲面制作花瓣

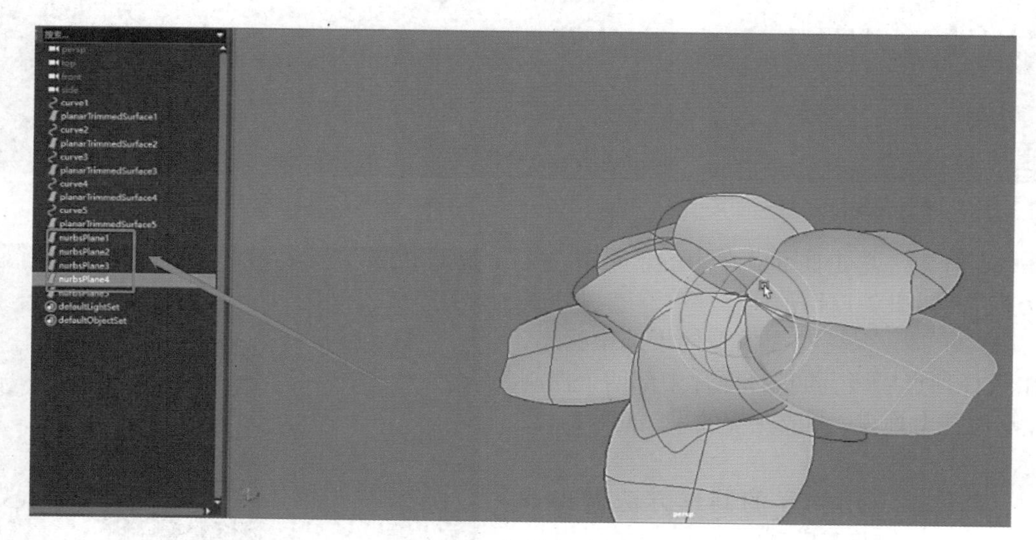

图 2-125　多片花瓣效果

模型。将所有做好的花瓣模型进行有序穿插组合，效果如图 2-125 所示。

【步骤 8】 花瓣数量不足，此时进行合理的填补，效果如图 2-126 所示。

【步骤 9】 花瓣模型最后调整效果如图 2-127 所示。

【步骤 10】 接下来制作花蕊模型。应用 NURBS 曲面建模中的“挤出”命令，对勾画出的花蕊曲线进行管状挤出，如图 2-128 所示。

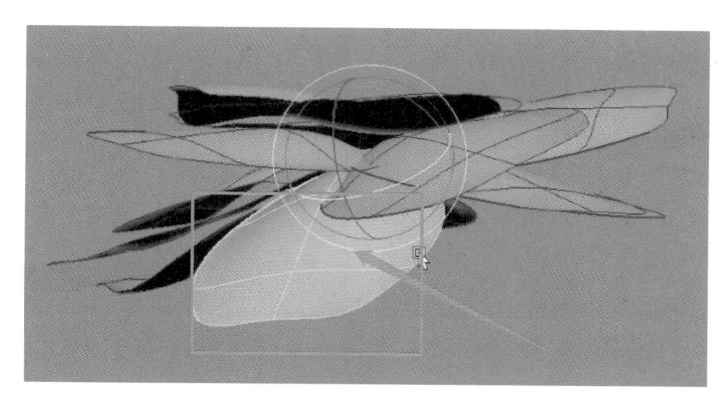

图 2-126 补充花瓣模型

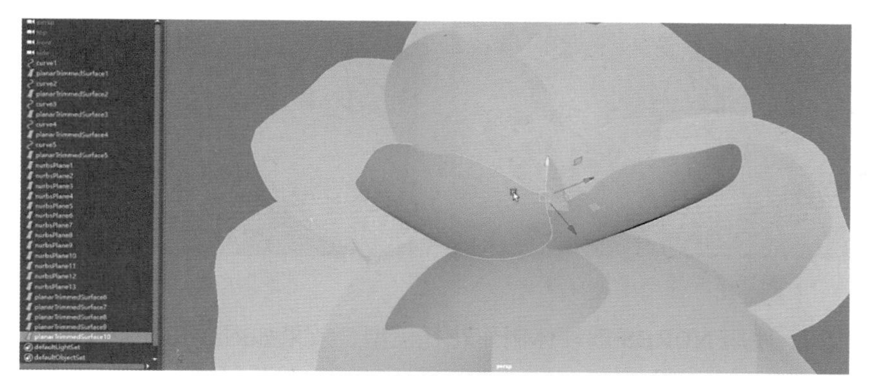

图 2-127 花瓣模型调整效果

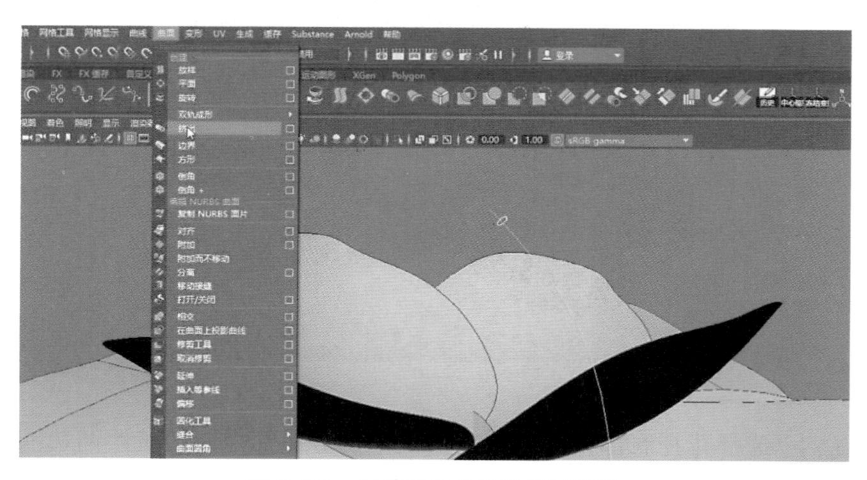

图 2-128 对花蕊曲线进行管状挤出

【步骤 11】 将制作好的花蕊移动到合适的位置，如图 2-129 所示。

【步骤 12】 将做好的花蕊进行多份复制，并调整模型的位置，如图 2-130 所示。

【步骤 13】 使用圆柱体工具制作花心部位模型，效果如图 2-131 所示。

【步骤 14】 使用 NURBS 球体制作花药模型，如图 2-132 所示。

图 2-129　对花蕊进行位置调整

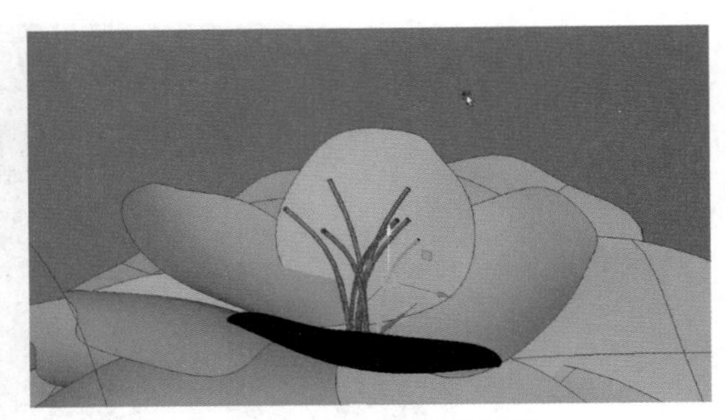

图 2-130　复制花蕊模型

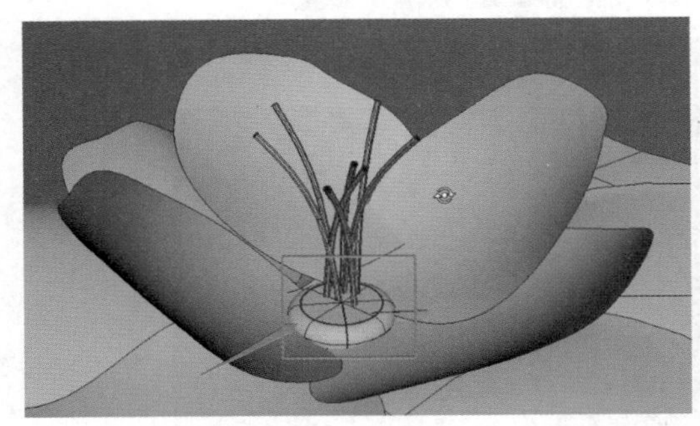

图 2-131　圆柱体工具制作花心模型

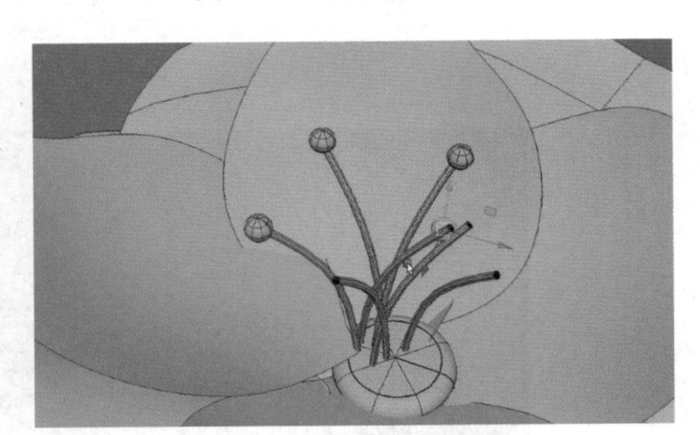

图 2-132　制作花药模型

【步骤 15】 使用 NURBS 圆柱体制作花托模型，效果如图 2-133 所示。

图 2-133　制作花托模型

【步骤 16】 选择花托底部模型，单击曲面下的分离命令，将黄线两边面进行分离，如图 2-134 所示。

【步骤 17】 使用 EP 曲线工具绘制花柄侧面曲线，通过单击曲面“挤出”命令，制作花柄模型，如图 2-135 所示。

【步骤 18】 花柄模型效果如图 2-136 所示。

【步骤 19】 选择花柄起始端以及花托开口末端曲面上的曲线，使用自由形式圆角工具对其两端进行补面连接，如图 2-137 所示。

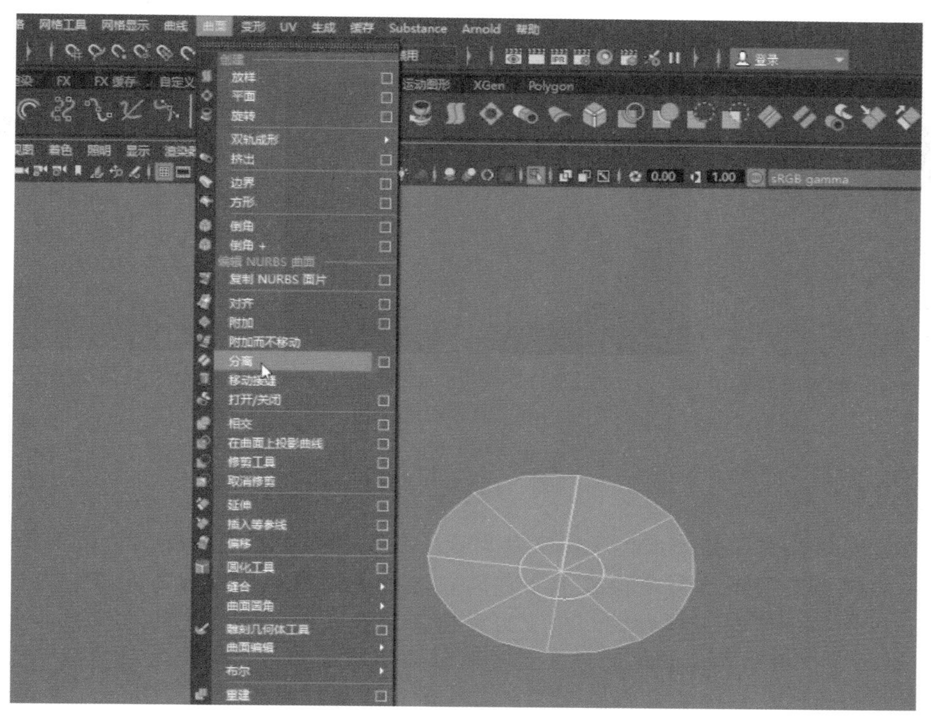

图 2-134　对花托底部进行分离操作

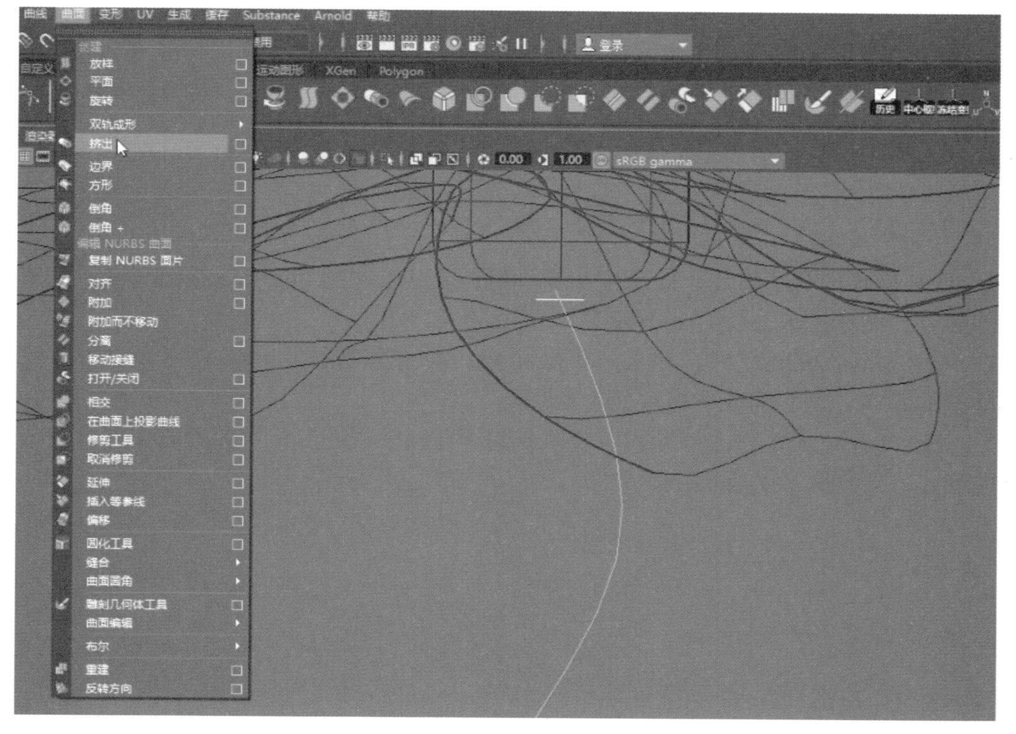

图 2-135　绘制花柄侧面曲线

【步骤 20】 牡丹花曲面模型制作完成，效果如图 2-138 所示。

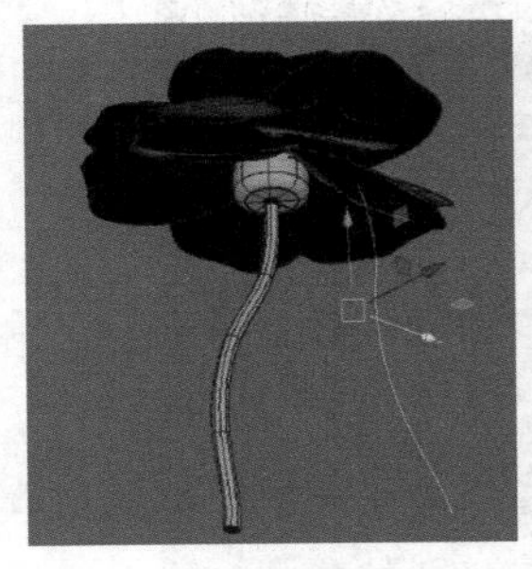

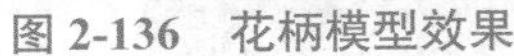

图 2-136　花柄模型效果

图 2-137　进行补面操作

图 2-138　牡丹花模型最终效果

◆ 项 目 小 结 ◆

多边形建模技术在整个虚拟现实项目内容（模型部分）研发中起到至关重要的作用，90％以上的模型是用多边形建模技术制作的。这种建模技术比较容易掌握，在创建复杂表面时，细分部分可以任意加线，在结构穿插关系很复杂的模型中能体现出其优点。而NURBS 曲面建模由于构造物体的方式主要是依靠绘制的曲线，因此这种建模方式非常适合创建平滑的物体，如汽车和其他电子产品模型。随着时代的发展，CG 技术的进步，人们对于计算机图像质量的要求越来越高，因此对三维模型师要求也越来越高。对于不同模型的制作，在建模方式的选择上，要求模型师要能迅速准确地拿捏，快速而高效地完成建模。

本项目介绍了多边形以及曲面建模技术的概念，帮助读者理解建模原理，讲解了各种情况下模型的创建以及编辑修改的方法，同时加以虚拟现实“1+X”案例，系统呈现了整个虚拟现实模型制作的流程及方法。

◆ 实 战 训 练 ◆

1. 使用 Maya 2020 软件，导入“实操训练 \ 茶壶三视图 .jpg”参考图文件，完成茶壶模型的制作，制作完成后保存 md 文件。

2. 使用 Maya 2020 软件，导入“实操训练 \ 博士熊三视图 .jpg”参考图文件，完成博士熊模型的制作，制作完成后保存 md 文件。

3. 使用 Maya 2020 软件，导入“实操训练 \ 男孩三视图 .jpg”参考图文件，完成男孩模型的制作，制作完成后保存 md 文件。

数字模型UV制作

项目导读

模型的制作阶段通常分为模型制作、模型 UV 分解和贴图制作三个阶段，三者之间息息相关。模型的布线是否平均关系到 UV 展开是否平整，其部件的拆分是否合理关系到 UV 的空间利用是否合理，而 UV 的空间合理利用关乎贴图的绘制。

一般来说，为模型赋予贴图，系统会以默认的贴图坐标将贴图赋予物体。但对于需要精准对位的模型来说，系统默认的贴图坐标往往会出错。那么怎样对模型设置相应的贴图坐标呢？这时就需要使用 UV 了。本项目将对 Maya 的 UV 编辑器界面、创建 UV、编辑 UV、排布 UV 等进行讲解，这些都是模型 UV 分解重要的知识点。希望通过本项目，读者在生活中做一个有心人，善于观察、善于分析，敢于动手，敢于提出问题，并找到解决问题的方法，这对提升科学思维能力特别重要。

项目素质目标

- 培养学生积极进取、勇于挑战、善于发现和一丝不苟的敬业精神。
- 培养学生解决问题时的逆向思维能力。
- 培养学生具备掌握 Maya 开发虚拟现实方向模型的专业技能。

项目知识目标

- 了解 UV 的概念，掌握制作 UV 的方法及流程。
- 了解 UV 纹理空间和 2D 纹理坐标。

项目能力要求

- 熟练使用 Maya UV 组件的相关工具命令。
- 掌握创建、查看、编辑 UV 的能力，并能在开发中灵活使用。
- 掌握 UV 编辑的基本原则。

项目重难点

项目内容	工作任务	建议学时	技能点	重难点	重要程度
数字模型UV 制作	任务 3.1　认识 UV	2 学时	UV 的概念、UV 编辑的基本原则	UV 的基本原理	★★★☆☆
				UV 纹理空间	★★☆☆☆
				UV 编辑的基本原则	★★★☆☆
	任务 3.2　使用 UV 工具制作 3D 模型 UV	2 学时	UV 平面映射、UV 圆柱映射、UV 球体映射、UV 自动映射、UV 检测纹理	UV 的映射方法	★★★★☆
				编辑器的使用	★★★★☆
				UV 工具的使用	★★★★★
	任务 3.3　虚拟现实“1+X”案例——机器猫 UV 制作	4 学时	UV 制作在真实案例中的应用	UV 创建	★★★☆☆
				UV 修改	★★★★☆
				UV 排布	★★★☆☆
				UV 优化	★★★☆☆

任务 3.1　认 识 UV

任务目标

知识目标：理解 UV 的概念，了解 UV 纹理空间、2D 纹理图片。
能力目标：掌握纹理 UV 的基本原理和 UV 编辑的基本原则，掌握编辑器的使用。
素质目标：培养积极进取、勇于挑战、善于发现和一丝不苟的敬业精神。

建议学时

2 学时。

任务描述

对于数字模型来说，有两个最重要的坐标系统：一是顶点的位置（X，Y，Z）坐标；另一个是 UV 坐标。本任务学习 UV 的概念以及如何将它们映射到面的正确位置，这对于在 Maya 中制作数字模型时在多边形和细分曲面上生成纹理是必不可少的。

知识归纳

1. UV 的概念

本书 UV 是 U、V 纹理贴图坐标的简称，其中，U 代表水平方向，V 代表垂直方向，是驻留在多边形网格顶点上的 2D 纹理坐标点，它定义了图片上每个点的位置信息。这些点与 3D 模型是相互联系的，以决定表面纹理贴图的位置。UV 就是将图像上每一个点精确对应到模型物体的表面，在点与点之间的间隙位置由软件进行图像光滑插值处理。我们可理解为立体模型的“皮肤”，将“皮肤”展开，然后进行 2D 平面上的绘制并赋予物体。

因此U和V代表了2D纹理的轴，而X、Y、Z用于表示三维模型空间中3D对象的轴，如图3-1所示。在某些情况下，默认UV投影可能不会以预期或要求的方式显示，这时必须以可视方式求值，然后手动编辑UV布局重新排列UV的位置，从而更好地满足纹理的要求。常见的人物UV贴图如图3-2所示。

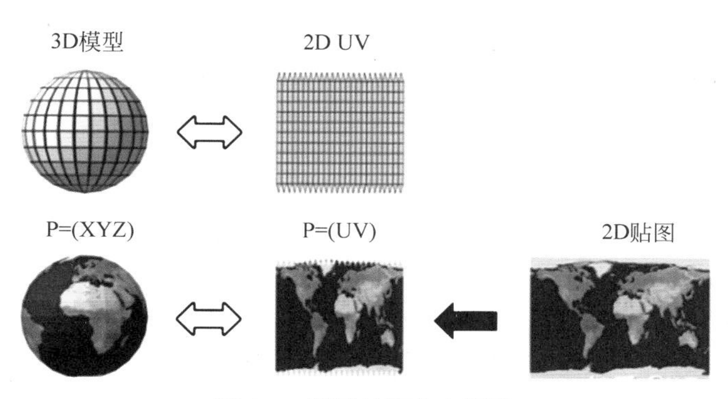

图3-1 模型的两个坐标轴

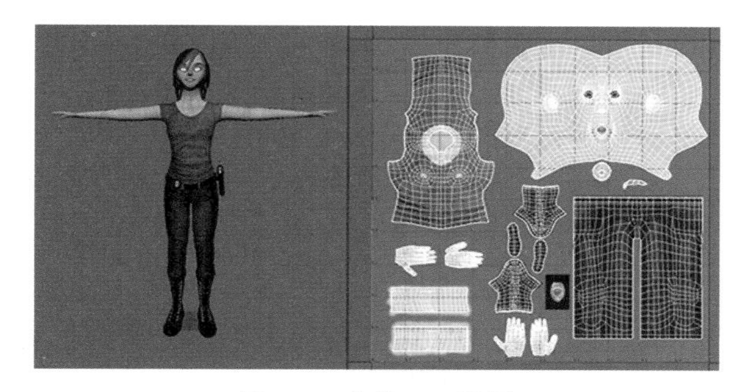

图3-2 人物UV贴图

2. UV编辑器

将UV映射到模型后，可以使用UV编辑器查看和编辑生成的UV纹理坐标，UV编辑器用于单独或参照图像纹理来查看2D UV网格，可在2D视图中操纵UV网格的组件，就像在Maya中处理其他多边形组件一样，并以交互方式对其进行编辑，UV编辑器界面如图3-3所示。

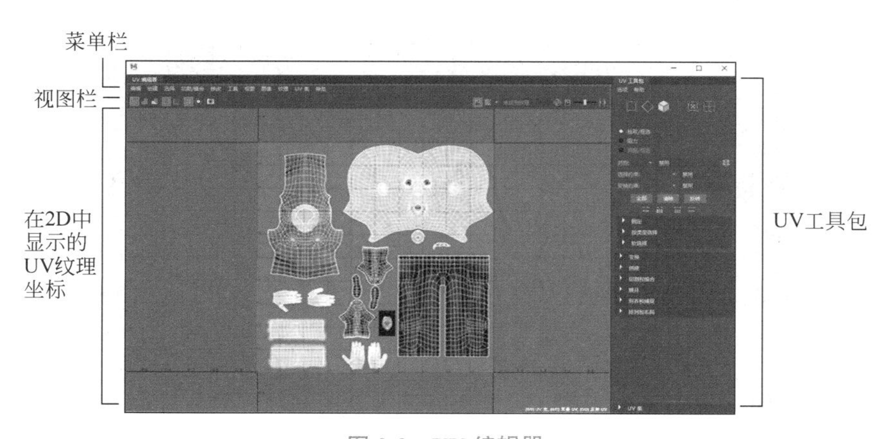

图3-3 UV编辑器

1）视图栏

视图栏包含用于在“UV 编辑器”（UV Editor）和“视口”（Viewport）中更改 UV 壳显示的选项，视图栏常用工具按钮的功能见表 3-1。

表 3-1 视图栏常用工具按钮的功能

图标	名 称	功 能
	线框显示（Wireframe Display）/着色显示（Shaded Display）	将 UV 壳显示为未着色的线框或使用半透明着色显示 UV 壳，彩色着色选项位于视图→着色中
	扭曲着色器（Distortion Shader）	通过使用挤压和拉伸的 UV 来着色面，确定拉伸或压缩区域，参见识别 UV 扭曲
	纹理边界（Texture Borders）	切换 UV 壳上纹理边界的显示，纹理边界显示有一条粗线
	彩色 UV 壳边界（Color UV Shell Borders）	将彩色 UV 边界的显示切换为任何选定组件，用于查找壳共享相同边的位置
	栅格 UV（Grid UVs）	将每个选定 UV 移动到纹理空间中最近的栅格交点处，“UV”→“栅格”的快捷方式。若要更改栅格，在工具栏上的“视图栅格”（View Grid）按钮上右击
	保存图像（Save Image）	将当前 UV 布局的图像保存到外部文件
	图像（Image）	切换是否在“UV 编辑器”（UV Editor）中显示纹理。使用“棋盘格着色器”（Checker Shader）按钮旁边的下拉列表在图像之间切换
	棋盘格着色器（Checker Shader）	在 UV 编辑器中，将棋盘格图案纹理应用于 UV 网格的曲面和后面的 UV

2）工具包

UV 工具包（UV Toolkit）显示在 UV 编辑器的右侧，包含修改 UV 排列所需的全部工具。工具包常用的工具有创建、转开、变换、切割和缝合。

3. UV 编辑的基本原则

最佳的 UV 排布取决于要使用的纹理类型、模型要使用的场合、故事版中的分镜头等，同时多边形的 UV 编辑也因制作人设定纹理不同而异。下面给出业界约定俗成的原则，并结合应用作为参照。

（1）使用 UV 避免重叠与交迭。重叠与交迭会出现拉伸变形的情况，如图 3-4 所示。

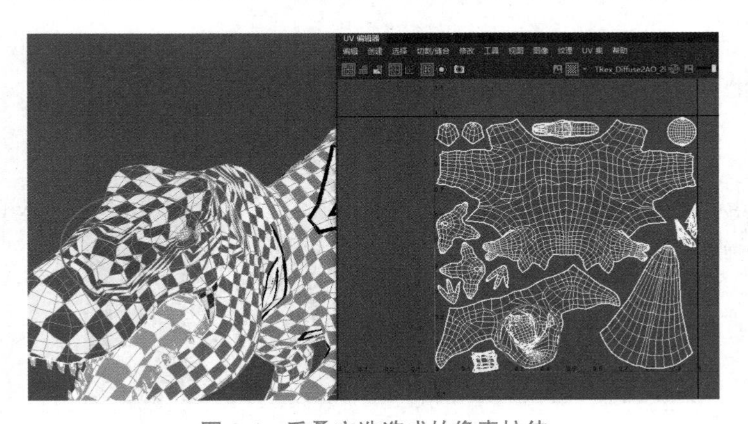

图 3-4 重叠交迭造成的像素拉伸

（2）保持UV（相同纹理）在0~1纹理空间内。这个空间在UV Texture Editor（UV贴图坐标编辑器）中是无限重复的，如果UV超出这个空间，会使用相同的纹理。若UV坐标为（1.5，0）的点与坐标为（0.5，0）的点使用的像素相同，那么超出这个空间的纹理在模型表面上就是重复的，这也属于一种间接的UV重叠，如图3-5所示。

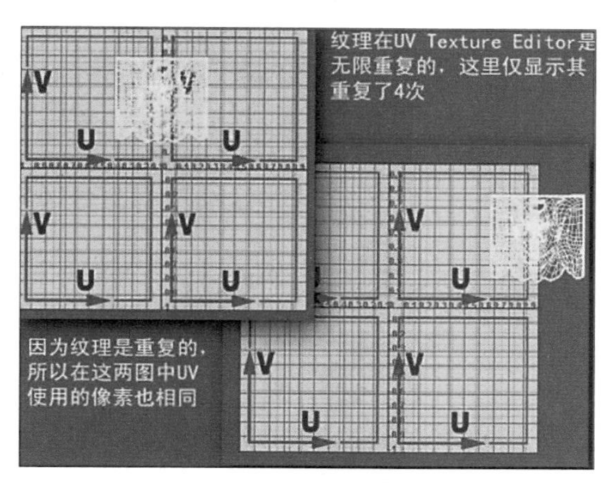

图3-5 保持UV在2D纹理的平面内

（3）UV的接缝摆放位置应位于摄像机注意不到、不易觉察的部位，如头后侧部、臂与腿的内侧，如图3-6所示。

（4）尽可能划分少的UV块。保持UV的完整是针对制作纹理来说的，少的UV块可以避免处理大量材质的接缝。

（5）尽可能利用0~1纹理空间。纹理是根据UV在模型表面上进行分布的，同时这个贴图会参与渲染，如果没有很好地利用纹理空间，就会造成实际使用纹理的像素比这个值小。如图3-7所示，纹理像素假设为1024×1024，实际使用像素不大于320×320，导致实际贴图分辨率不够。

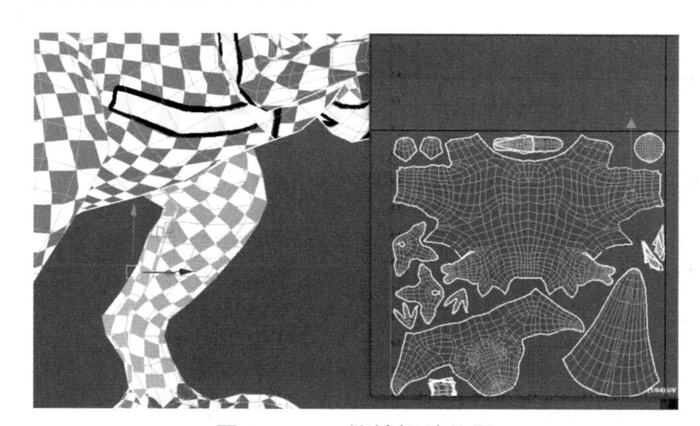
图3-6 UV接缝摆放位置

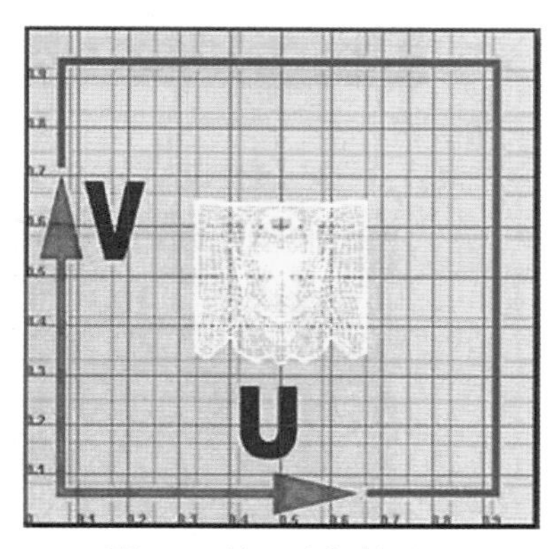

图3-7 纹理空间的利用

任务实施

【步骤1】 双击图标启动Maya 2020，打开本书配套资源JiQiMiao.mb文件，如图3-8所示。

【步骤2】 在状态行选择建模模式。只有在建模模式上，顶部的菜单栏才会显示UV菜单，如图3-9所示。

【步骤3】 在菜单栏选择UV，并在下拉菜单中选择UV编辑器即可打开查看UV，如图3-10所示。

打开 UV 编辑器查看 UV

图 3-8　打开资源

图 3-9　选择状态行模式

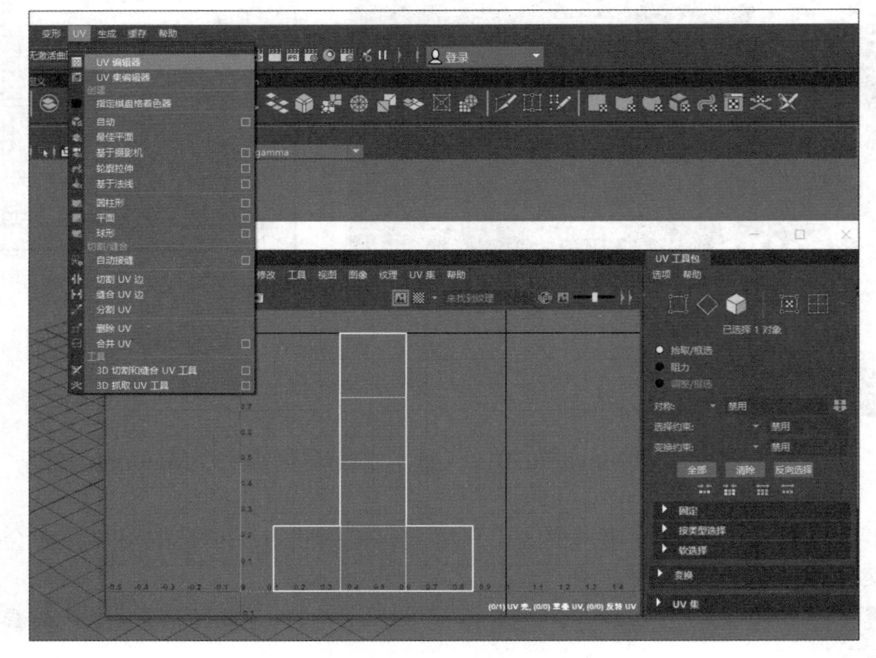

图 3-10　打开 UV 编辑器

任务 3.2 使用 UV 工具制作 3D 模型 UV

任务目标

知识目标：了解UV编辑器（UV Editor）和UV工具的使用方法，了解UV的映射方法。

能力目标：掌握创建、展开、排布UV的方法，掌握应用UV工具独立开发项目的能力。

素质目标：培养积极进取、勇于挑战、善于发现和一丝不苟的敬业精神。

建议学时

2学时。

任务描述

本任务主要学习UV工具的使用，包括创建UV时常用的几种映射方式、UV切割与缝合、UV展开、UV拉直、UV排布等，为之后模型制作UV做好铺垫。

知识归纳

1. UV检测纹理

UV编辑是为使用2D纹理服务的，如果在编辑纹理时就给予一个标准的2D纹理来检验UV的正确与否，将有利于快速与准确地编辑UV。Maya 2020本身自带一个在映射UV时的棋盘格程序纹理，但是这个棋盘格纹理通常不会自动显示，编辑UV时需要我们自行选择。显示棋盘格程序纹理的模型如图3-11所示。

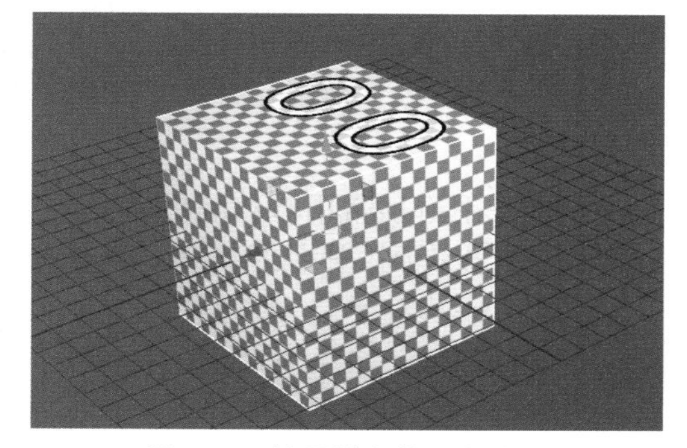

图 3-11 使用棋盘格程序纹理

2. 创建UV

Maya为用户提供了四种常用的基础创建UV方法：平面映射、圆柱形映射、球形映射和自动映射。虽然映射类型不多，但在对多边形UV编辑等前期工作时，使用适当的映射方式，可节省更多安排UV的时间。对模型进行UV映射后，通常还需要UV编辑，这也是我们把基本映射称为预映射的原因。

当创建UV后，模型周围就会被一些绿色、红色的点环绕，这些点就是调整贴图坐标的控制点。一般来说，并不是所有的模型使用贴图坐标就能够达到自己满意的程度，很多时候需要手动对坐标进行调整，这些点就是为了调整坐标而存在的，如图3-12所示。

1）平面映射

平面映射通过平面将UV投影到模型上，其投射方式类似投影仪将影像投射在屏幕上，如图 3-13 所示。它的应用基本上是在平面或类似平面的物体上，但其他的物体也可以配合 Alpha 通道使用，比如眼球的贴图方式是将眼球以平面的坐标投射在球体上面，同时可以通过设置平面映射选项参数达到相应的效果，如图 3-14 所示。

图 3-12　调整贴图坐标的控制点

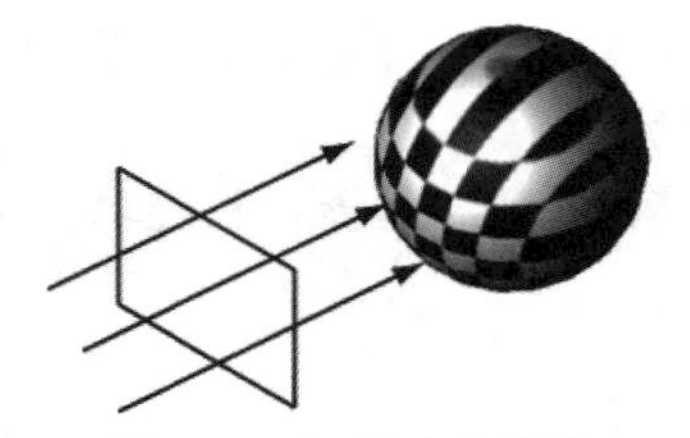

图 3-13　平面映射原理

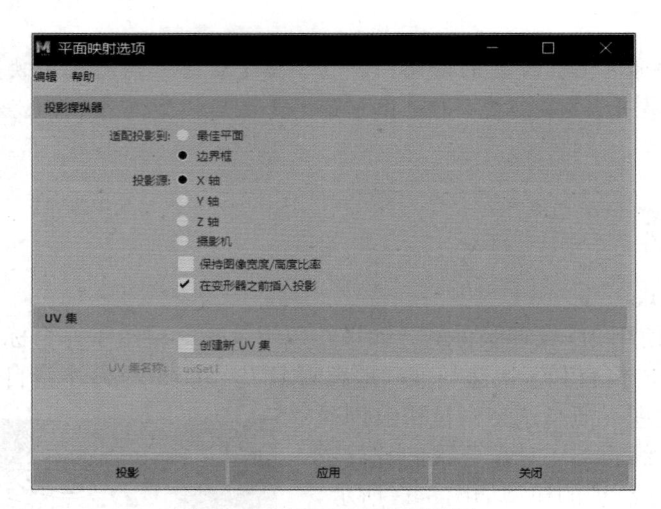

图 3-14　平面映射选项面板

平面映射选项常用参数解析如下。

- 适配投影到：默认情况下，投影操纵器将根据“最佳平面”或“边界框”这两个设置之一自动定位。
- 最佳平面：如果为对象的一部分面映射 UV，则可以选择将“最佳平面”和投影操纵器捕捉到一个角度并直接指向选定面的旋转。
- 边界框：将 UV 映射到对象的所有面或大多数面时。该选项最有用，它将捕捉投影操纵器以适配对象的边界框。
- 投影源：选择（X 轴、Y 轴、Z 轴），以便投影操纵器指向对象的大多数面。如果大多数模型的面不是直接指向沿 X、Y 或 Z 轴的某个位置，则选择“摄影机”选项，该选项将根据当前的活动视图为投影操纵器定位。
- 保持图像宽度 / 高度比率：勾选该选项，可以保留图像的宽度与高度之比，使图像不会扭曲。

* 在变形器之前插入投影：当多边形对象中应用变形时，需要勾选“在变形器之前插入投影”选项。如果该选项已禁用且已为变形设置动画，则纹理放置将受顶点位置更改的影响。
* 创建新 UV 集：勾选该选项，可以创建新 UV 集并放置由投影在该集中创建的 UV。

2）圆柱形映射

圆柱形映射是将物体以圆柱形的方式“包裹”起来的一种贴图坐标，适用于近似圆柱体的模型上。其中一个很大的用处就是使用在角色头部的贴图坐标设置上面，大多数的角色头部甚至身体的贴图坐标是使用圆柱贴图坐标来制作的，适合应用在接近圆柱体的三维模型上，如图 3-15 所示。同时可以通过设置圆柱形映射选项参数达到相应的效果，如图 3-16 所示。

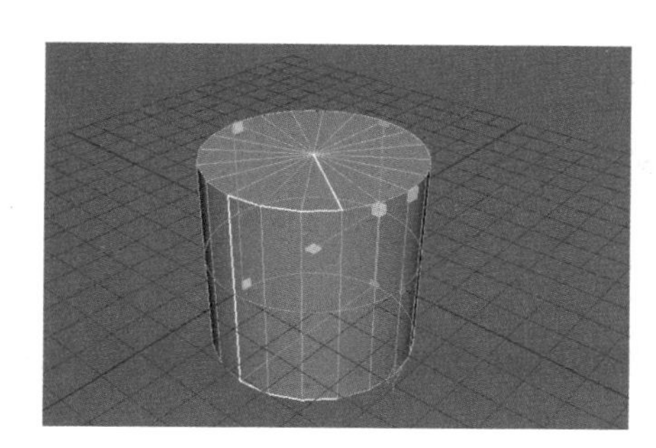

图 3-15　圆柱形映射 UV

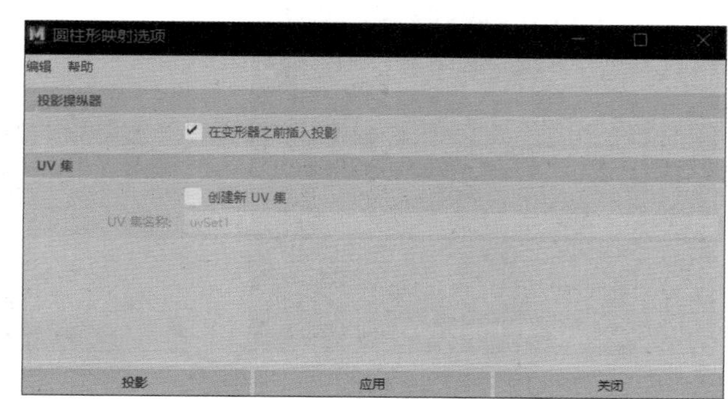

图 3-16　圆柱形映射选项面板

圆柱形映射选项常用参数“在变形器之前插入投影”和“创建新 UV 集”意义同平面映射选项的参数。

3）球形映射

球形映射是一种以球体的方式将物体“包裹”起来，并将纹理图案垂直投影到物体上面的贴图方式。它最大的优点是几乎不受死角的影响，比较适合应用在接近球体的三维模型上，如图 3-17 所示。同时可以通过设置球形映射选项参数达到相应的效果，如图 3-18 所示。

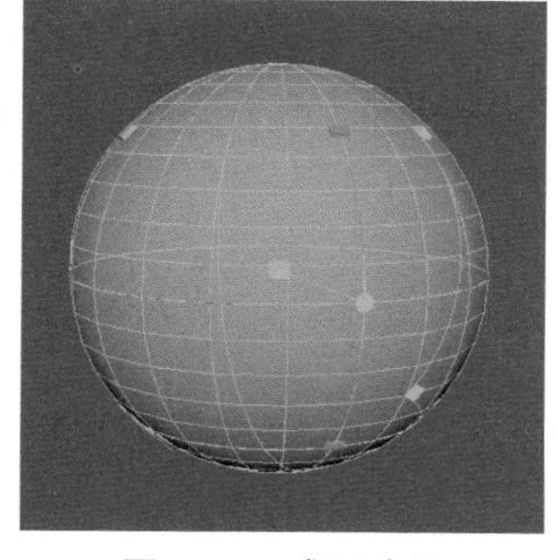

图 3-17　球形映射

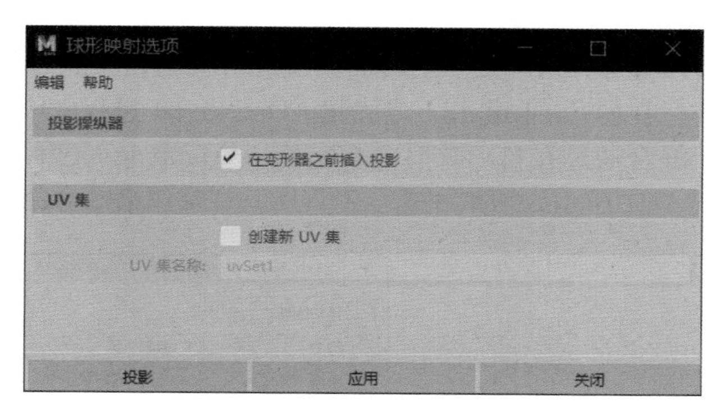

图 3-18　球形映射选项面板

球形映射选项常用参数“在变形器之前插入投影”和“创建新 UV 集”意义同平面映

射选项的参数。

4）自动映射

自动映射是一个由系统随机生成的贴图坐标。其特点在于自动生成性以及不规则性，主要作用并不是赋予物体适合的贴图坐标，而是将物体的投影方式分成不同的若干块，以便在下一步的 UV Texture Editor（UV 贴图坐标编辑器）中进行整合，但由于系统随机得比较乱，因此使用频率并不高，适合应用在较为规则的三维模型上，如图 3-19 所示。同时可以通过设置多边形自动映射选项参数达到相应的效果，如图 3-20 所示。

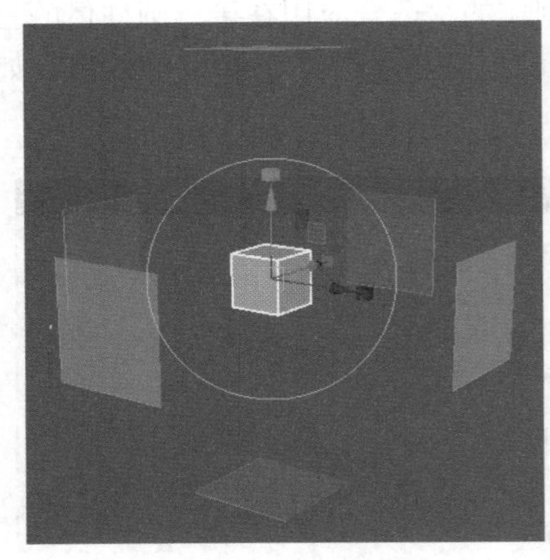
图 3-19　自动映射

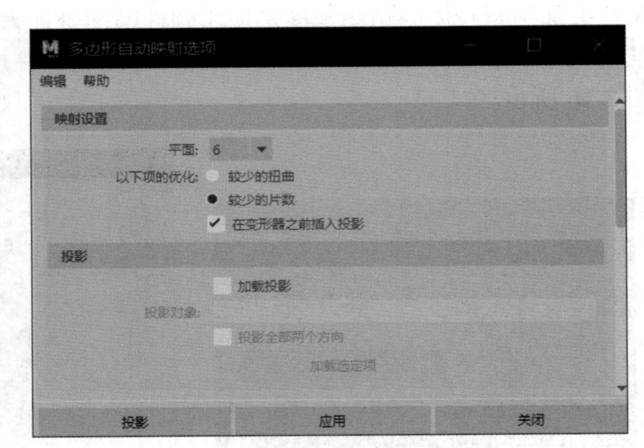

图 3-20　多边形自动映射选项面板

多边形自动选项卡常用参数解析如下。

- 平面：为自动映射设置平面数。使用的平面越多，发生的扭曲就越少。
- 在变形器之前插入投影：勾选该选项，可以在应用变形器前将纹理放置并应用到多边形模型上。
- 加载投影：允许用户指定一个自定义多边形对象作为自动映射的投影对象。
- 投影对象：标识当前在场景中加载的投影对象，通过在该属性后输入投影对象的名称指定投影对象。

3. UV 切割和缝合

在 UV 编辑器中，Maya 提供了多个用于分离、合并和附加 UV 的功能，这些功能对于许多操作十分重要，可以将一个壳分离为多个壳并与纹理的不同部分对应，允许 UV 纹理坐标在展开（Unfold）或优化（Optimize）过程中以尽可能减少扭曲 / 重叠的形式自由展开、缝合通过在自动映射（Automatic Mapping）过程中创建的小壳，UV 切割和缝合工具如图 3-21 所示，切割和缝合工具展开栏常用命令介绍见表 3-2。

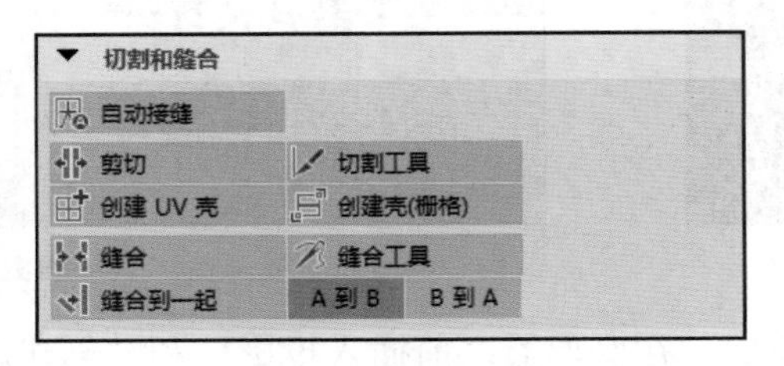

图 3-21　UV 切割和缝合工具

表 3-2 切割和缝合工具展开栏常用命令介绍

图标	名 称	功 能
	切割	沿选定边分离 UV，创建边界
	切割工具	允许通过在相邻边上单击 UV 将其分离，按住 Shift 键并单击可打开“切割 UV 工具”选项
	创建 UV 壳	将连接到选定组件的所有面分离成一个新的 UV 壳
	缝合	沿选定边界附加 UV，但不在编辑器视图中一起移动它们。按住 Shift 键并单击可分离和附加 UV
	缝合工具	沿拖动的接缝焊接 UV，按住 Shift 键并单击可打开“缝合 UV 工具”选项

4. 展开 UV 网格

展开 UV 网格是切割 UV 网格中的接缝，然后沿该接缝展开的过程。通过将 UV 展开放平，可以在 2D 曲面上绘制纹理，然后在模型上展现出来。适用于十分复杂的多边形模型创建 UV 网格的情况。在这些情况下，其他投影方法可能无法成功完成任务，且自动映射会生成过多的单个 UV 壳，必须在映射之后多次选择移动并缝合操作，复杂的多边形模型展开 UV 的情况如图 3-22 和图 3-23 所示。工具包展开栏常用命令介绍见表 3-3。

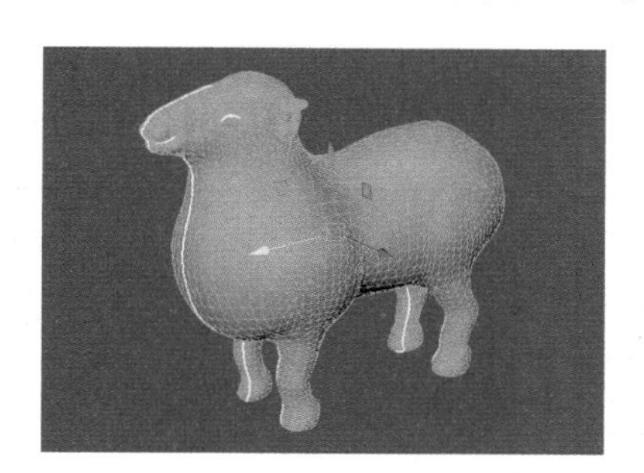

图 3-22 多边形模型

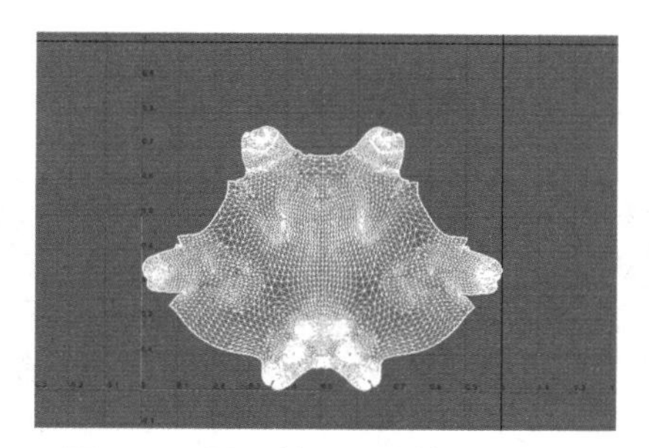

图 3-23 展开的 UV 网格任务实施

表 3-3 工具包展开栏常用命令介绍

图标	名 称	功 能
	优化	自动移动 UV 以改善纹理空间分辨率。按住 Shift 键并单击可打开“优化 UV”选项
	展开	在尝试确保 UV 不重叠的同时，展开选定的 UV 网格。按住 Shift 键并单击可打开“展开 UV”选项
	展开工具	通过在重叠 UV 上拖动将其展开和消除。按住 Shift 键并单击可打开“展开 UV 工具”选项
	拉直	对齐边在特定角度容差内的相邻 UV。按住 Shift 键并单击可调整轴和角度容差以便拉直
	拉直壳	尝试沿 UV 壳的边界 / 在 UV 壳的边界内解开所有 UV。若要正确使用该工具，必须选择一组（包含一个 UV 壳的内部或边界 UV 但不能同时选择两者）。使用内部 UV 时，它们还必须沿同一循环边

5. 拉直 UV

在制作 UV 时通常需要沿同一循环边拉直 UV，以修复 UV 贴图上的扭曲，常用的拉直 UV 方法有两种：一是通过对齐拉直 UV，如图 3-24 所示；二是通过将 UV 的角度调整为相邻 UV 来达到拉直 UV 的目的，如图 3-25 所示。青花瓷瓶拉直 UV 后的形态如图 3-26 所示。

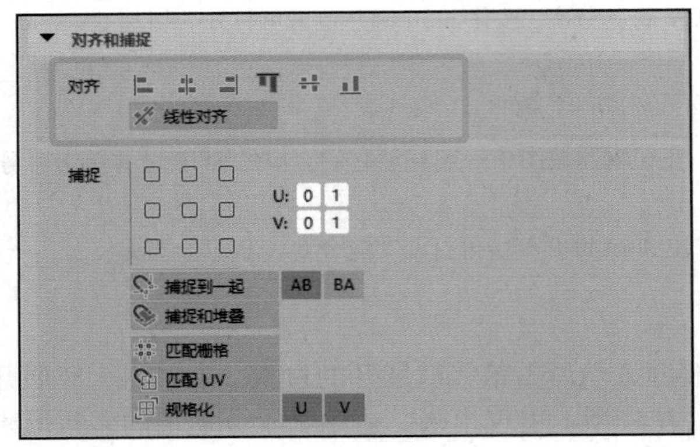

图 3-24　通过对齐拉直 UV

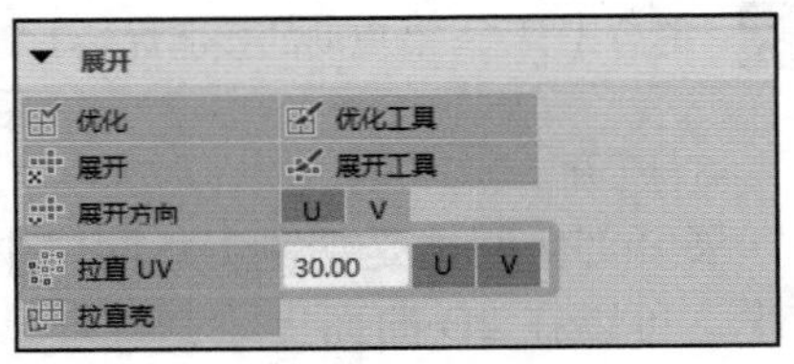

图 3-25　通过角度调整拉直 UV

6. 排列与布局 UV

排布（Layout）功能可以自动重新定位 UV 壳，使这些壳不在 UV 纹理空间中重叠，并使壳之间的间距和适配达到最大化。这样有助于确保 UV 壳拥有自己单独的 UV 纹理空间，工具包展开栏的相关命令如图 3-27 所示，展开栏的常用工具命令的详细介绍见表 3-4。

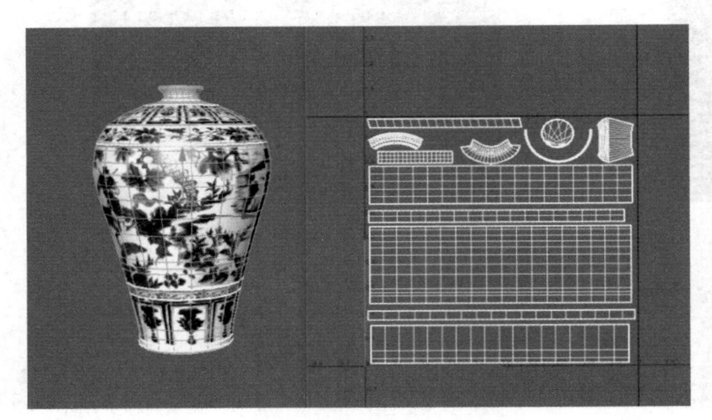

图 3-26　青花瓷瓶拉直 UV 示例

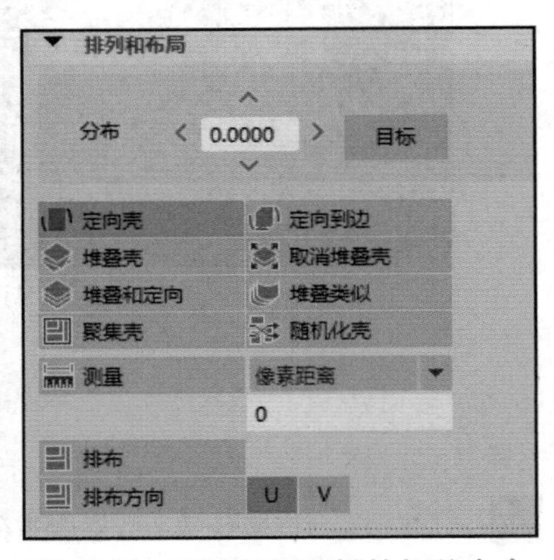

图 3-27　工具包展开栏的相关命令

表 3-4　排布与布局栏相关命令介绍

名称	图　标	功　能
0.0000	分布（Distribute）	在所选方向上分布选定 UV 壳，同时确保 UV 壳之间相隔一定数量的单位
	定向壳（Orient Shells）	旋转选定 U 壳，使其与最近的相邻 U 轴或 V 轴平行
	堆叠壳（Stack Shells）	将所有选定 UV 壳移动到 UV 空间的中心，使其重叠
	堆叠类似（Stack Similar）	仅将拓扑类似的壳彼此堆叠。按住 Shift 键并单击可打开“堆叠类似”选项

续表

名称	图　标	功　能
	测量（Measure）	显示两个选定 UV 的所选度量。选项包括："U 距离"（U Distance）U 轴方向上 UV 之间的单位数；"V 距离"（V Distance）V 轴方向上 UV 之间的单位数。 "像素距离"（Pixel Distance）：打开一个窗口，其中基于许多可能的不同贴图大小显示各方向上两个最远 UV 之间的像素数量。 "夹角"（Angle Between）：两个选定 UV 之间的角度（选择多个 UV 将产生不一致的结果）
	排布（Layout）	自动排列 UV 壳以最大限度地使用 0~1 的 UV 空间。按住 Shift 键并单击可打开"排布 UV"选项

7. 保存 UV 布局图像

在 UV 编辑器中创建 UV 最终布局后，可以使用 UV 快照（UV Snapshot）导出 UV 壳的图像，UV 快照按照用户定义的分辨率为 UV 编辑器 2D 视图保存位图图像，可以使用 Maya Paint Effects 画布或图像编辑应用程序（如 Photoshop）中的图像并绘制与 UV 匹配的纹理。同时 UV 快照可用于选定多个对象，并可延伸快照区域以覆盖选定 UV 纹理坐标的整个范围，不论 UV 属于多边形还是细分曲面类型，通过 UV 范围（UV Range）选项可以指定要为输出图像捕捉的 UV 编辑器视图的区域。UV 快照按钮位于 UV 编辑器视图栏，如图 3-28 所示。

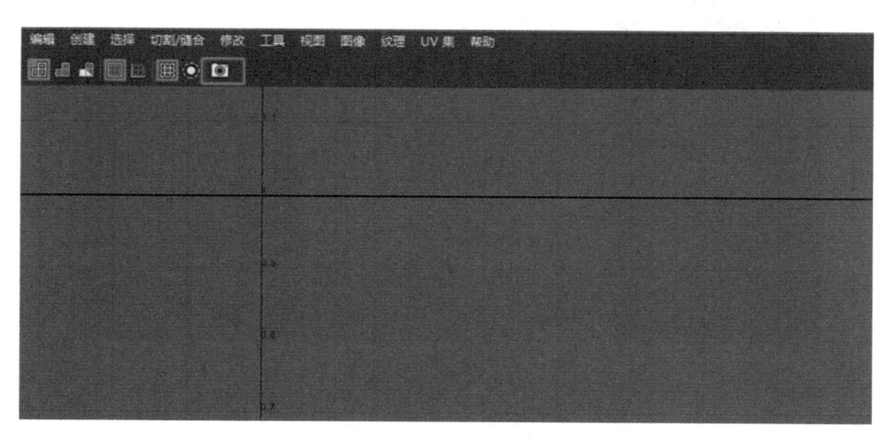

图 3-28　UV 快照按钮

任务实施

【步骤 1】 使用棋盘格程序纹理。

（1）打开 UV 编辑器，在 UV 编辑器视图栏选择棋盘格着色器（Checker Shader），如图 3-29 所示。

（2）当使用默认材质选项开启时，这一功能将不起作用，这时需要在场景视图取消选择使用默认材质。

使用 UV 工具制作 3D 模型 UV 的方法

【步骤 2】 创建 UV。

（1）在场景视图中选择需要 UV 的模型，并将状态模式改为模型，如图 3-30 所示。

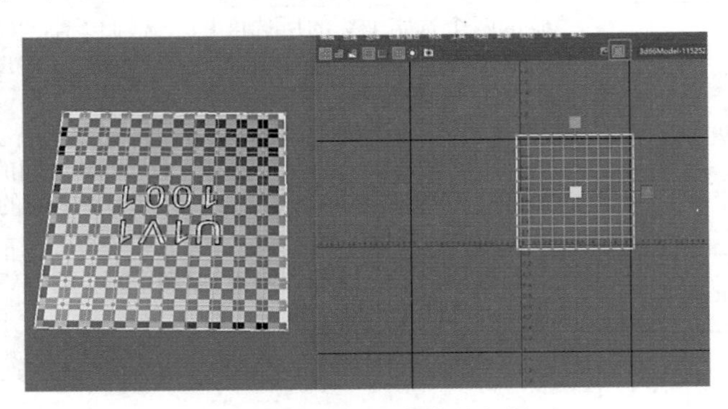

图 3-29 选择棋盘格着色器

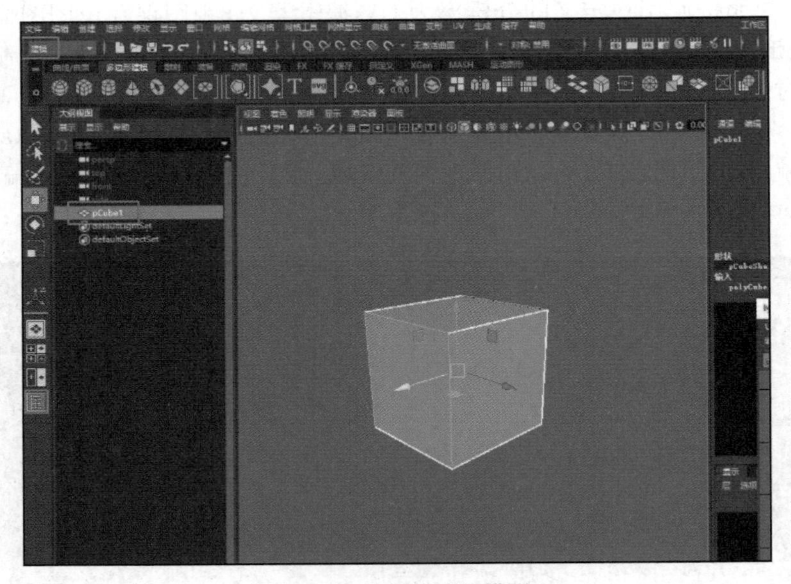

图 3-30 选择模式和模型

（2）执行“UV”→“平面”映射命令，或在 UV 编辑器的 UV 工具包中执行“创建”→“平面”创建命令，如果需要设置平面映射选项，如图 3-31 所示。

图 3-31 平面映射创建 UV

（3）执行“UV”→“圆柱形映射”命令，或在 UV 编辑器的 UV 工具包中执行“创建”→“圆柱形”创建命令，设置圆柱形映射选项，如图 3-32 所示。

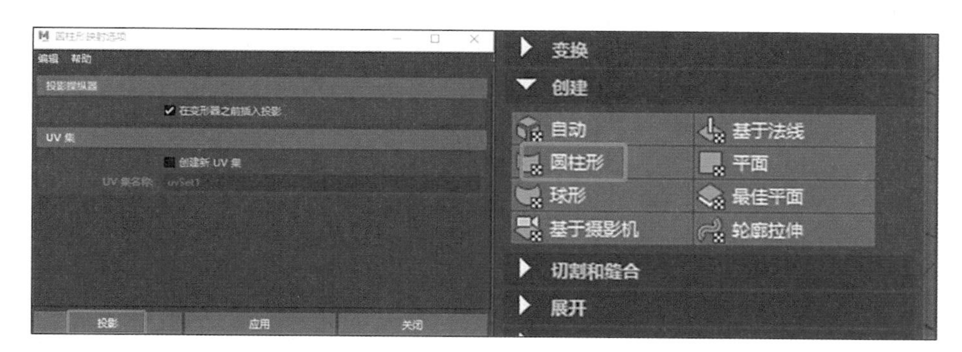

图 3-32　圆柱形映射创建 UV

（4）执行“UV”→“球形映射”命令，或在 UV 编辑器的 UV 工具包中执行“创建”→“球形”创建命令，设置球形映射选项，如图 3-33 所示。

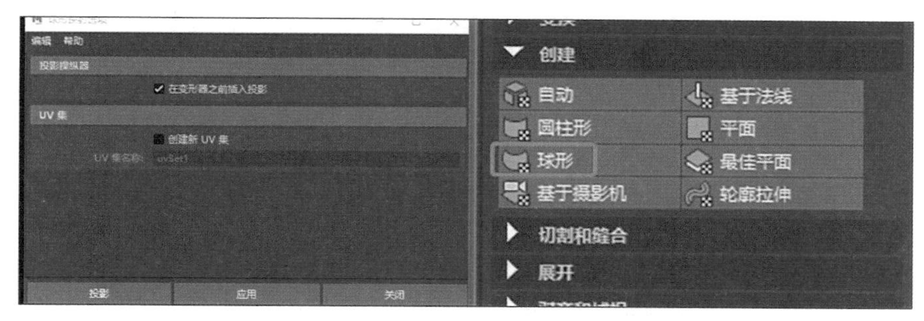

图 3-33　球形映射创建 UV

（5）执行“UV”→“自动映射”命令，或在 UV 编辑器的 UV 工具包中执行“创建”→“自动”创建命令，设置自动映射选项，如图 3-34 所示。

图 3-34　自动映射创建 UV

【步骤 3】 切割和缝合。

（1）在视图视口或者 UV 编辑器中选择要切割的边，如图 3-35 所示。

（2）执行“切割 / 缝合”→“切割”命令，或在 UV 工具包中执行“切割和缝合”→“切割”命令（快捷键 Shift + X）完成切割，如图 3-36 所示。

（3）执行“切割 / 缝合”→“缝合”命令，或在 UV 工具包中执行“切割和缝合”→“缝合”命令（快捷键 Shift+S）完成缝合，如图 3-37 所示。

图 3-35　选择切割 / 缝合的边

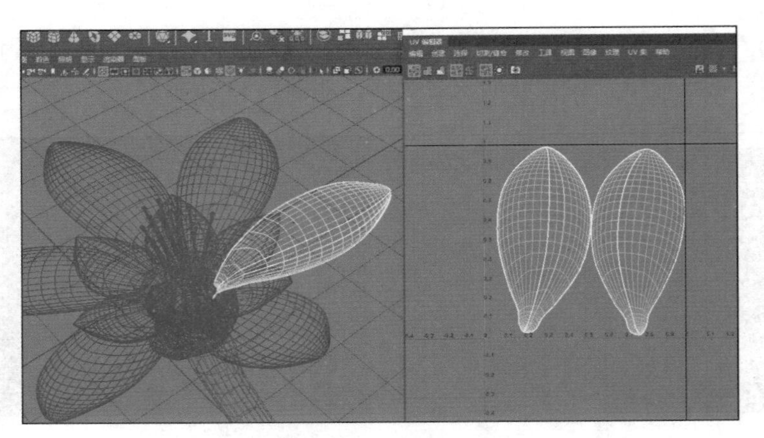

图 3-36　切割 UV

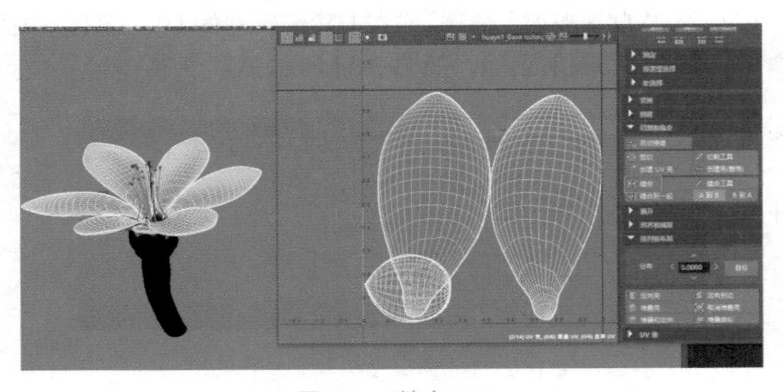

图 3-37　缝合 UV

【步骤 4】 展开 UV。

（1）在 UV 编辑器中选择网格上要展开的 UV，如图 3-38 所示。

（2）在 UV 工具包中执行“展开”→“展开”命令，如图 3-39 所示。

（3）按住 Shift 键右击菜单下选择展开处的方块按钮，打开“展开 UV 选项”窗口，单击“应用并关闭”按钮，如图 3-40 和图 3-41 所示。

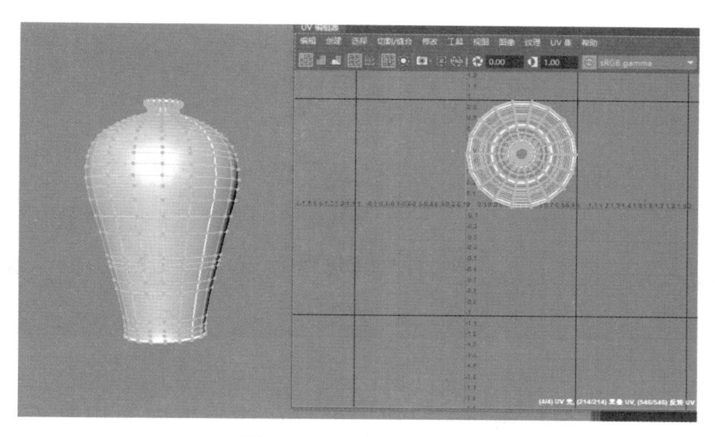

图 3-38 选择网格 UV

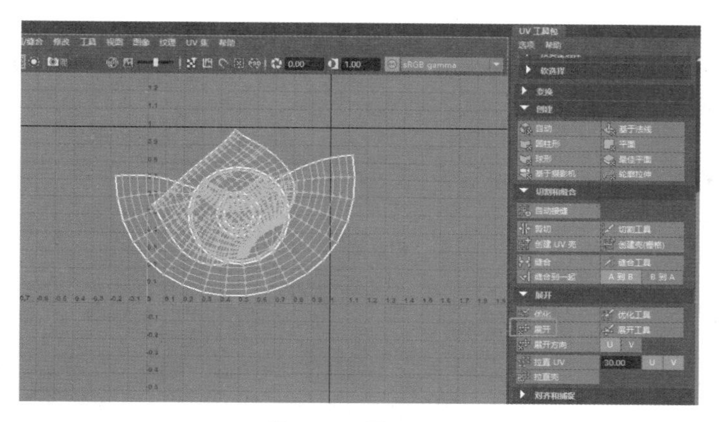

图 3-39 展开 UV

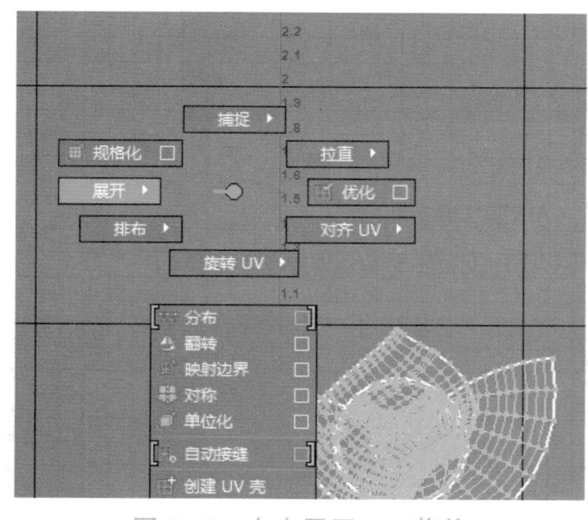

图 3-40 右击展开 UV 菜单

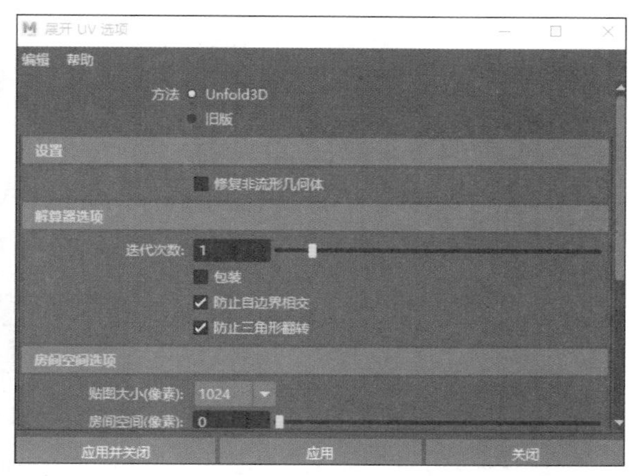

图 3-41 展开 UV 选项

【步骤 5】 拉直 UV。

（1）在视口或 UV 编辑器中选择需要对齐的 UV，如图 3-42 所示。

（2）在 UV 工具包中，打开对齐和捕捉（Align & Snap）区域，如图 3-43 所示。

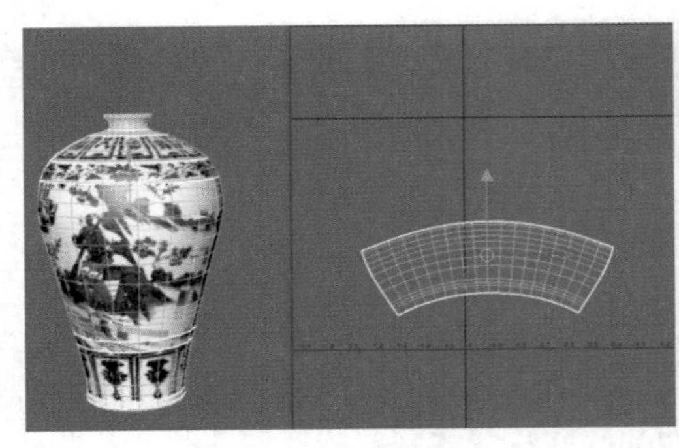

图 3-42　选择 UV

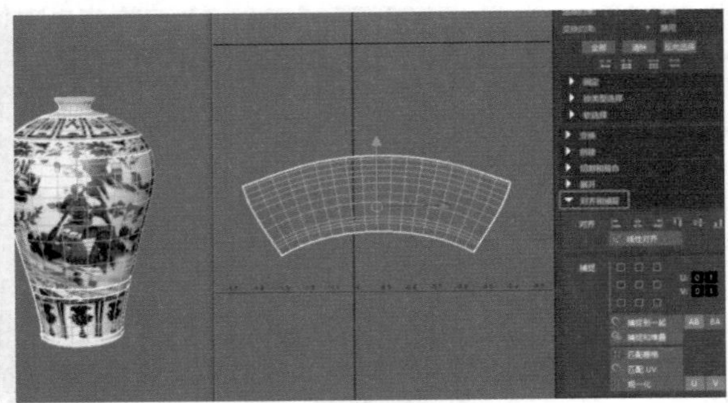

图 3-43　打开对齐工具

（3）选择其中一种对齐（Align）按钮，可以在适当方向上相对于最远的 UV 对齐，如图 3-44 所示。

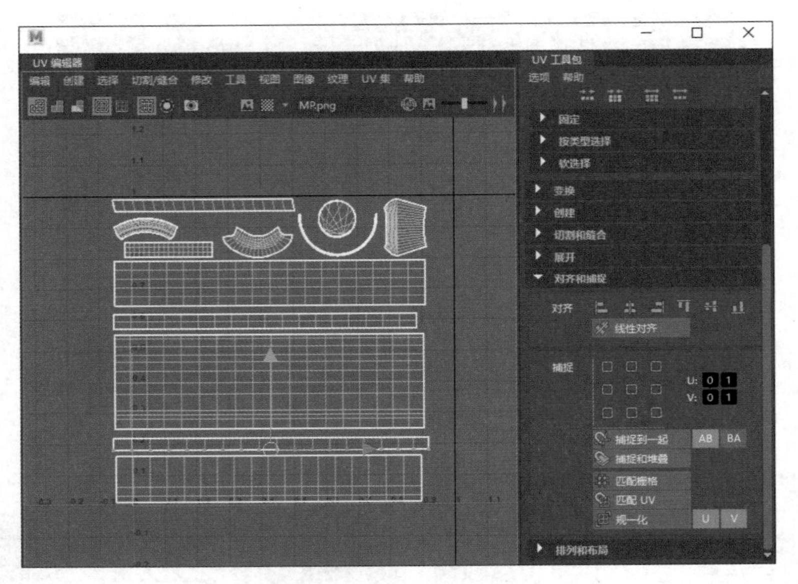

图 3-44　对齐 UV 到底部

（4）在视口或 UV 编辑器中选择对齐的 UV，如图 3-45 所示。

（5）在 UV 工具包中，打开展开（Unfold）区域，如图 3-46 所示。

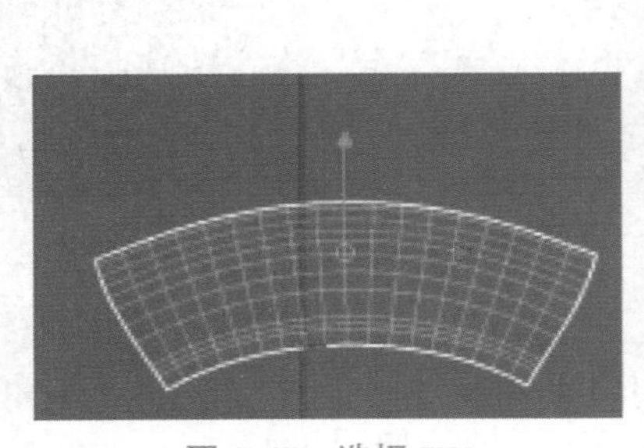

图 3-45　选择 UV

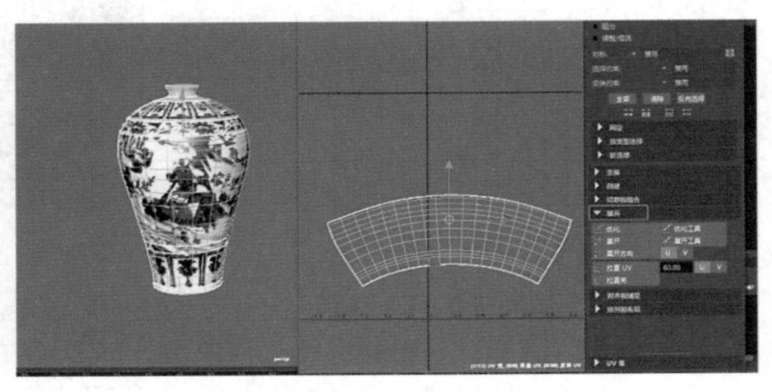

图 3-46　打开展开工具

（6）在拉直 UV（Straighten UVs）旁边，设置要沿其拉直的最大角度（Maximum Angle）和轴（Axes），如图 3-47 所示。

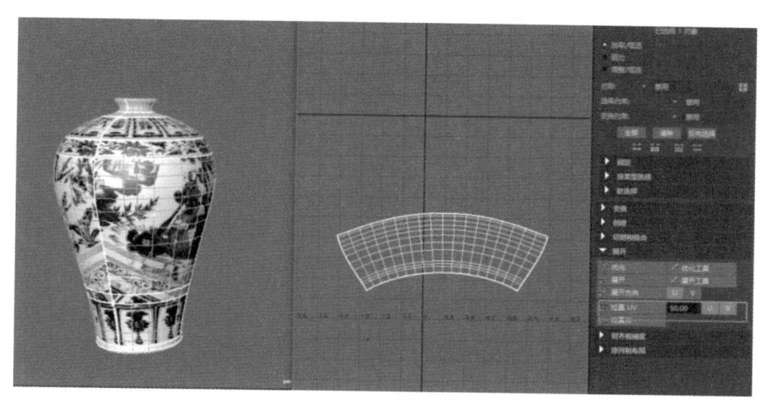

图 3-47 设置角度和轴

（7）单击“拉直 UV”标签，效果如图 3-48 所示。

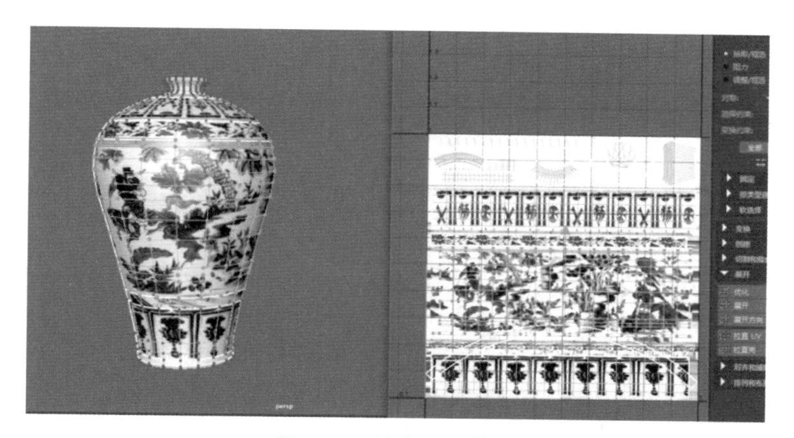

图 3-48 拉直 UV 效果

【步骤 6】 排布 UV。

（1）在视口或 UV 编辑器中选择需要排布的 UV 对象或面，如图 3-49 所示。

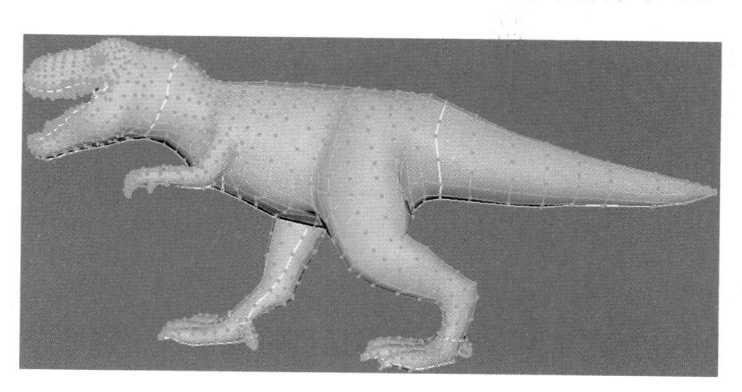

图 3-49 选择 UV 对象

（2）在 UV 工具包中，打开排列和布局（Align & Snap）区域，如图 3-50 所示。

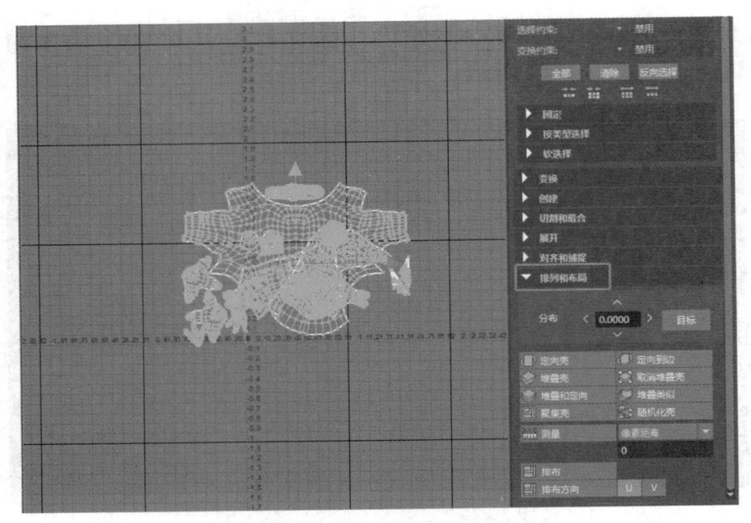

图 3-50　打开排列和布局工具

（3）在 UV 编辑器中，执行“修改”→“排布”命令或在 UV 工具包的排列和排布部分中执行“排布”命令，如图 3-51 所示，恐龙模型排布后的 UV 形态如图 3-52 所示。

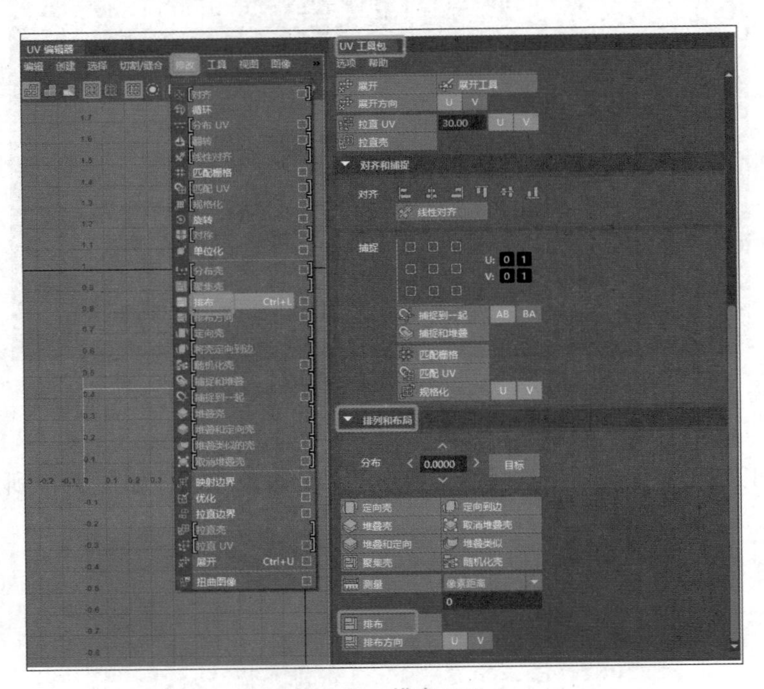

图 3-51　排布 UV

【步骤 7】 排布 UV。

（1）在场景视图中选择需要保存 UV 图像的网格或组件，目的是使其在 UV 编辑器中显示，如图 3-53 所示。

（2）在 UV 编辑器中框选所有 UV，如图 3-54 所示。

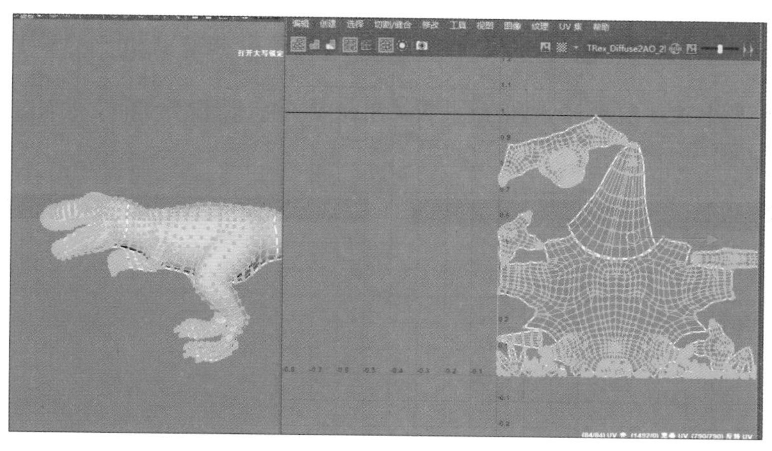

图 3-52　排布后的恐龙 UV

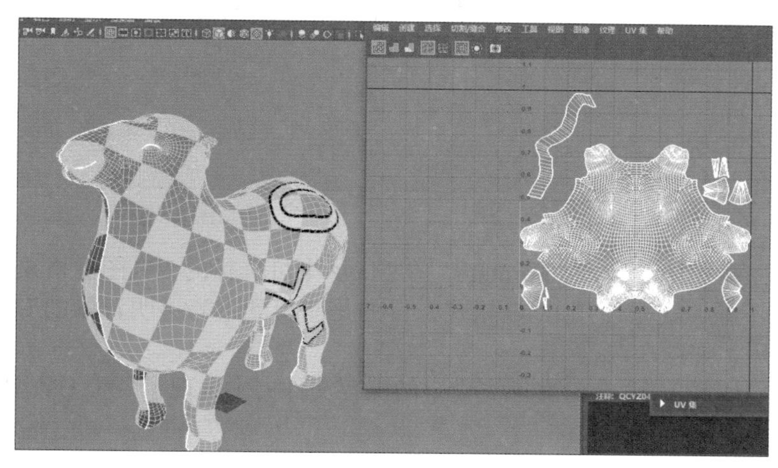

图 3-53　选择网格

（3）在 UV 编辑器中，选择视图选项（View Options）栏中的保存图像（Save Image）按钮，或执行“图像”→“UV 快照”（Image → UV Snapshot）命令，如图 3-55 所示。

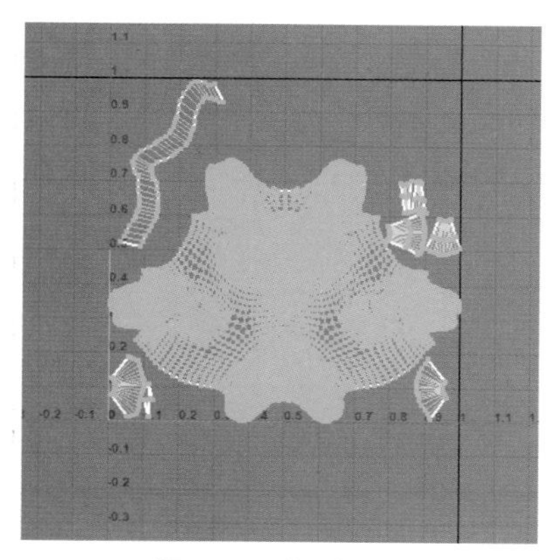

图 3-54　框选 UV

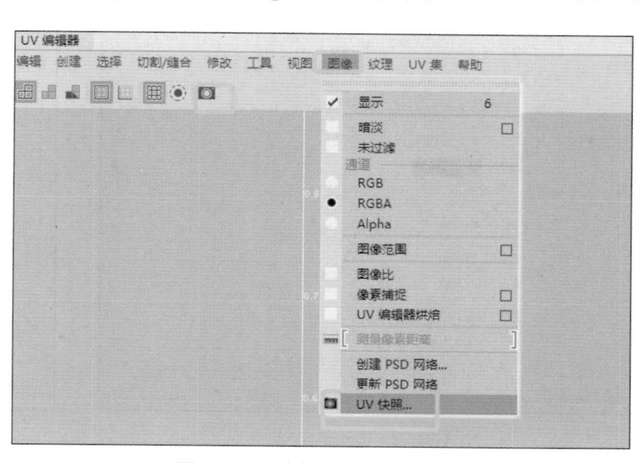

图 3-55　选择 UV 快照按钮

（4）在弹框中文件名（File name）字段输入用于导出的名称，选择保存路径，如图 3-56 所示。

（5）使用大小 X（Size X）和大小 Y（Size Y）字段设定图像大小，这里设置为 1024×1024，如图 3-57 所示。

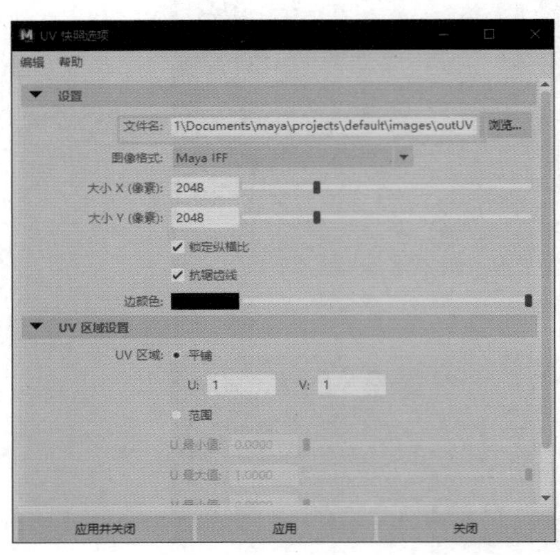

图 3-56 设置 UV 图像名称

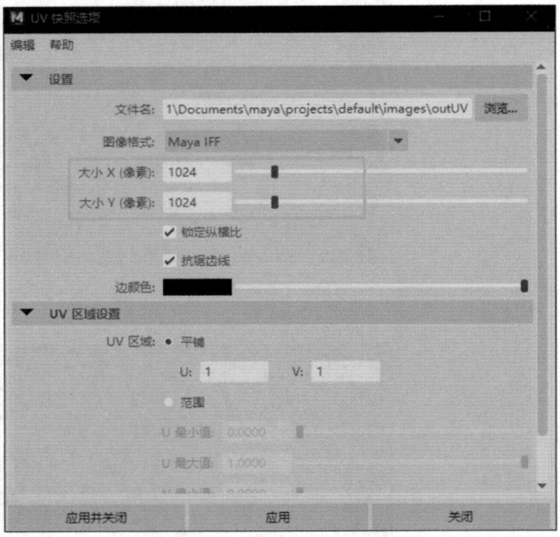

图 3-57 设置大小

（6）选择图像格式（Image Format），在 Maya 中可选择的 UV 图像格式有很多，使用的情况也有所不同，这里使用 PNG 格式，目的是能得到带有透明背景的 UV 图像，这样有助于后面使用，如图 3-58 所示。

（7）执行应用并关闭，此时在原先设定的保存文件夹中出现了一张 UV 图像，如图 3-59 所示。

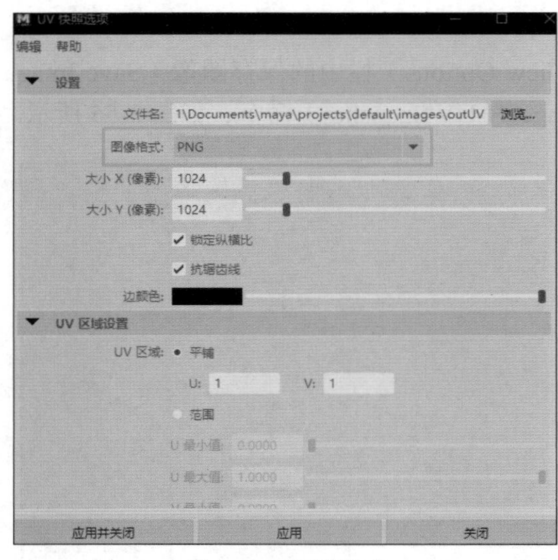

图 3-58 设置格式

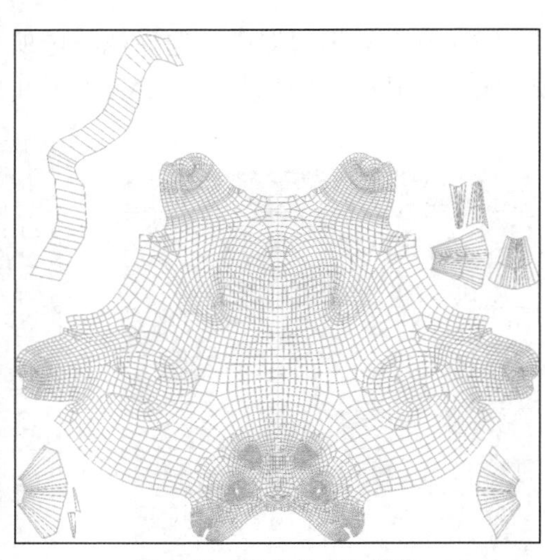
图 3-59 导出的 UV 图像

任务 3.3 虚拟现实“1+X”案例——机器猫 UV 制作

任务目标

知识目标：学会在 Maya 中制作数字模型 UV，掌握制作的流程、技巧、方法。

能力目标：独立完成模型角色、道具、场景等模型的 UV 的创建、修改、优化等操作。

素质目标：培养积极进取、勇于挑战、善于发现和一丝不苟的敬业精神。

建议学时

4 学时。

任务描述

虽然 Maya 在默认情况下会为许多基本多边形模型自动创建 UV，但是在大多数情况下，还是需要重新为对象指定 UV，尤其是制作复杂和需要在引擎中呈现的 VR 模型更是如此。本任务通过制作虚拟现实“1+X”往年真题机器猫 UV 案例来讲解此类问题，让读者最终实现灵活掌握 3D 模型 UV 的制作方法。

任务实施

【步骤 1】 启动 Maya 2020，选择“实例文件”→ UV → JiQiMaoMb 文件夹，打开本书配套场景资源文件，如图 3-60 所示。

【步骤 2】 在菜单栏选择“UV”→“UV 编辑器”命令，打开 UV 编辑器，如图 3-61 所示。

虚拟现实“1+X”案例——机器猫 UV 制作

图 3-60 打开机器猫资源

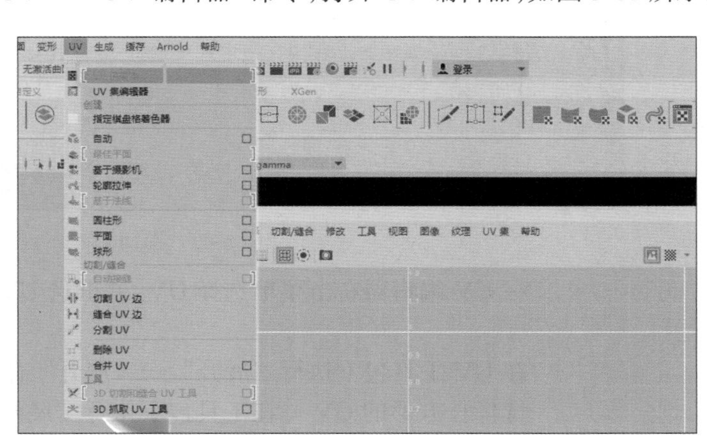

图 3-61 打开 UV 编辑器

【步骤 3】 在视口中选择竹蜻蜓模型并执行“UV 工具包”→“创建”→“平面”命令，为选择的模型创建 UV，如图 3-62 所示。

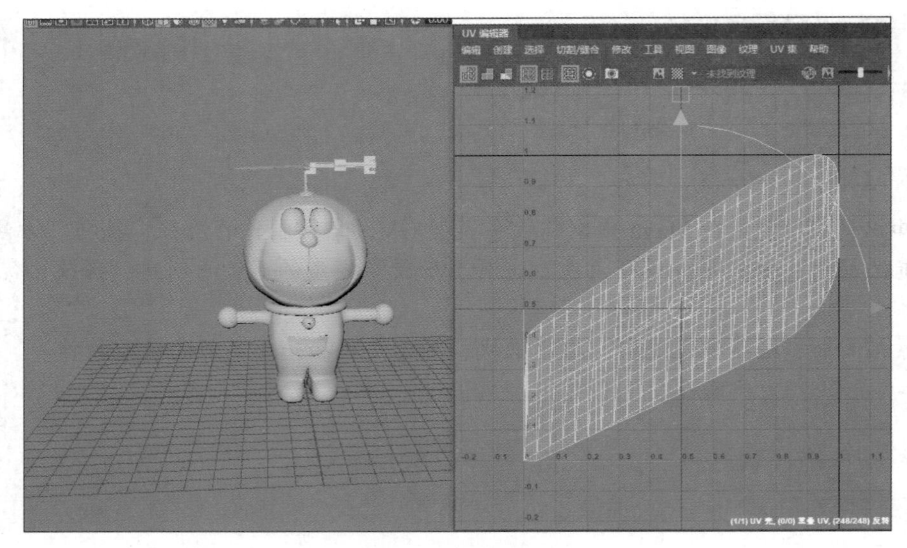

图 3-62　创建 UV

【步骤 4】 在视口或 UV 编辑器中选择需要切割的边，并执行“UV 工具包”→“切割和缝合”→“剪切”命令，剪切 UV，如图 3-63 所示。

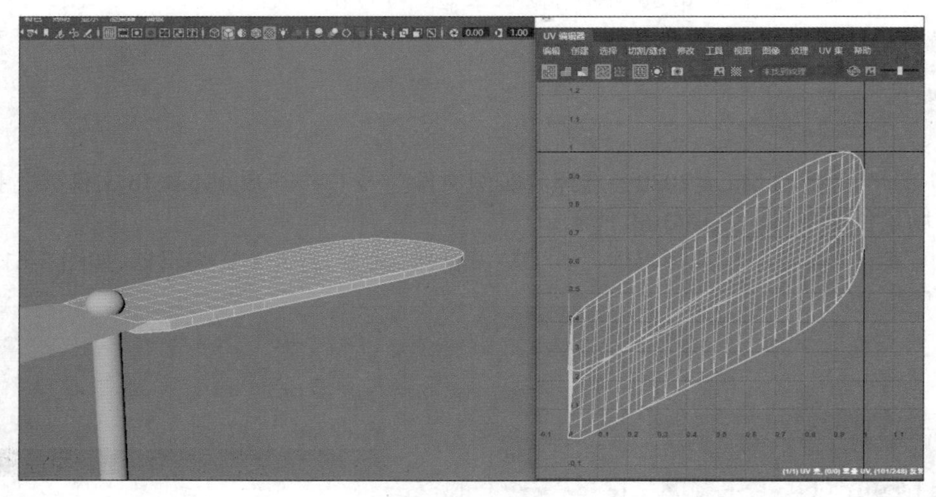

图 3-63　剪切 UV

【步骤 5】 在 UV 编辑器右击菜单选择 UV，并框选 UV 编辑器中所有的 UV，如图 3-64 所示。

【步骤 6】 在 UV 工具包下执行“展开”→“展开”命令，展开 UV，如图 3-65 所示。

【步骤 7】 选择长方形的 UV 并在工具包下执行“展开”→“拉直 UV”命令，将 UV 拉直，如图 3-66 所示。

【步骤 8】 框选 UV，并在 UV 工具包下执行“排布与布局”→“定向壳”命令，调整倾斜的 UV，如图 3-67 所示。

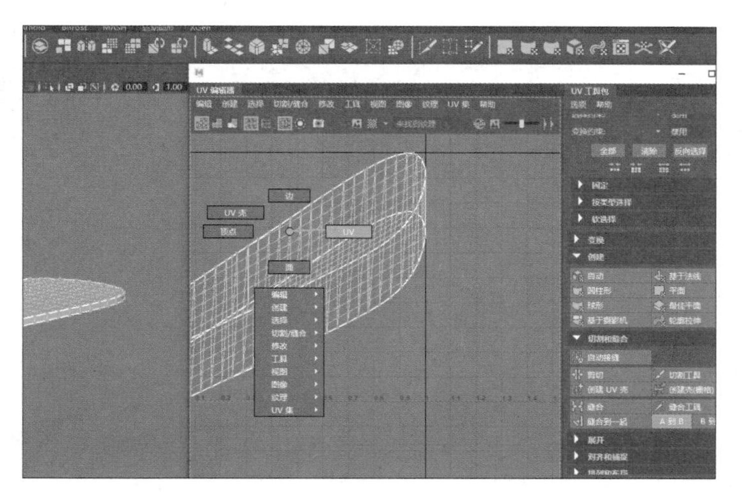

图 3-64　选择 UV

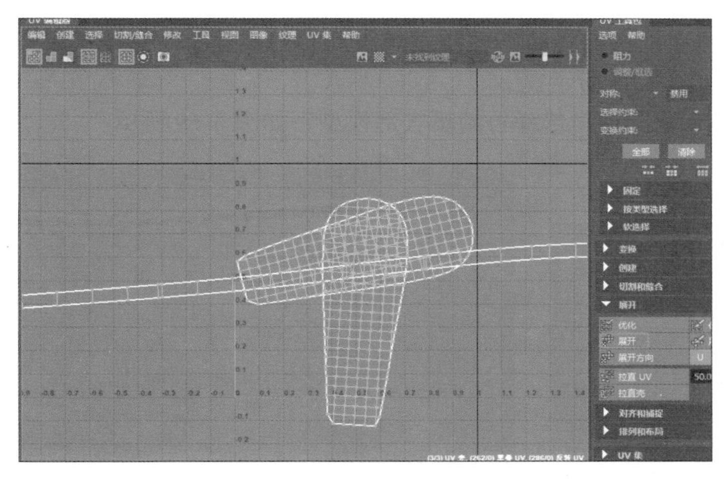

图 3-65　展开 UV

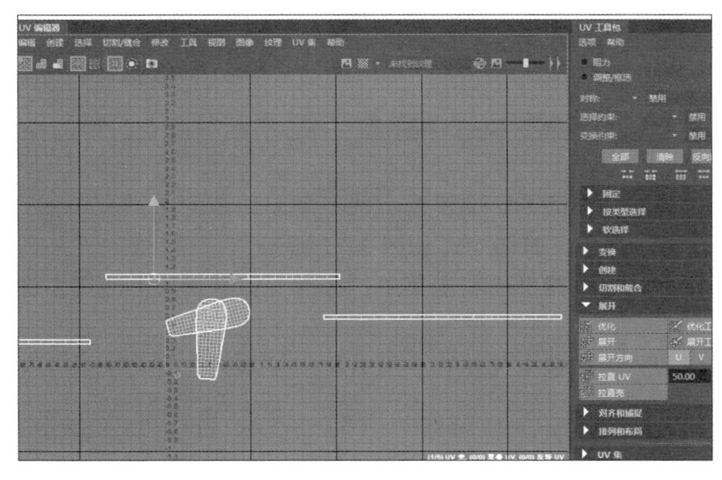

图 3-66　拉直 UV

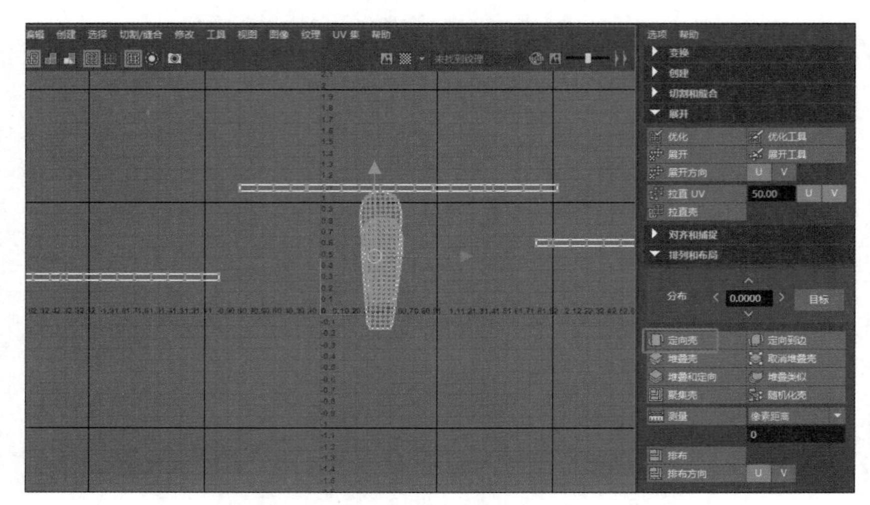

图 3-67　定向 UV 壳

【步骤 9】 再次框选 UV，执行“排布与布局”→“排布”命令，将 UV 排布到合理的 UV 纹理空间，如图 3-68 所示。

【步骤 10】 在视图视口选择竹蜻蜓底部模型，如图 3-69 所示。

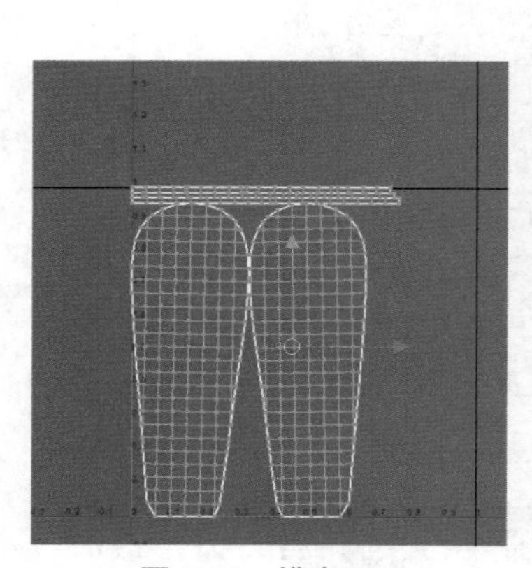

图 3-68　排布 UV

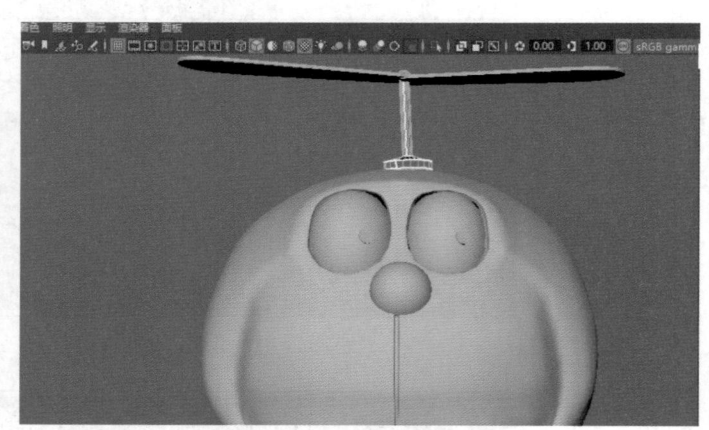

图 3-69　竹蜻蜓底部模型

【步骤 11】 在 UV 工具包下执行“创建”→“平面”命令，为选择的模型创建 UV，如图 3-70 所示。

【步骤 12】 在视图视口或 UV 编辑器中选择需要切割的边，并在 UV 工具包下执行“切割和缝合”→“剪切”命令，剪切 UV，如图 3-71 所示。

【步骤 13】 在 UV 编辑器里面右击菜单，选择 UV 模式后再使用左键框选，如图 3-72 所示。

【步骤 14】 在 UV 工具包下面执行“展开”→“展开”命令，将 UV 展开，如图 3-73 所示。

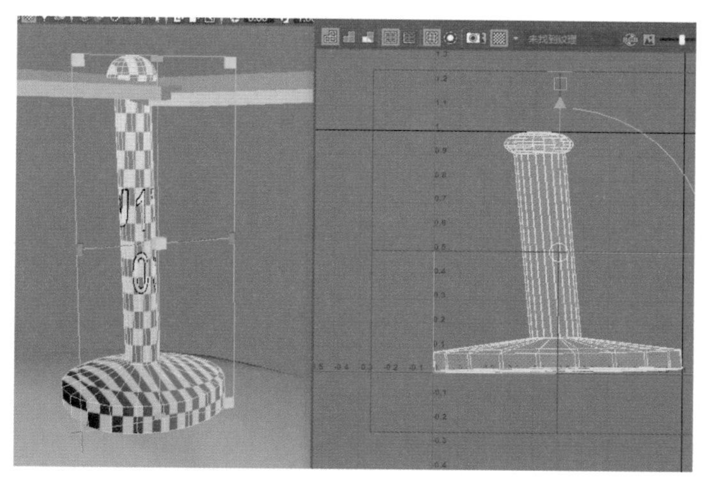

图 3-70　创建 UV

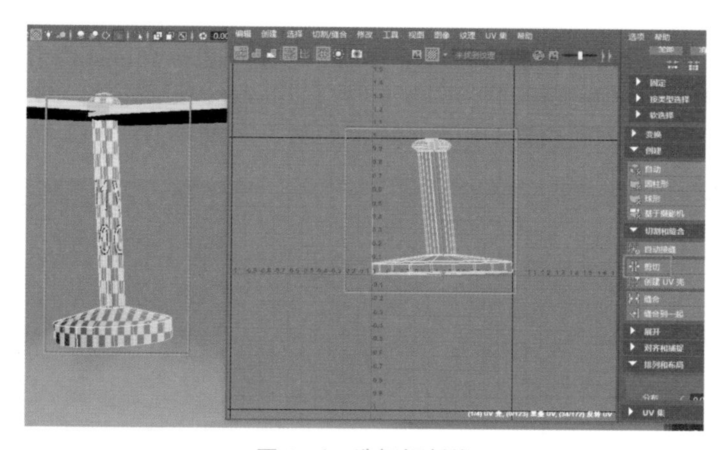

图 3-71　选择切割线

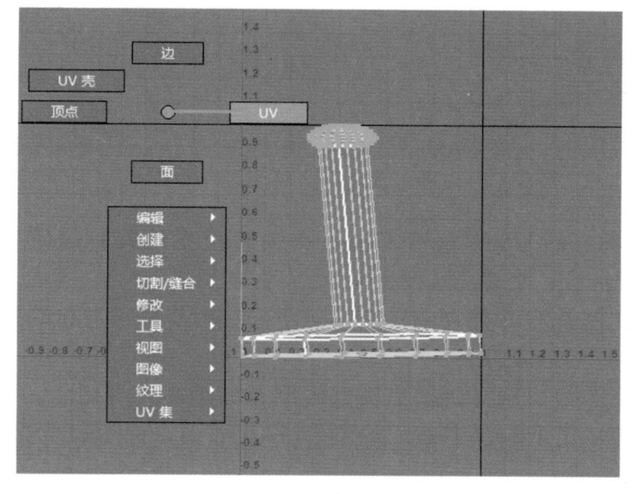

图 3-72　选择 UV

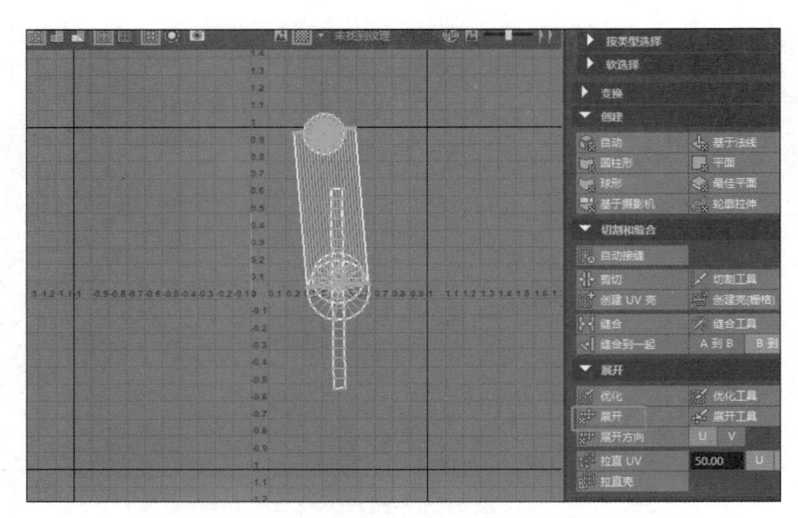

图 3-73　展开 UV

【步骤 15】 展开后需要将部分应该平整的 UV 循环边拉直，如没有圆角和曲线的长条部分，在 UV 工具包下面执行“展开”→“拉直”命令，设置拉直 UV 的角度为 30，选择同时沿着 U 方向和 V 方向拉直 UV 循环边，如图 3-74 所示。

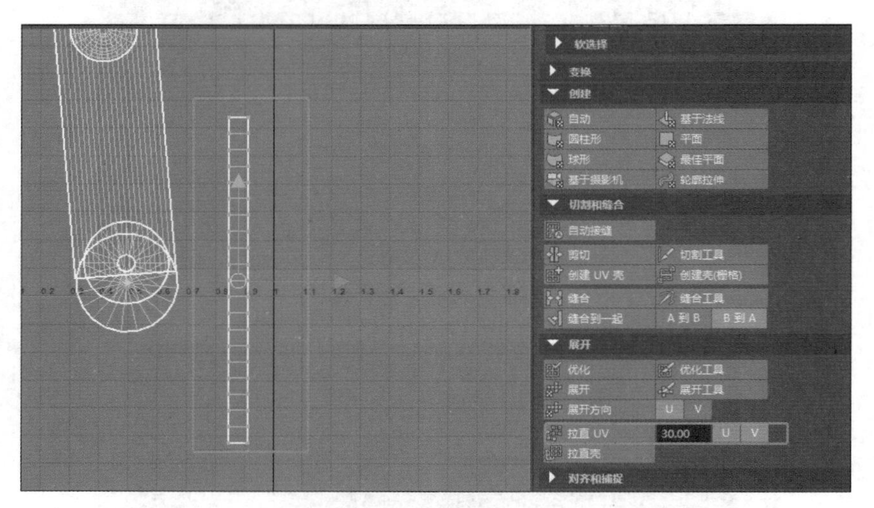

图 3-74　拉直 UV 循环边

注意： 并不是所有的 UV 都适合拉直，如因为模型结构引起的 UV 圆形循环边就不适合拉直，如果强行拉直，会造成 UV 的拉伸。

【步骤 16】 再次框选 UV, 并在 UV 工具包下面执行“排布与布局”→“定向壳”命令，调整倾斜的 UV，如图 3-75 所示。

【步骤 17】 在视图视口选择机器猫头部模型，如图 3-76 所示。

【步骤 18】 在 UV 工具包下执行“创建”→“平面”命令，为选择的模型创建 UV，如图 3-77 所示。

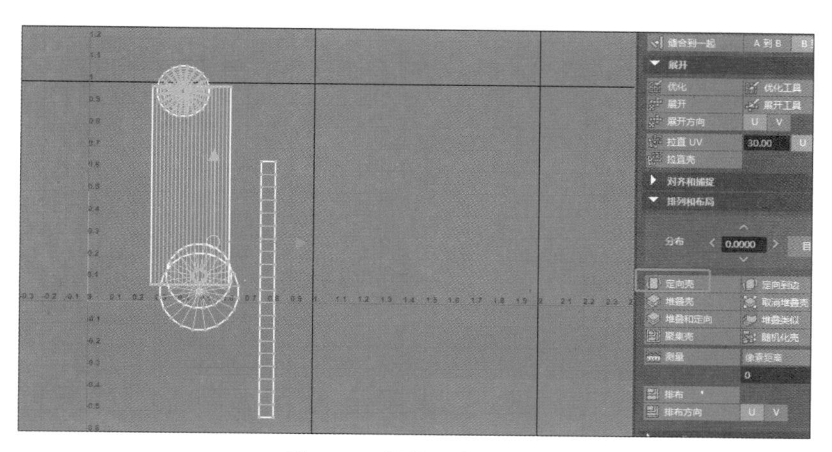

图 3-75 调整倾斜的 UV

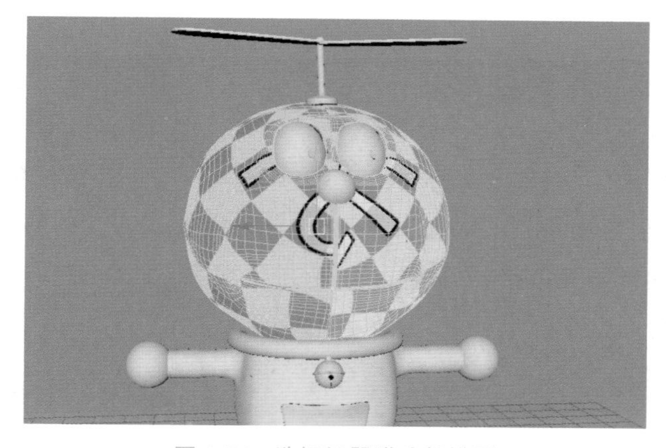

图 3-76 选择机器猫头部模型

图 3-77 创建头部 UV

【步骤 19】 沿着头部的中间及嘴巴结构的转折处选择需要切割的线，选择切割线时要遵循不易看到的原则，这样可以减少因为 UV 接缝引起的不协调情况，如图 3-78 所示。

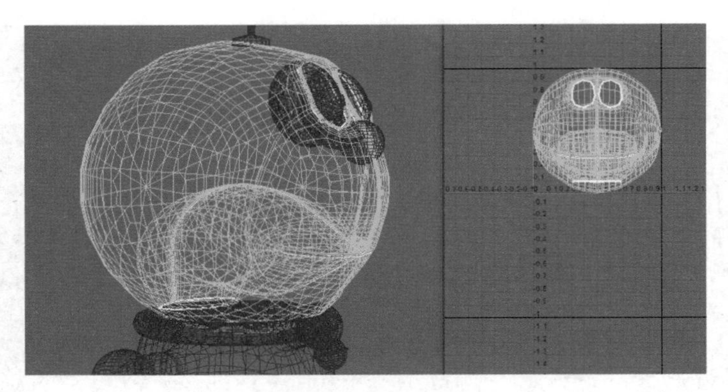

图 3-78　创建头部 UV

【步骤 20】 确定好需要切割的线后，在 UV 工具包执行“切割和缝合”→“剪切”命令，如图 3-79 所示。

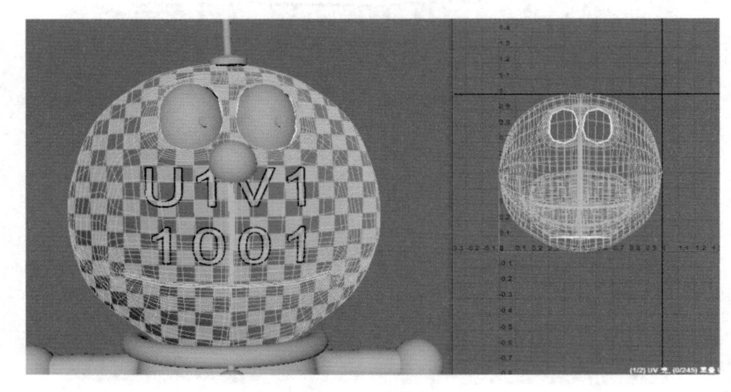

图 3-79　剪切 UV

【步骤 21】 回到 UV 模式，框选所有 UV，在 UV 工具包下执行“展开”→“展开”命令，将切割好的 UV 展开，如图 3-80 所示。

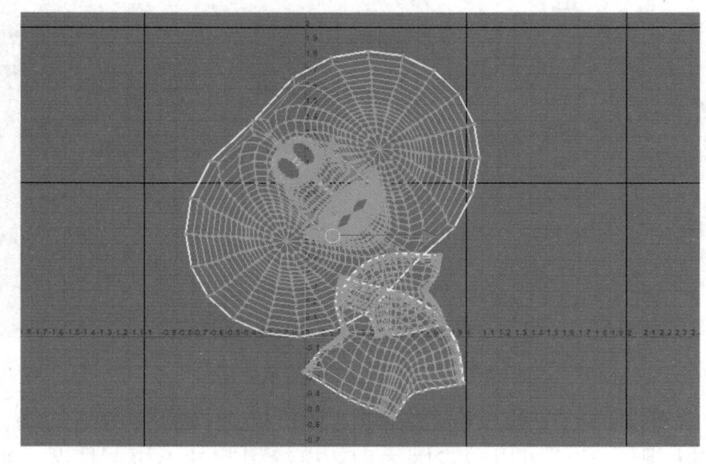

图 3-80　展开头部 UV

【步骤 22】 在视图视口选择机器猫一侧眼睛和鼻子，如图 3-81 所示。在制作相同模型的 UV 时，通常只需要制作其中一个，剩下的可以通过复制或者传递 UV 实现，如两只相同的手、脚、眼睛、鞋子等，如图 3-82 所示。

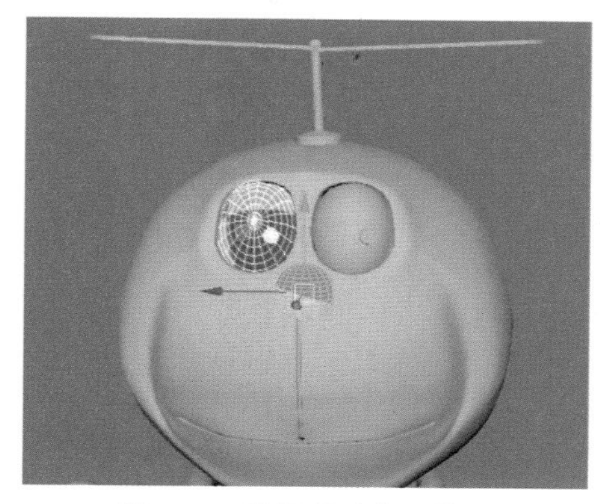

图 3-81 选择眼睛鼻子模型

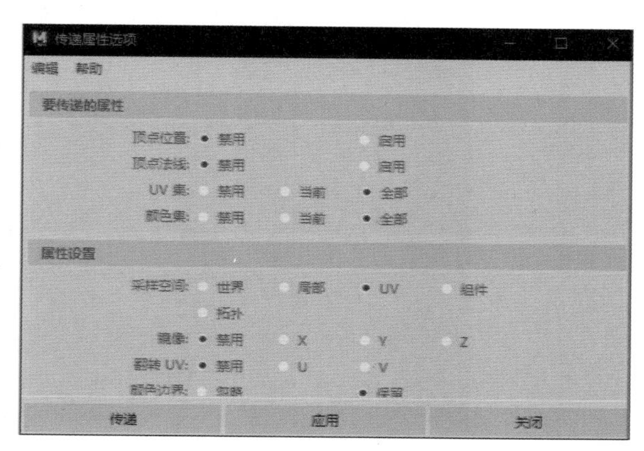

图 3-82 传递属性选项 UV 传递

【步骤 23】 在 UV 工具包下执行“创建”→“平面”命令，创建眼睛和鼻子的 UV，如图 3-83 所示。

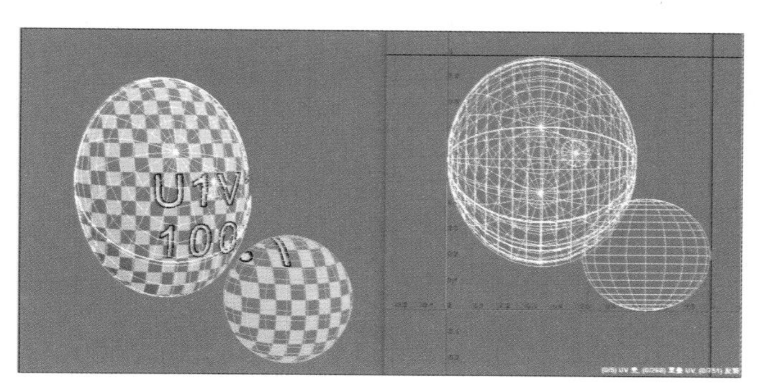

图 3-83 创建眼睛和鼻子 UV

【步骤 24】 在眼睛和鼻子上选择 UV 切割线，在 UV 工具包下执行“切割和缝合”→“剪切”命令，剪切 UV，如图 3-84 所示。

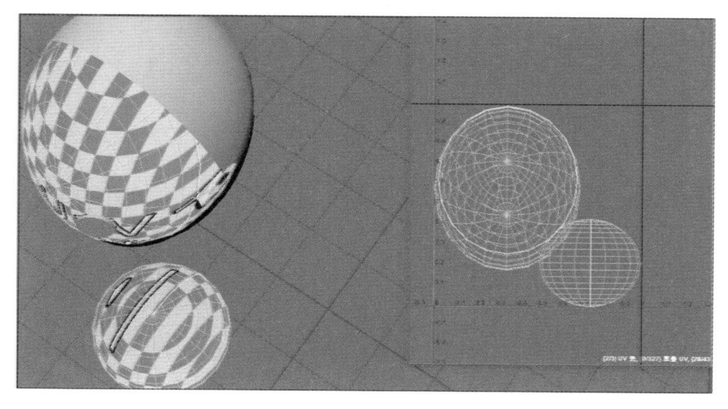

图 3-84 剪切眼睛和鼻子 UV

【步骤 25】 框选眼睛和鼻子 UV，在 UV 工具包下执行“展开”→“展开”命令，展开 UV，如图 3-85 所示。

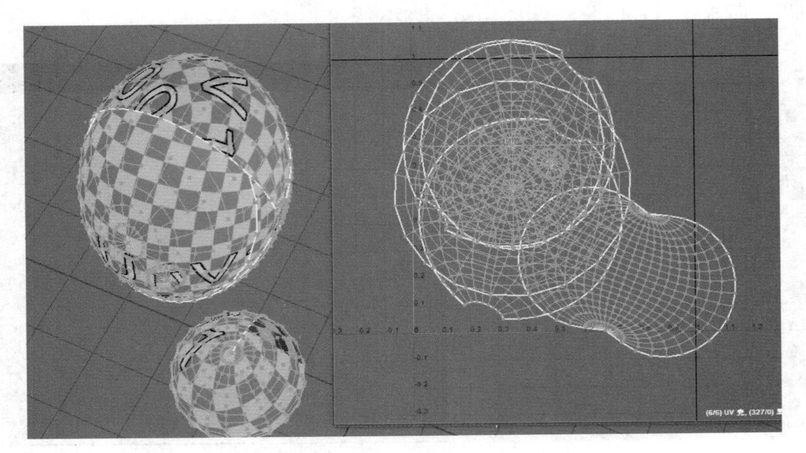

图 3-85 展开眼睛和鼻子 UV

【步骤 26】 在视图视口选择铃铛模型，如图 3-86 所示。

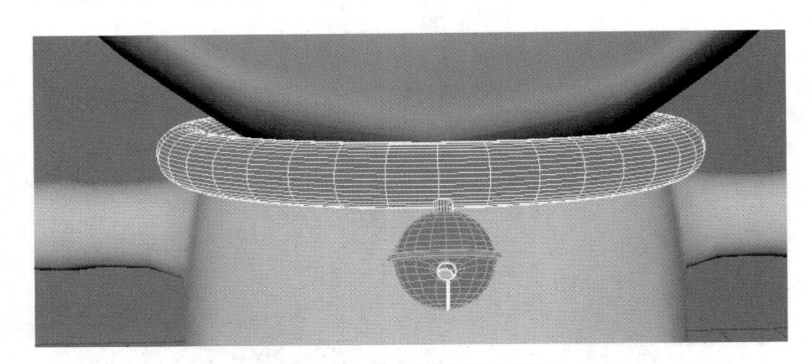

图 3-86 选择铃铛模型

【步骤 27】 在 UV 工具包下执行“创建”→“平面”命令，为铃铛模型创建 UV，如图 3-87 所示。

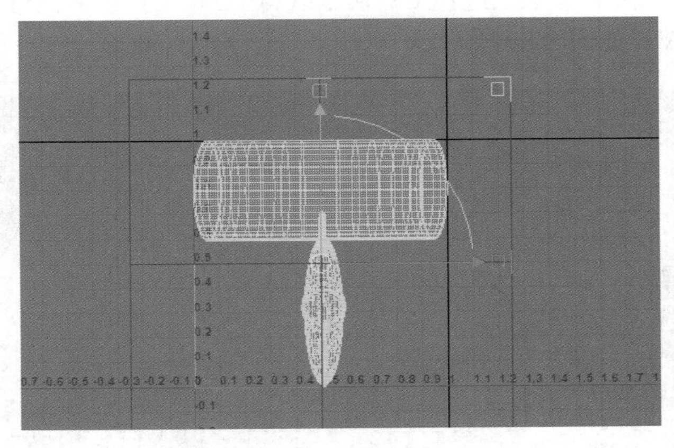

图 3-87 创建铃铛模型 UV

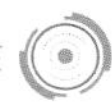

【步骤28】 在项圈和铃铛模型上选择适合切割的线，在UV工具包下执行“剪切和缝合”→“剪切”命令，如图3-88所示。

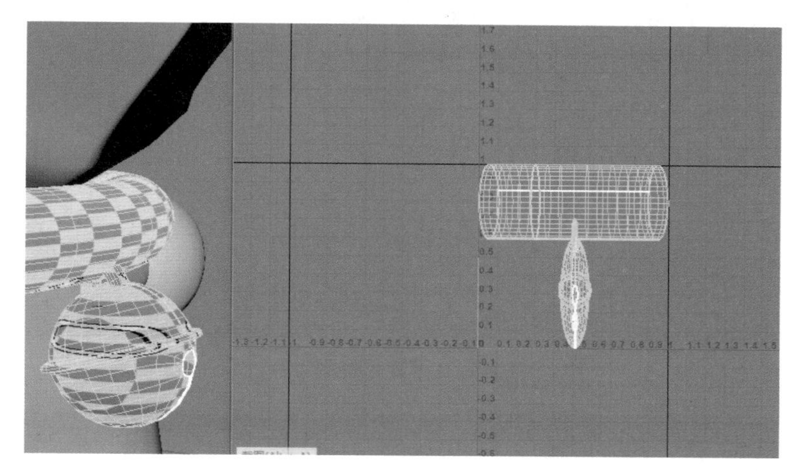

图3-88 切割线

【步骤29】 框选铃铛UV，在UV工具包下执行“展开”→“展开”命令，展开UV，如图3-89所示。

【步骤30】 在视图视口选择机器猫身体模型，如图3-90所示。

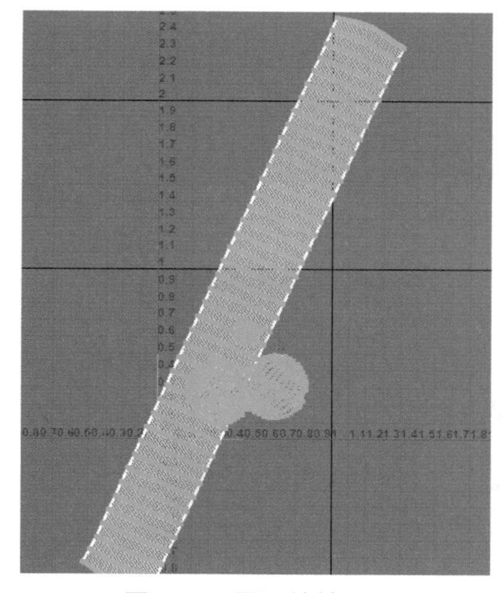

图3-89 展开铃铛UV

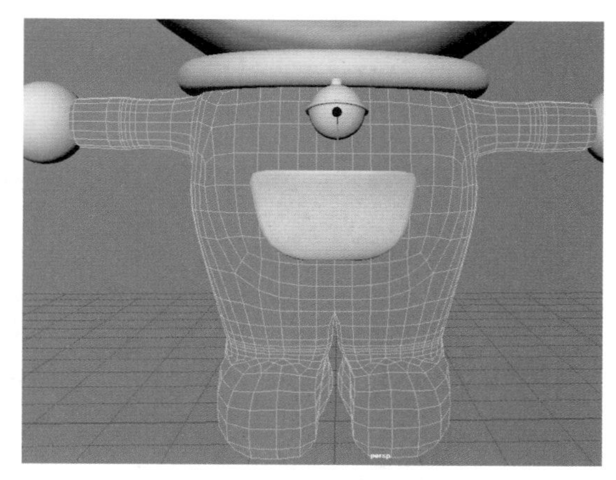

图3-90 选择机器猫身体模型

【步骤31】 在UV工具包下执行“创建”→“平面”命令，为机器猫创建UV，如图3-91所示。

【步骤32】 在机器猫身上选择适合剪切的线，在UV工具包下执行“切割和缝合”→“剪切”命令，剪切机器猫身体UV，如图3-92所示。

【步骤33】 框选机器猫身体UV，在UV工具包下执行“展开”→“展开”命令，展开UV，如图3-93所示。

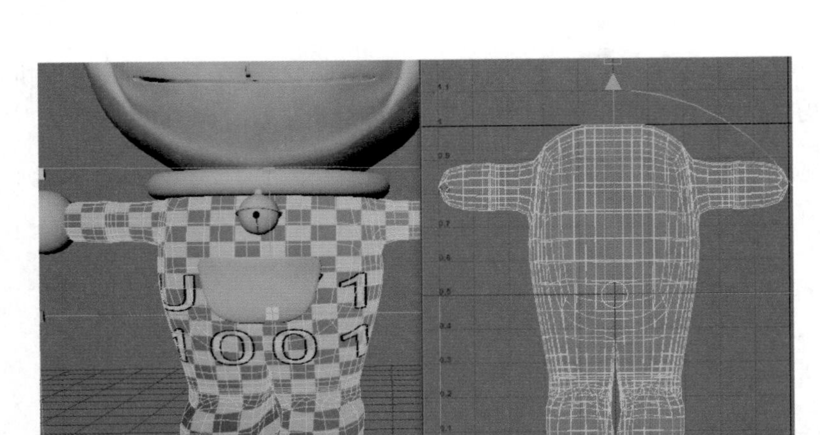

图 3-91　创建机器猫 UV

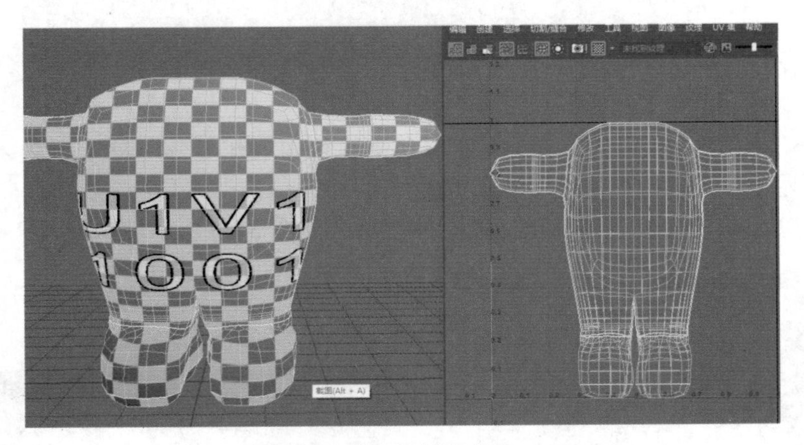

图 3-92　剪切机器猫身体 UV

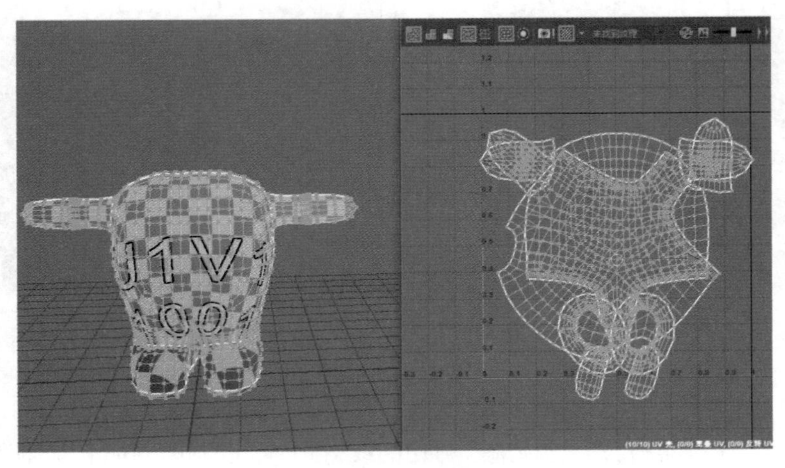

图 3-93　展开机器猫身体 UV

【步骤 34】 在视图视口选择剩下的几个模型，通常在制作 UV 时只要满足 UV 编辑器里面的 UV 即可操作，可以一次同时创建多模型 UV，如图 3-94 所示。

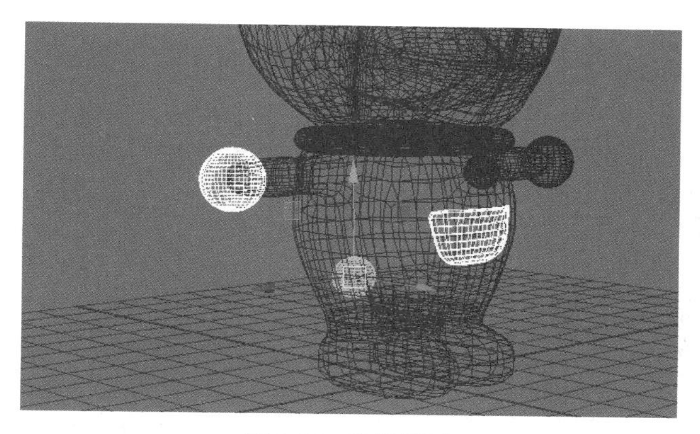

图 3-94 选择模型

【步骤 35】 在 UV 工具包下执行“创建”→“平面”命令，为剩下的模型创建 UV，如图 3-95 所示。

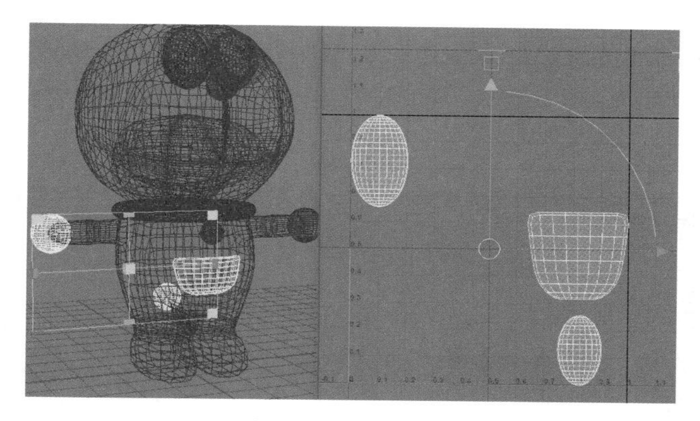

图 3-95 创建 UV

【步骤 36】 在模型上选择适合切割的线，在 UV 工具包下执行“剪切和缝合”→“剪切”命令，如图 3-96 所示。

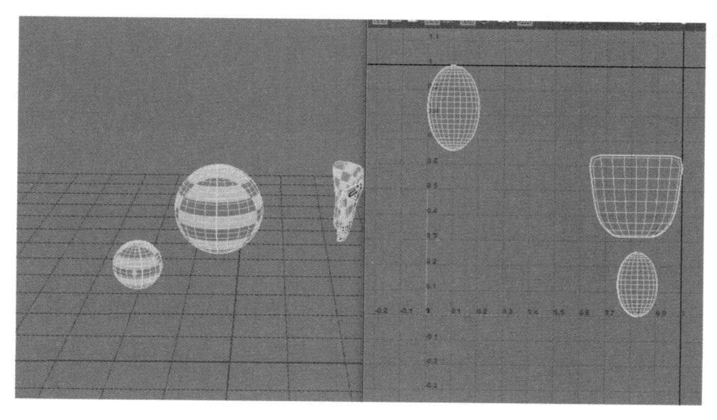

图 3-96 剪切 UV

【步骤 37】 框选模型 UV，在 UV 工具包下执行“展开”→“展开”命令，展开 UV，如图 3-97 所示。

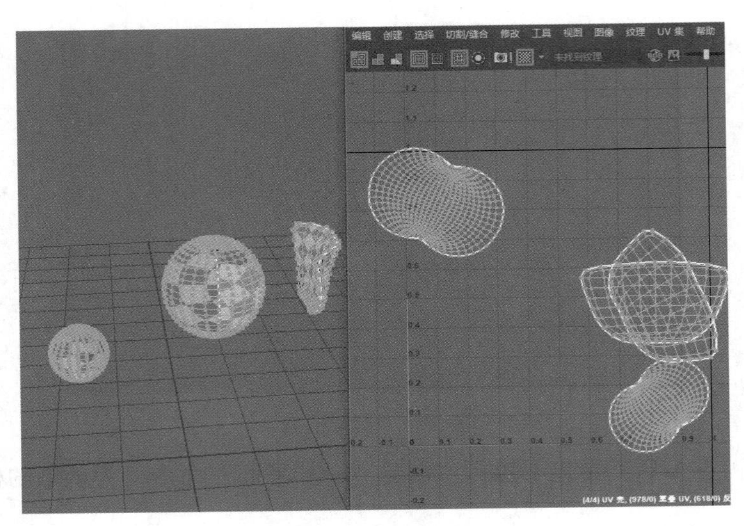

图 3-97 展开 UV

【步骤 38】 做到这里我们已经制作完成了所有需要展开 UV 的模型，接下来需要回到视图视口中加选这些模型，并做统一的修改，以便于更好地在 UV 空间里分布，如图 3-98 所示。

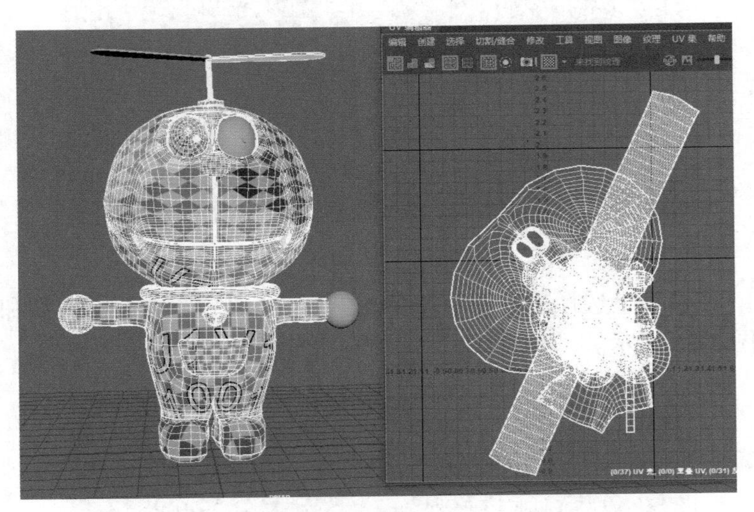

图 3-98 加选模型

【步骤 39】 加选所有模型后，在 UV 工具包下执行“排列和布局”→“定向壳”命令，矫正倾斜的 UV，如图 3-99 所示。

【步骤 40】 框选 UV，按住 Shift 键在右击菜单下选择排布处的方块按钮，打开“展开 UV”选项，执行“旧版”→“排布”→“世界”→“应用”命令，将所有 UV 等比例分布并单击应用，如图 3-100 所示。

【步骤 41】 在 UV 选项面板里选择 Unifold3D，设置布局，将纹理图大小设置为 1024，填充单位设置为 UV，壳填充设置为 0.002，单击排布 UV 命令，这一步的目的是优化 UV 排布，使空间得到最大化应用，如图 3-101 所示。

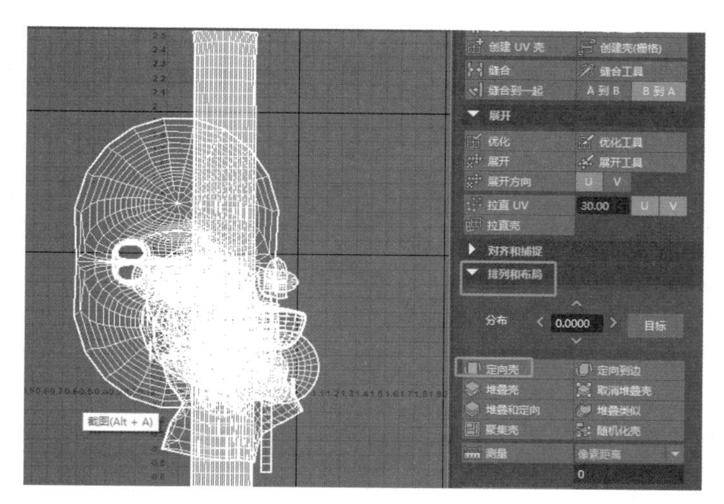

图 3-99　定向壳

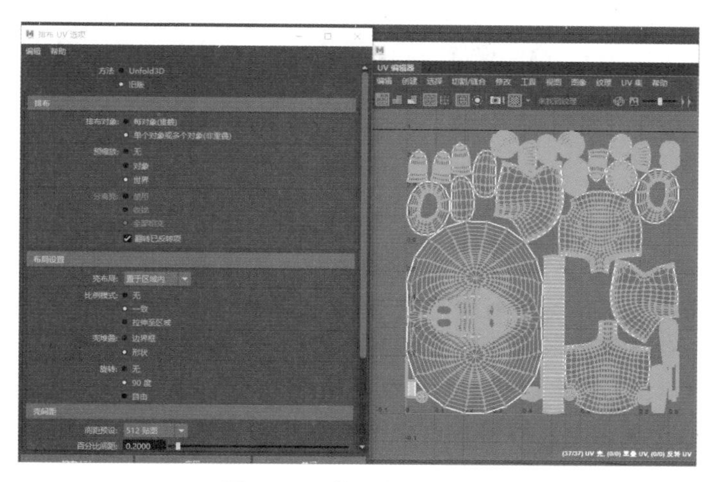

图 3-100　等比例排布 UV

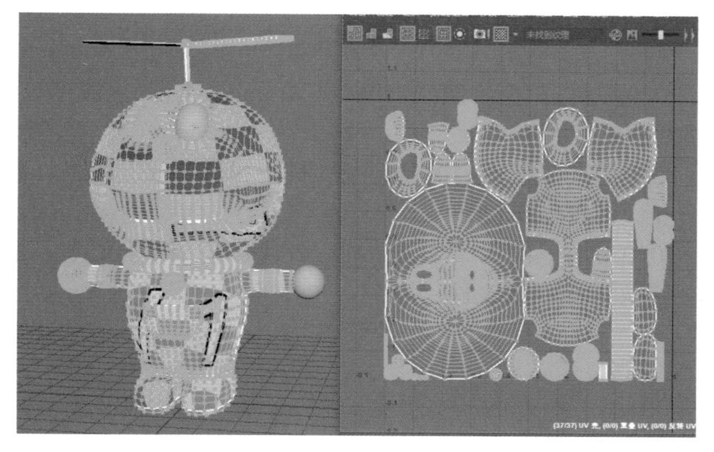

图 3-101　Unifold3D 排布 UV

【步骤 42】 当排布完并回到视图视口时，复制完成 UV 的模型替换掉没有制作 UV 的相同模型，此目的是节省 UV 制作时间，实现 UV 共用，同时实现效率的提升，如图 3-102 所示。

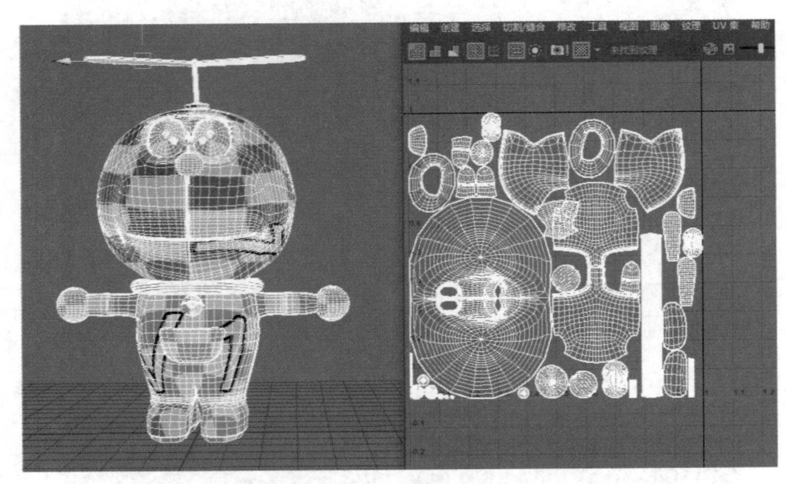

图 3-102　替换模型

项 目 小 结

UV 在制作数字模型资产中是必不可少的环节，直接影响模型的整体质感，尽管 Maya 默认情况下会为许多基本体类型创建 UV，但在大多数情况下需要重新排列修改，因为默认方式通常不会与创建模型匹配。现在对 3D 制作人员的要求越来越高，模型师不仅要能够做出精美合理的模型，也要能够绘制模型的贴图，因此 UV 的划分也是很重要的。

本项目介绍数字模型 UV 的概念，帮助读者理解 UV 原理，讲解了 UV 创建、展开、排布等方法，同时加以虚拟现实“1+X”案例，系统呈现了整个 UV 制作流程及方法。

实 战 训 练

1. 使用 Maya 2020 软件，打开“实操训练 \ 木箱 .md”文件，完成木箱模型 UV 的制作，制作完成后保存 md 文件。

2. 使用 Maya 2020 软件，打开“实操训练 \ 科技建筑 .md”文件，完成科技建筑模型 UV 的制作，制作完成后保存 md 文件。

3. 使用 Maya 2020 软件，打开“实操训练 \ 古代建筑 .md”文件，完成古代建筑模型 UV 的制作，制作完成后保存 md 文件。

数字模型材质制作

项目导读

好的作品必须有精简、漂亮的模型，同时，材质贴图的制作直接决定了作品最终的档次，因此掌握 Maya 材质贴图显得尤为重要。

Maya 为用户提供了功能强大的材质编辑系统，用于模拟自然界中存在的各种各样的物体质感。就像是绘画中的色彩一样，材质可以为 3D 模型注入生命，使场景充满活力，渲染出来的作品仿佛原本就存在于真实的世界之中一样。本项目是学习如何创建材质并使用材质节点之间的连接达到丰富的效果。

“纸上得来终觉浅，绝知此事要躬行”，本项目通过多个实际典型案例来提高读者的动手能力，以及检验对理论知识的掌握情况。

项目素质目标

- 培养学生洞察能力、创新能力。
- 培养团队合作能力、资源整合能力。
- 培养学生运用所学专业知识独立制作项目的能力。
- 培养团队合作能力、创新能力及精益求精的工匠精神。

项目知识目标

- 了解材质的表现特征。
- 理解所有节点的概念及功能。
- 认识材质编辑器的工作界面。

项目能力要求

- 掌握 Maya 的 Materials（材质）类型及属性。
- 掌握指定材质的方法。

- 掌握材质编辑器的使用方法。
- 创建节点的能力。

项目重难点

项目内容	工作任务	建议学时	技能点	重难点	重要程度
数字模型UV 制作	任务 4.1　认识材质	4 学时	了解质感的原理，掌握材质编辑器的工作界面	材质的概念	★★★☆☆
				材质编辑器的工作界面使用	★★★☆☆
				质感的原理	★★★★☆
	任务 4.2　常用的材质、纹理与材质节点	2 学时	给物体添加材质，创建节点、材质的种类与属性	创建节点	★★★★☆
				材质添加	★★★★★
				材质属性	★★★☆☆
	任务 4.3　虚拟现实“1+X”材质案例制作	4 学时	材质贴图制作在真实案例中的应用	指定材质	★★★☆☆
				参数设置	★★★★☆
				节点连接	★★★☆☆

任务 4.1　认识材质

任务目标

知识目标：理解材质的概念，认识材质编辑器的工作界面。

能力目标：掌握材质编辑器的使用。

素质目标：培养团队合作能力、创新能力及精益求精的工匠精神。

建议学时

4 学时。

任务描述

材质系统命令繁杂，知识点众多，很多初学者难以掌握，其实只要理解材质表现的基本原理，就能全面地掌握材质系统的体系，本任务通过讲解质感的原理以及材质编辑面板、材质创建与编辑等知识，帮助读者掌握材质的使用方法。

知识归纳

1. 质感的原理

人们之所以能够分辨各种物体的质感，是因为光照射到物体上，物体将光反射到人们的眼睛里。不同的物体对光的反射能力各不相同，因此也就产生了丰富的质感变化。光照射到物体上会发生三类情况。

（1）光线会被物体反射出去。物体表面凹凸不平时会发生漫反射，如模拟粗糙的岩石需要调整粗糙度的值。物体表面相对光滑时会产生高光与反射，如新鲜的水果、光滑的地板，模拟这些材质需要调整高光与反射值。物体表面绝对光滑时会产生镜面反射，如光滑的金属球、平静的水面，模拟这些材质需要将粗糙度调小，将反射效果调大。

（2）光线直接穿透物体。物体绝对透明时会发生折射，如纯净的水、透明的玻璃，模拟这些材质需要调整透明度、折射率等值。

（3）光线部分穿透物体。有些物体的背光部位会发生透光的现象，如蜡烛、皮肤，模拟这些材质需要调整次表面散射等值。在使用材质节点表现某一质感时，先要根据该物体的特点选择对应的参数，切忌盲目地调试参数。

2. 材质编辑器

材质编辑器是创建与编辑材质的地方，任何绚丽的材质效果都是在材质编辑器里制作的，默认状态下该窗口由“材质预览器”“创建选项卡”“材质查看器”“材质属性编辑区”“工作区”组成，如图 4-1 所示。

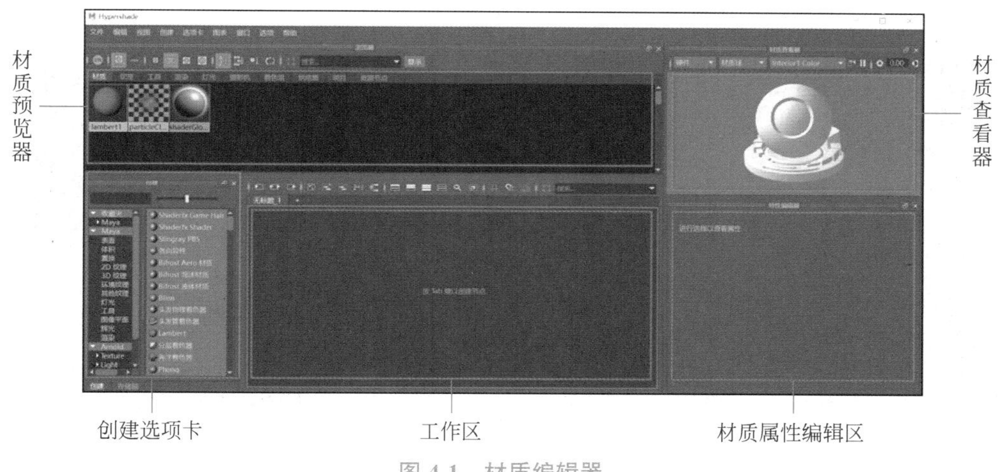

图 4-1　材质编辑器

1）材质预览器

Hypershade 窗口中的选项卡可以以拖曳的方式单独提出来，其中“浏览器”选项卡中的命令如图 4-2 所示，常用命令功能见表 4-1。

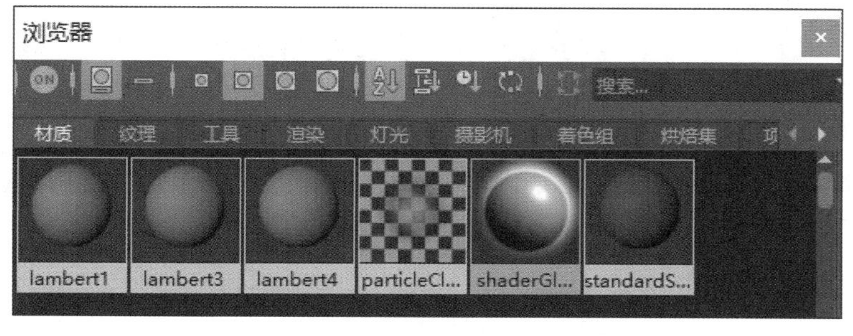

图 4-2　“浏览器”选项卡

表 4-1 “浏览器”选项卡常用命令功能

图 标	名 称	功 能
	材质和纹理的样例生成	提示用户可以启用材质和纹理的样例生成功能
	图标	以图标的方式显示材质球
	列表	以列表的方式显示材质球
	大样例	以大样例的方式显示材质球
	按名称	按材质球名称排列材质球

2）材质查看器

材质查看器中提供了多种形体用来直观地显示调试的材质预览，而不仅以一个材质球的方式显示材质。材质的形态计算采用硬件和 Arnold 这两种计算方式，如图 4-3 和图 4-4 所示。“材质样例选项”列表中提供了“材质球”“布料”“茶壶”“海洋”等多种形体用于材质的显示，如图 4-5 及图 4-6 所示。

图 4-3 硬件计算渲染

图 4-4 Arnold 计算渲染

图 4-5 布料样式显示材质

图 4-6 茶壶样式显示材质

3）工作区

工作区主要用来显示和编辑 Maya 的材质节点，单击材质节点上的命令，可以在“特性编辑器”选项卡中显示其对应的一系列参数，如图 4-7 所示。

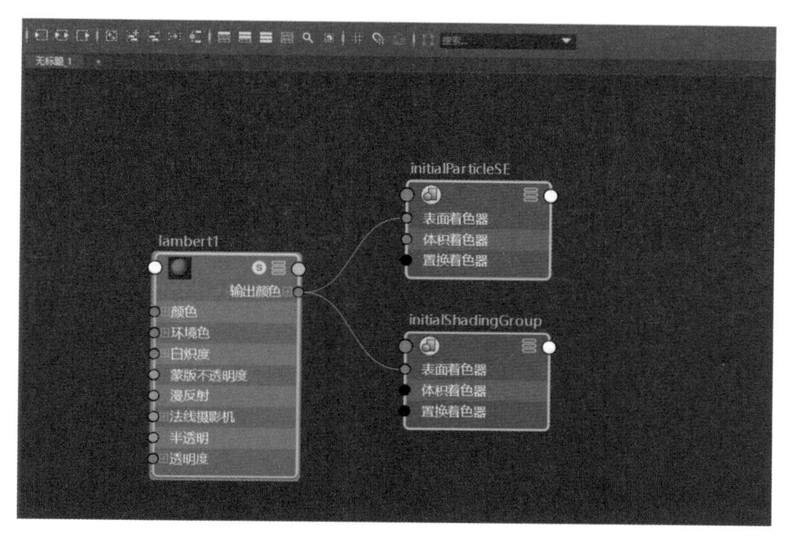

图 4-7　工作区显示的材质节点

4）创建选项卡

创建选项卡主要用来查找 Maya 材质节点命令，并在 Hypershade 窗口中进行材质的创建，如图 4-8 所示。

5）材质属性编辑区

在材质属性编辑区编辑物体的颜色、粗糙度、高光、透明、反射率等属性，得到丰富的材质效果，如图 4-9 所示。

图 4-8　创建选项卡

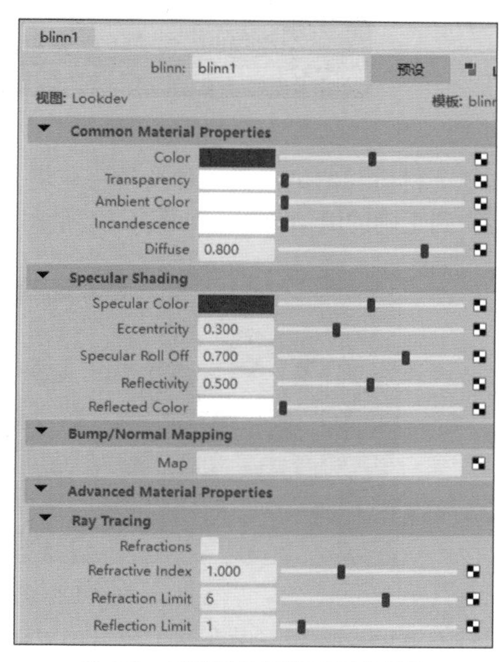

图 4-9　材质属性编辑区相关属性

3. 编辑材质的原则

为了确保不会导致无法渲染或渲染出错的情况发生，在编辑材质时要注意以下四条原则。

（1）不可直接按 Delete 键删除材质，否则被赋予了材质的模型就丢失了材质信息，模型显示为绿色，如图 4-10 所示。正确删除无效材质节点的方法是在材质编辑器的菜单栏中执行“编辑”→“删除未使用节点”命令。

图 4-10　丢失材质的模型

（2）渲染时要保持渲染器的版本统一。对于相同的场景，若使用不同的渲染器版本制作文件，会导致某些材质无法识别，如图 4-11 所示。

图 4-11　无法识别的材质

（3）材质与渲染器必须保持统一。例如，Arnold 的材质要使用 Arnold 渲染器来渲染才能得到正确的渲染效果，如图 4-12 所示。

图 4-12　不同渲染器的效果

（4）贴图名称与贴图路径不得有中文或者为纯数字。渲染器在渲染时无法识别有中文或为纯数字的文件名称，以及路径中有中文或为纯数字的文件。

任务实施

打开材质编辑器及创建材质

【步骤 1】 打开材质编辑器，有以下两种方法。

（1）在菜单栏执行“窗口”→“渲染编辑器”→“Hypershade”命令，如图 4-13 所示，即可打开 Hypershade 窗口。

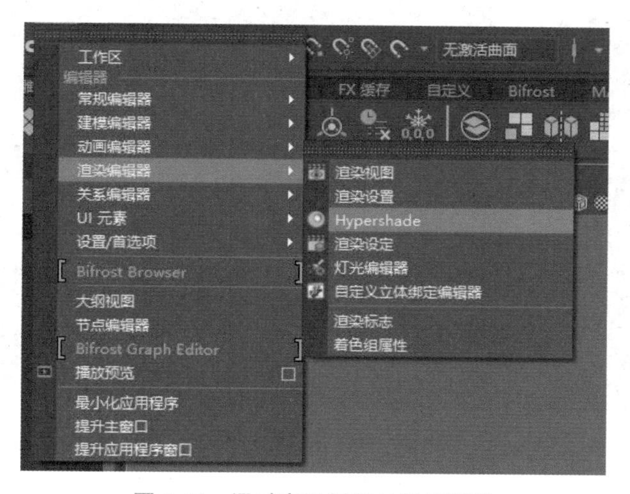

图 4-13 通过窗口打开材质编辑器

（2）单击 Maya 界面中的“显示和编辑着色网络中的连接”按钮，如图 4-14 所示，即可打开 Hypershade 窗口。

图 4-14 “显示和编辑着色网络中的连接”按钮

【步骤 2】 创建材质，有以下三种方法。

（1）选择模型，单击工具架上的“材质球”按钮，为模型添加新的材质，右边属性面板中会显示新材质的名称与属性，如图 4-15 所示。

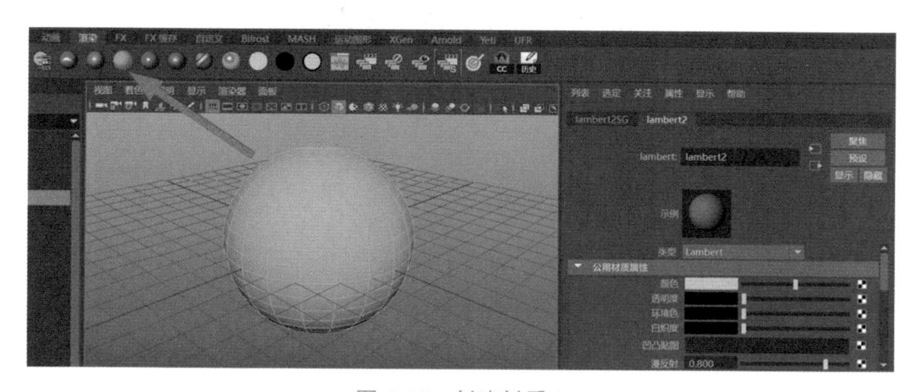

图 4-15 创建材质 1

（2）在材质编辑器的创建选项卡内单击材质节点，如图 4-16 所示。

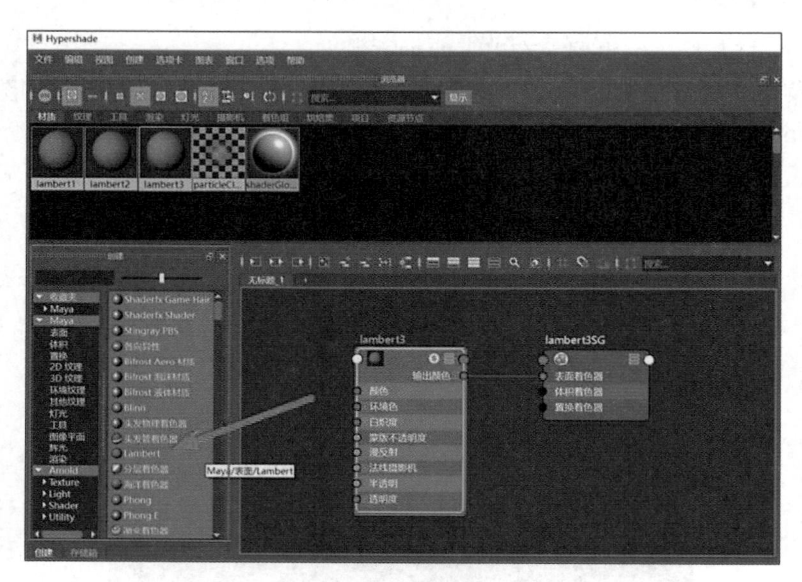

图 4-16　创建材质 2

（3）选择模型并右击，在弹出的快捷菜单中执行“指定新材质”命令，在弹出的指定新材质面板中选择新的材质，如图 4-17 所示。

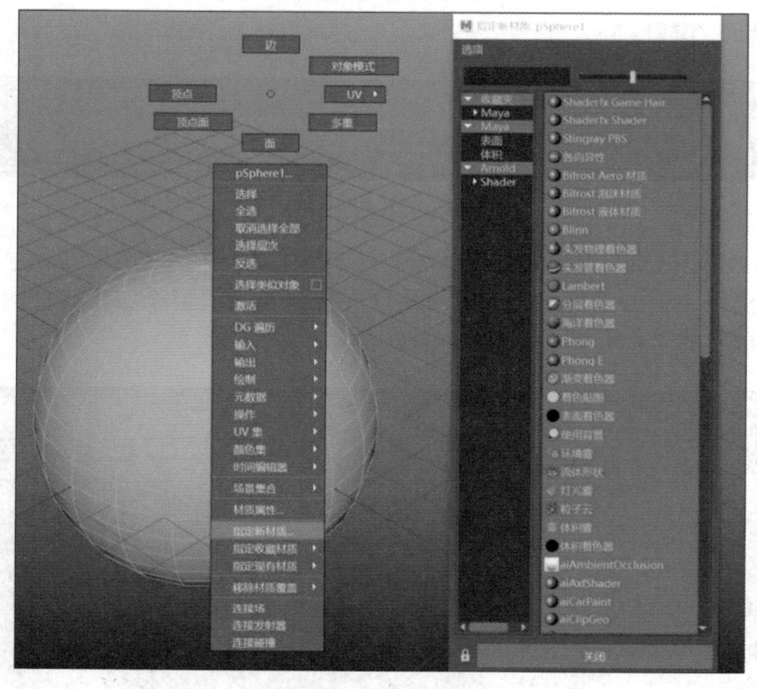

图 4-17　创建材质 3

任务 4.2 常用的材质、纹理与材质节点

任务目标

知识目标：了解材质种类，了解材质的不同属性。

能力目标：掌握常用的材质制作方法，掌握指定模型材质方法，学会设置材质参数的配比与组合。

素质目标：培养团队合作能力、创新能力及精益求精的工匠精神。

建议学时

2 学时。

任务描述

物体的质感是通过材质系统来模拟的。一套材质系统由着色器（Shader）、纹理（Texture）、灯光（Light）等节点构成。每一个节点具有多个功能，每一个功能又可以模拟一种质感效果，例如，有的属性模拟颜色，有的属性模拟透明，有的属性模拟高光等。本任务通过学习常用的材质设置材质参数的配比与组合，最终得到一个复杂的材质效果。

知识归纳

aiStandardSurface 材质是渲染中使用频率最高的材质，如图 4-18 所示。它可以模拟大部分材质效果，功能非常强大，且属性丰富，如图 4-19 所示，被称为万能材质。

图 4-18 aiStandardSurface 材质属性

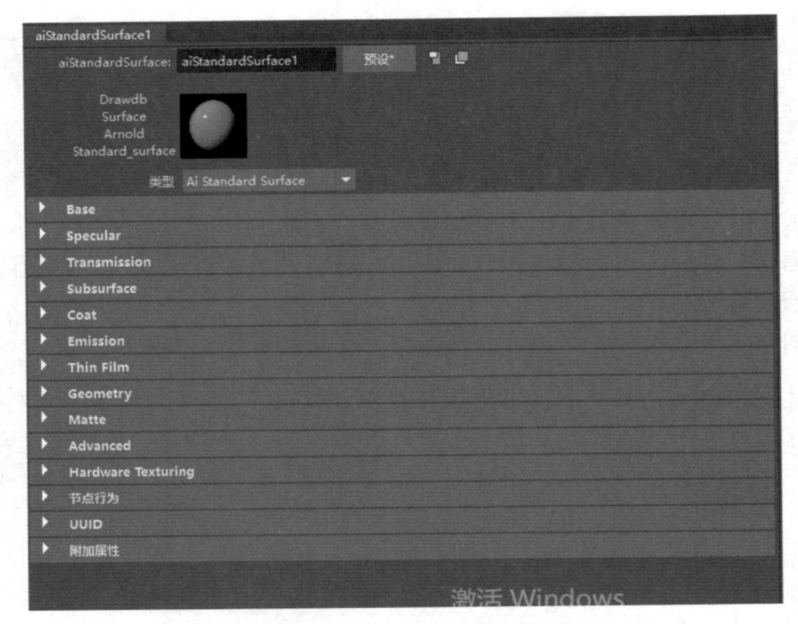

图 4-19 aiStandardSurface 属性编辑区

1）Base 属性栏

Base（基础）属性栏主要控制材质的漫反射效果，如图 4-20 所示。

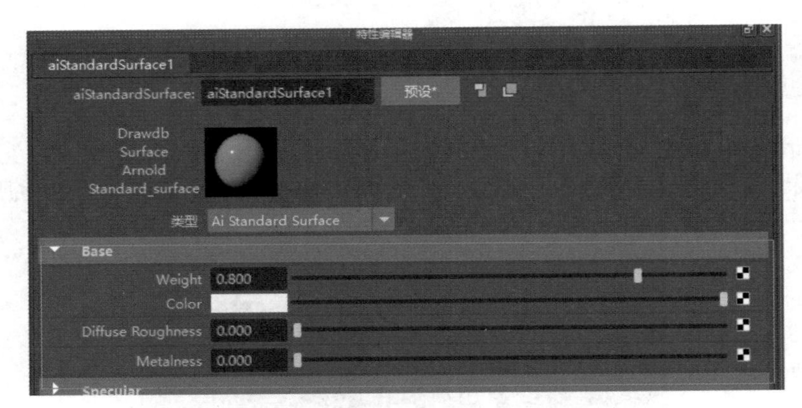

图 4-20 Base 属性栏

（1）Weight：漫反射权重值，控制漫反射的效果占比，权重值越小，漫反射越弱，物体越暗，如图 4-21 所示。

（2）Color：漫反射颜色，可以更改材质的颜色，如图 4-22 所示。现实中物体的颜色并不全是纯色，可以通过在该属性后面的棋盘格连接纹理来丰富材质的颜色。

（3）Diffuse Roughness：漫反射表面粗糙度。粗糙度值越高，光照区的亮度越暗，光线越平均，比较适合模拟混凝土、沙子等材质，如图 4-23 所示。

（4）Metalness：金属性，在模拟金属质感时需要使用该属性。数值为 1 时，可以模拟镜面反射；数值介于 0~1 时可以模拟生锈的金属，如图 4-24 所示。该属性连接纹理还可以模拟不同磨损度的金属。

图 4-21 漫反射不同权重值的效果

图 4-22 不同的漫反射颜色

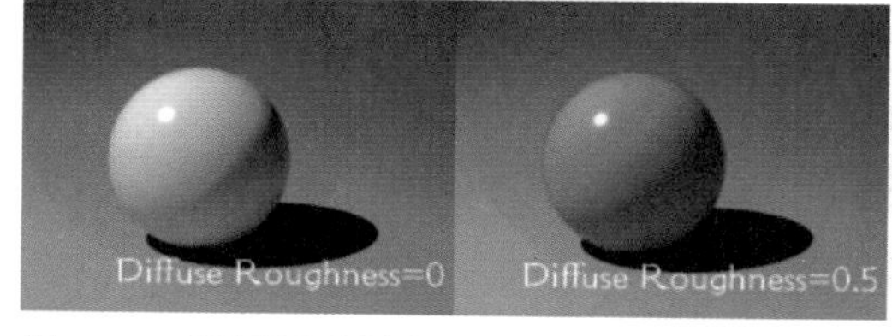

图 4-23 不同漫反射表面粗糙度值的粗糙度效果

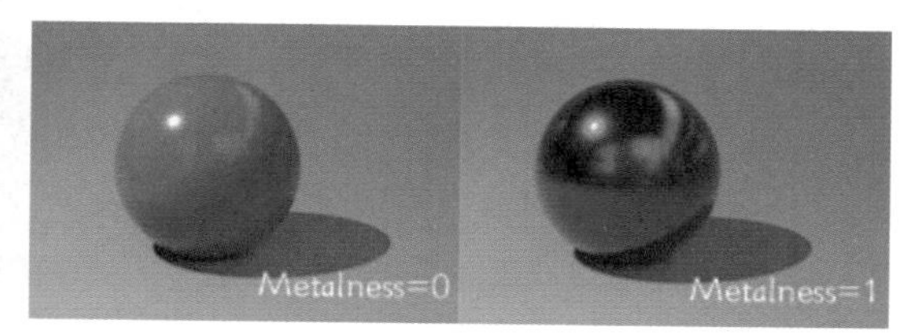

图 4-24 金属性值为 0 和 1 的金属效果

2）Specular 属性栏

Specular（高光）属性栏可以模拟高光与反射等效果，如图 4-25 所示。

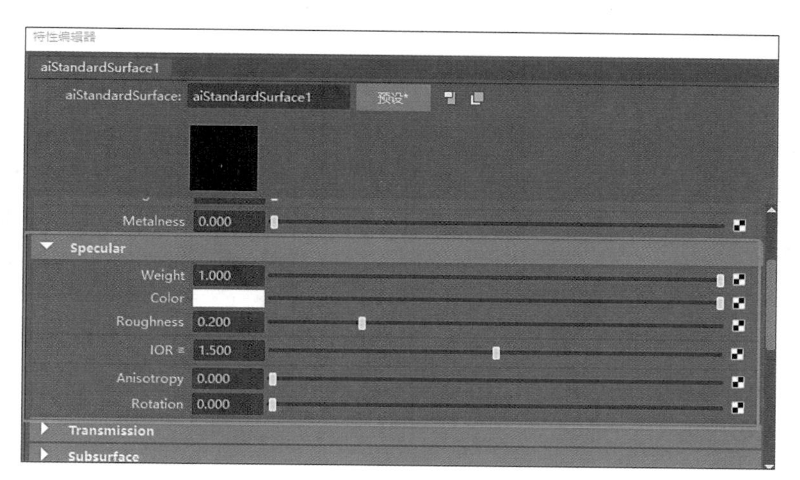

图 4-25 高光属性栏

（1）Weight：高光权重值，影响镜面高光的亮度。权重值越大，高光越明显；权重值越小，高光越不明显，如图 4-26 所示。

（2）Color：高光颜色。高光的本质是光源在物体表面的反射效果，高光颜色属性可以在反射的光源上叠加颜色，从而产生偏色的反射效果，例如将高光颜色分别设置为白色和黄色，渲染效果如图 4-27 所示。

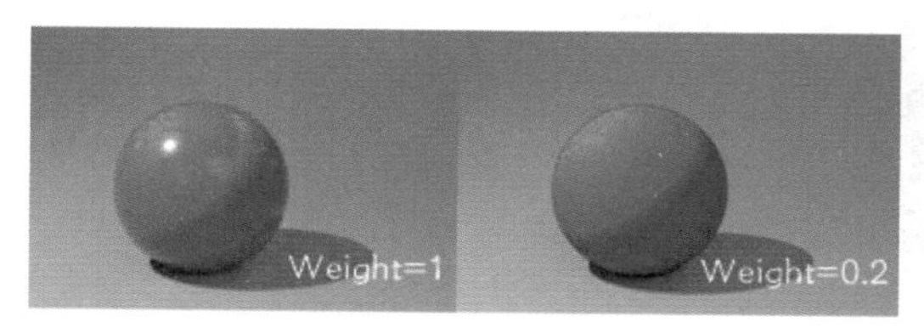

图 4-26 不同高光权重值的高光效果

图 4-27 高光为白色和黄色的效果

（3）Roughness：反射粗糙度。值越小，高光与反射越清晰，值为 0 时，为完全清晰的镜面反射；值越大，高光与反射越模糊，值为 1 时接近漫反射效果，如图 4-28 所示。

（4）IOR：折射率，控制材质菲涅耳反射效果。折射率越高，物体中间区域的反射效果越清晰。折射率可以平衡物体中心到边缘的反射效果的强弱，值越大，中间反射越强，如图 4-29 所示。

图 4-28　反射粗糙度不同值的效果

图 4-29　不同折射率的效果

注意： 折射率同样会影响折射效果，在表现透明物体时，某些材质的折射率是固定的，例如水是 1.3 左右，玻璃是 1.5 左右，钻石是 2.2 左右。

（5）Anisotropy：高光的各向异性。默认情况下高光点为圆形，随着该值的增大，高光会被拉扯成长条状，可用于模拟拉丝金属等效果，如图 4-30 所示。

（6）Rotation：高光的旋转方向，如图 4-31 所示。

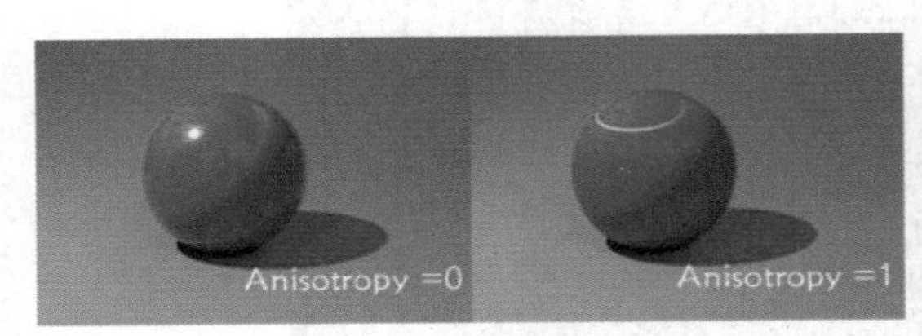

图 4-30　被拉成长条的高光

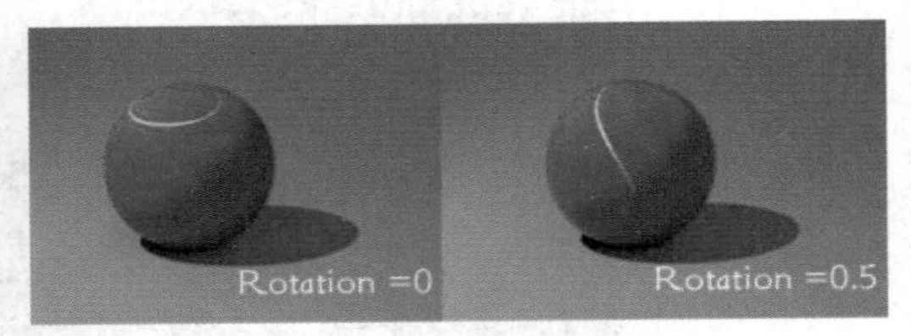

图 4-31　不同旋转方向的高光

3）Transmission 属性栏

Transmission（折射）属性栏控制透明等材质效果，如图 4-32 所示。

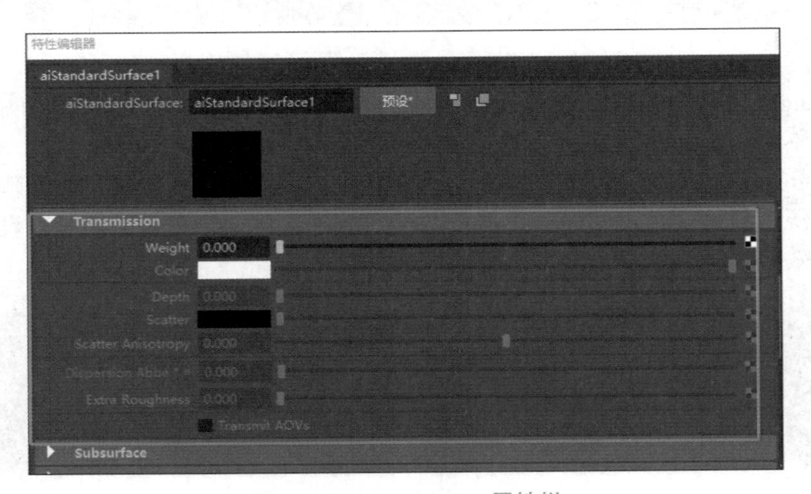

图 4-32　Transmission 属性栏

（1）Weight：透明权重，控制光散射透过物体的比例，也表示物体的透明度。数值越大，物体越透明，如图 4-33 所示。

注意： 计算透明度时，模型必须禁用“不透明”（Opaque）属性。

（2）Color：折射颜色。使用该属性可以模拟带有颜色的透明物体，如有色玻璃、红酒等。折射颜色与光线穿透物体的距离有关系，光线穿透较厚的物体时颜色会变得更深，一般在设置该属性时颜色采用浅色。例如，将该颜色分别设置为白色与青色，渲染效果如图 4-34 所示。

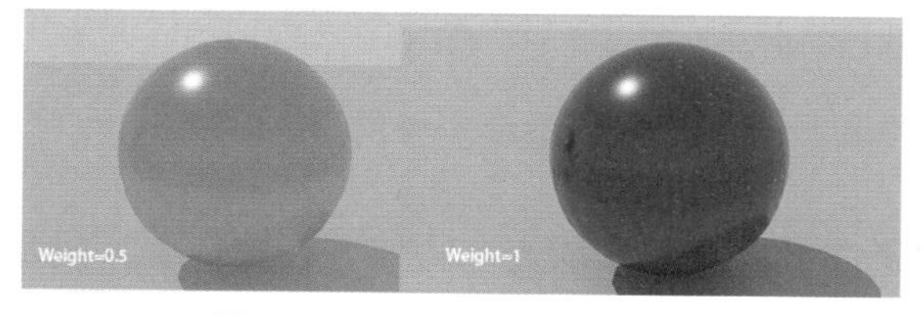

图 4-33　透明权重不同的效果

图 4-34　折射颜色为白色和青色的效果

（3）Depth：深度，控制光线穿透物体的厚度。数值越大，物体质感表现越通透，物体结构较厚的部分相对较薄的部分颜色越深，如图 4-35 所示，常配合折射颜色使用。

注意： 深度受场景大小影响非常大，在调节该属性时需要根据场景大小尺寸进行调节。

（4）Scatter：散射颜色。该属性可以模拟半透明物体呈现的散射效果，使物体内部透明颜色发生扩散，变得更加柔和，如蜂蜜、冰块等。将一个绿色半透明材质的散射颜色设置为白色，渲染效果如图 4-36 所示。

图 4-35　不同深度的效果

图 4-36　散射为白色的绿色半透明材质效果

（5）Scatter Anisotropy：散射各向异性，用于模拟透明散射效果。当该值为 0 时，光会在物体上均匀散射；当该值为负数时，散射会向光的反方向偏移；当该值为正数时，散射会顺着光的方向偏移，如图 4-37 所示。

（6）Dispersion Abbe：色散。开启该属性可以模拟折射时产生的七彩光线的效果，调整范围通常为 10~70。数值越小，分散性越高，可以模拟钻石等材质效果，如图 4-38 所示。

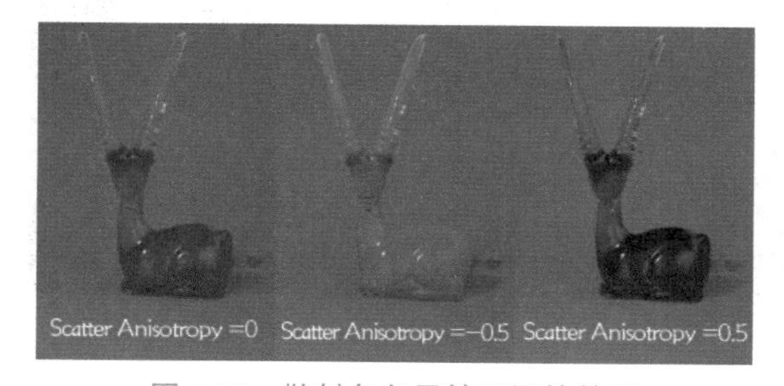

图 4-37　散射各向异性不同的效果

图 4-38　色散的七彩光效果

（7）Extra Roughness：透明的粗糙度。该属性控制透明物体内部的粗糙度，可以模拟磨砂玻璃等效果，如图 4-39 所示。

图 4-39　透明的粗糙度效果

注意：透明的粗糙度只会对物体内部的透明产生影响，不会影响物体的高光与反射。

4）Subsurface 属性栏

Subsurface（次表面散射）属性栏中的属性可以表现光线进入物体并在物体下方呈现散射的效果，模拟皮肤、蜡烛、牛奶等效果非常有用，如图 4-40 所示。

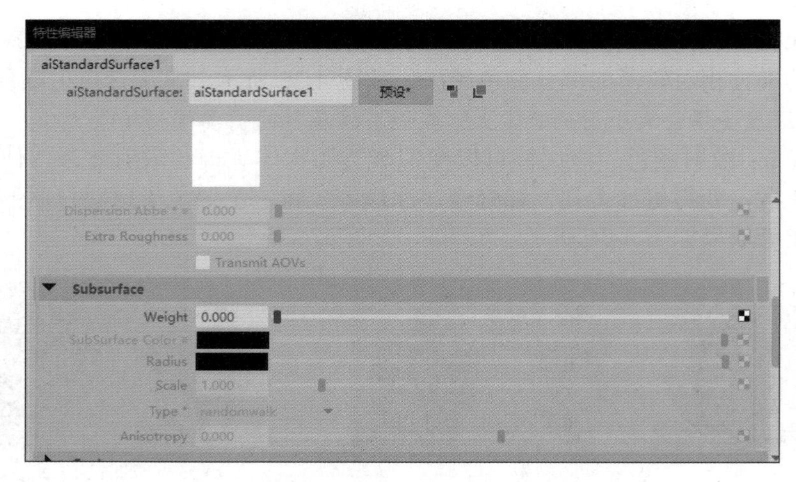

图 4-40　Subsurface 属性栏

（1）Weight：次表面散射的权重值。该值为 0 时，材质表现为 Lambert 材质效果；该值为 1 时，代表开启散射效果，物体的明暗过渡更加柔和，如图 4-41 所示。

（2）Subsurface Color：次表面散射的颜色。该属性控制散射的颜色，在制作人物的皮肤效果时，可以在该属性上连接皮肤纹理贴图，如图 4-42 所示。

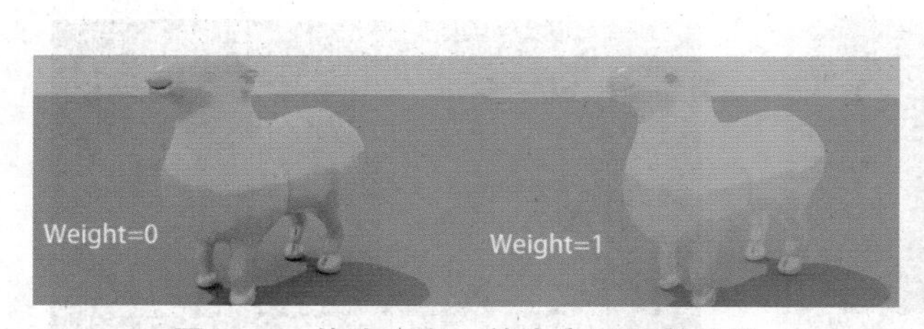

图 4-41　值为 0 和 1 的次表面散射效果

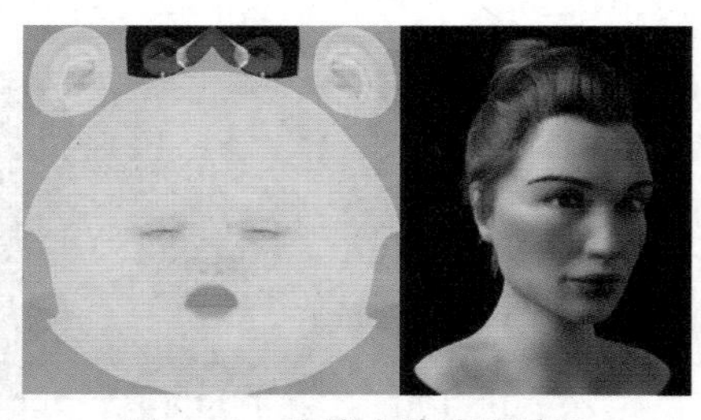

图 4-42　连接皮肤纹理贴图

（3）Radius：半径，表示光线可以散射到表面以下的距离。半径值越大，物体质感越通透；半径值越小，物体质感越不透明，如图 4-43 所示。

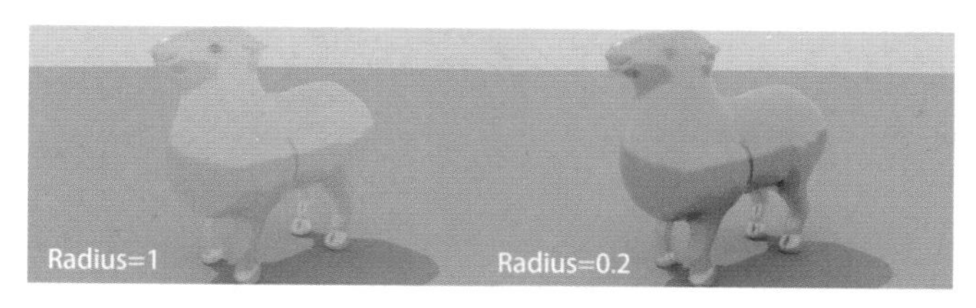

图 4-43 不同半径值的效果

（4）Scale：缩放，该属性可以控制次表面散射的强度。值越大物体越通透，如图 4-44 所示。

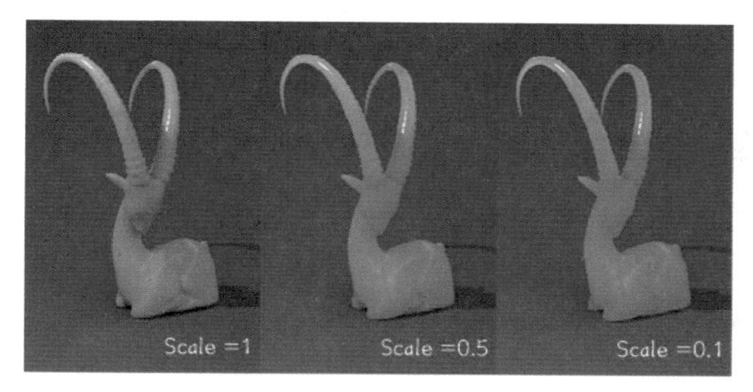

图 4-44 缩放值不同的效果

（5）Anisotropy：次表面散射的各向异性，调节范围为 −1~1。当该值为 0 时，光会产生均匀的散射效果；当该值为负数时，散射效果向光的反方向偏移；当该值为正数时，散射效果顺着光的方向偏移，如图 4-45 所示。

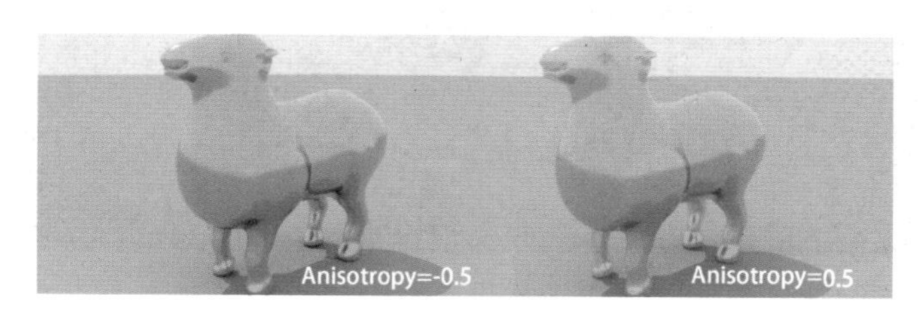

图 4-45 次表面散射的各向异性值为负和正的效果

5）Coat 属性栏

Coat（涂层）属性栏可以模拟物体表面的透明涂层，相当于第二层反光层，如汽车材质、涂有油脂的塑料等效果，如图 4-46 所示。

（1）Weight：权重值，控制透明涂层的比例。数值为 1 时，代表开启透明涂层；数值为 0 时，代表不显示透明涂层，如图 4-47 所示。

通过对比可以看出，涂层属性可以在物体表面叠加一层高光与反射效果。该属性栏里的 Color（颜色）、Roughness（反射粗糙度）、IOR（折射率）、Anisotropy（各向异性）、Rotation（旋转）与前面的 Specular（高光）属性栏效果是一样的，在这里就不再赘述。

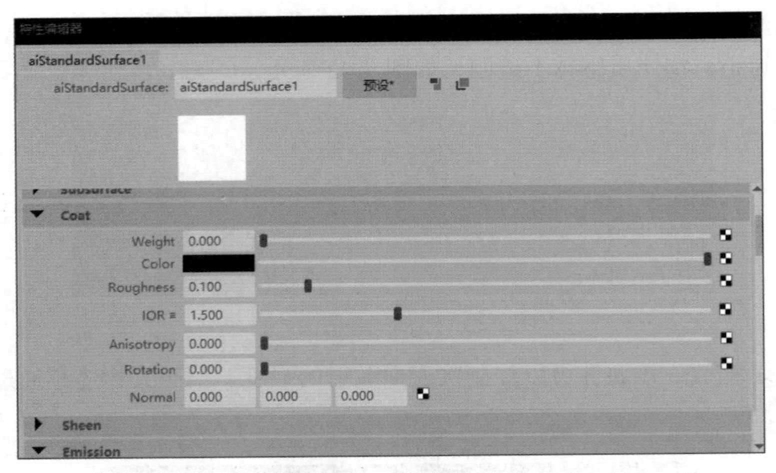

图 4-46　Coat 属性栏

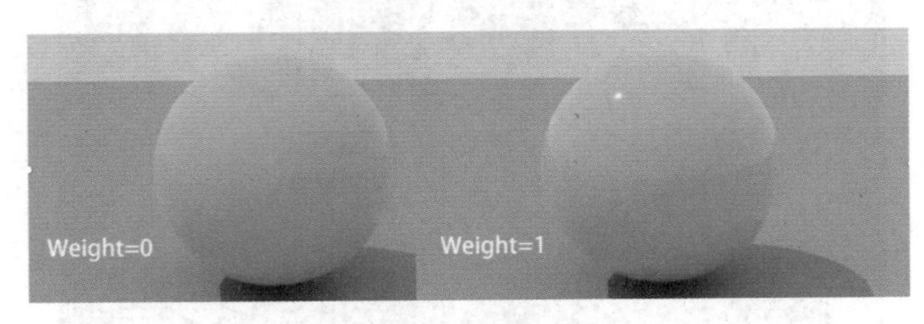

图 4-47　不同涂层权重值效果

（2）Normal：法线。在该属性上连接法线贴图可以在较平滑的表面实现凹凸不平的效果，可以模拟雨滴、特殊打磨的金属等。例如，将一个黑白纹理连接到法线属性上，渲染效果如图 4-48 所示。

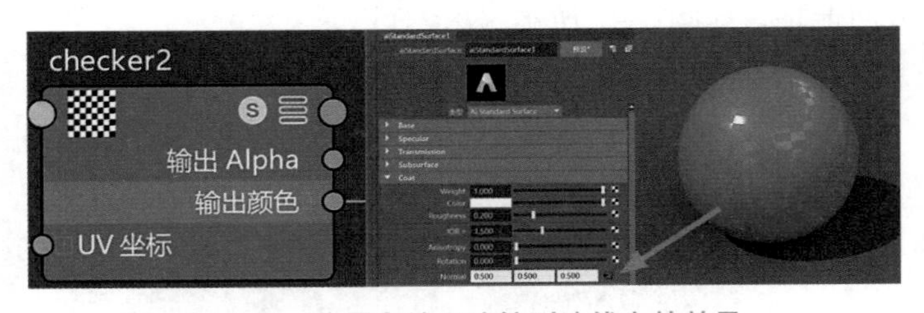

图 4-48　将黑白纹理连接到法线上的效果

6）Sheen 属性栏

真实世界里的物体自身结构复杂，所受到的环境光照丰富，物体曲面的变化和材质的不同使得物体的光泽呈现不规则变化。例如，绸缎的材质会呈现丰富的光泽效果，一定倾斜角度的曲面光泽度更强，如图 4-49 所示。这些细腻的光泽效果仅靠高光是模拟不出来的，需要单独的 Sheen（光泽）属性栏中的属性来模拟，如图 4-50 所示。

（1）Weight：光泽的权重值。控制光泽的混合度，数值越大光泽度越强。

（2）Color：光泽颜色。例如将颜色设置为红色，渲染效果如图 4-51 所示。

（3）Roughness：粗糙度。粗糙度值越大，光泽度颜色分布越广；粗糙度值越小，颜色越集中分布在物体边缘，如图 4-52 所示。

图 4-49 光泽丰富的绸缎

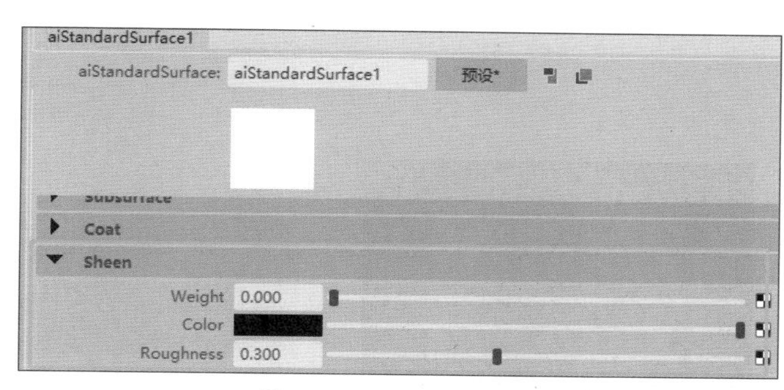

图 4-50 Sheen 属性栏

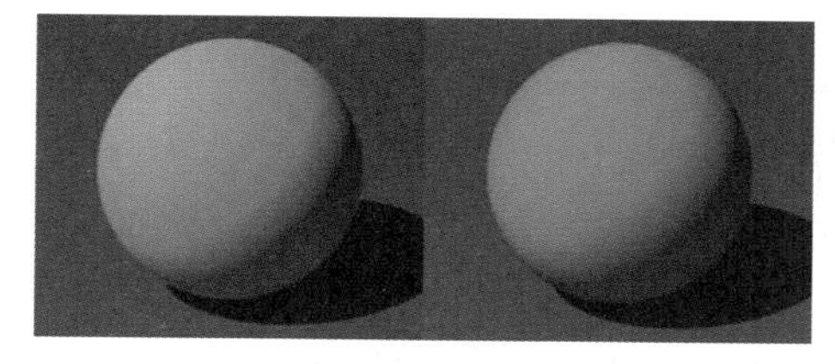

图 4-51 光泽颜色为红色的效果

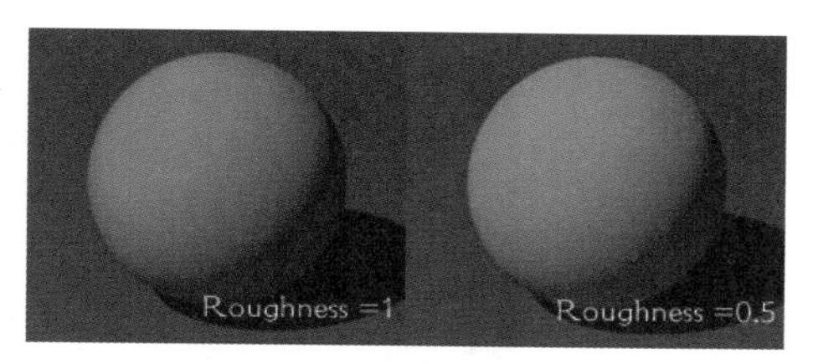

图 4-52 粗糙度不同的效果

7）Emission 属性栏

Emission（自发光）属性栏中的属性可以模拟发光的材质，例如白炽灯、炽热的岩浆等效果，如图 4-53 所示。自发光属性栏中的属性很少，只有 Weight（权重）与 Color（颜色）两种，如图 4-54 所示。

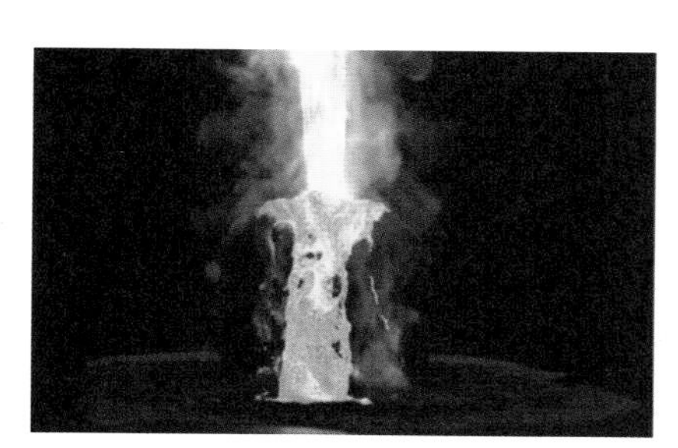

图 4-53 自发光效果

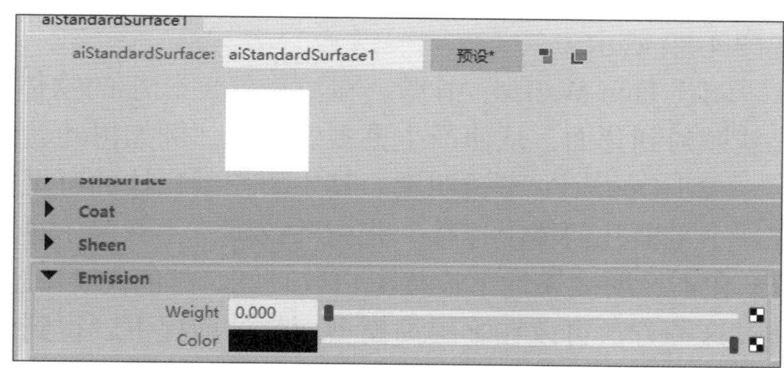

图 4-54 Emission 属性栏

颜色属性可以更改发光的颜色。权重控制发光的强度，权重值越大发光的强度越大，亮度辐射范围越大，如图 4-55 所示。

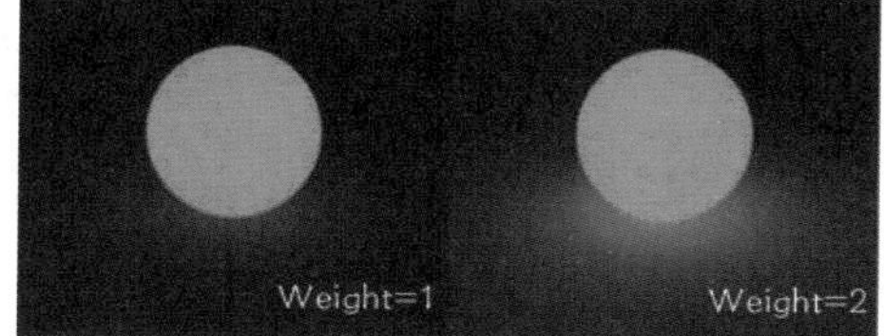

图 4-55 不同强调的自发光

8）Thin Film 属性栏

Thin Film（薄膜）属性栏中的属性可以影响反射效果，并产生七彩效果，例如肥皂泡在空气中呈现的彩色效果，如图 4-56 所示。Thin Film 属性栏如图 4-57 所示。

（1）Thickness：厚度，定义薄膜的厚度。

（2）IOR：折射率，定义薄膜的折射率。IOR 值为 1 代表空气的折射率，值为 1.33 代表水的折射率。将厚度设置为 100，IOR 值分别设置为 0、1、2，渲染效果如图 4-58 所示。

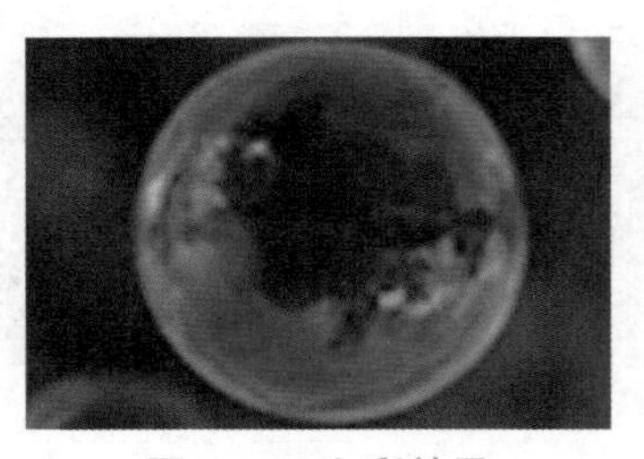
图 4-56　七彩效果

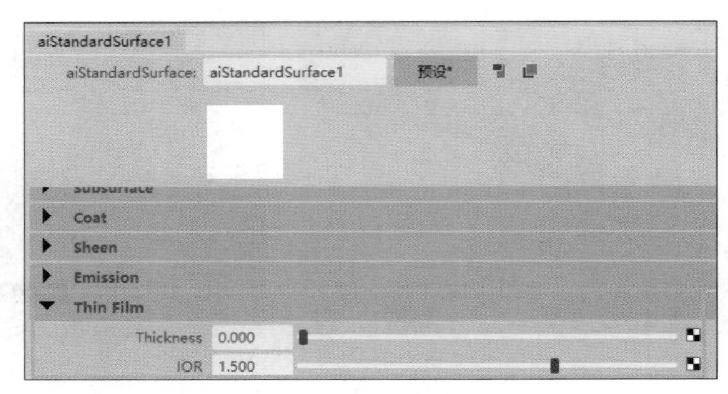

图 4-57　Thin Film 属性栏

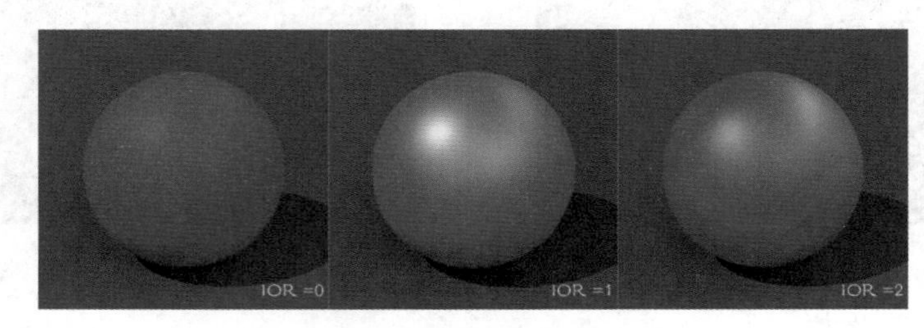

图 4-58　不同值的折射率效果

9）Geometry 属性栏

渲染时模型的结构会影响到材质的表现，例如单片模型与封闭模型，相同的透明材质有不同的渲染结构。Geometry（多边形）属性栏可以控制模型的厚度、透明、凹凸等属性，如图 4-59 所示。

（1）Thin Walled：薄壁。在渲染厚度较小的物体时（单面几何体），将其勾选能够使光线照射到背面，从而产生更多的细节，例如树叶、纸张等材质。

（2）Opacity：不透明度。其主要控制物体的可见性，可以实现物体镂空的效果。例如，在一个平面几何体上连接一张树叶纹理，不开启不透明度属性，几何体的边界会被渲染出来；在不透明度属性上连接黑白纹理图，白色代表不透明，黑色代表透明，如图 4-60 所示。通过这种方法可以在不提高模型面数的前提下，得到外形复杂的渲染效果。

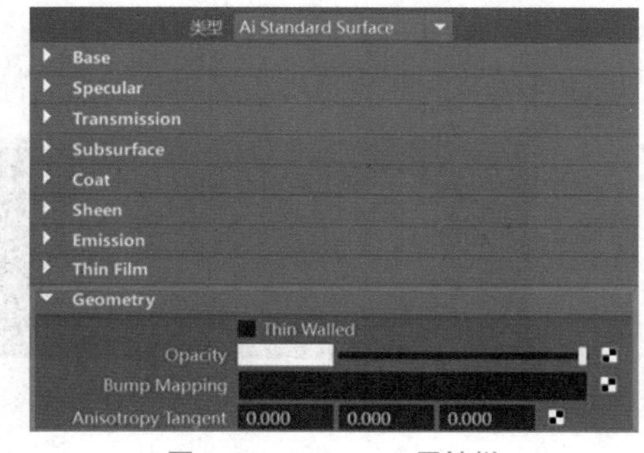

图 4-59　Geometry 属性栏

图 4-60　透明及不透明效果

（3）Bump Mapping：凹凸贴图。通过干扰物体表面法线得到凹凸的效果。在该属性上连接纹理图时，会自动连接一个控制凹凸强度的 Bump 节点，如图 4-61 所示。

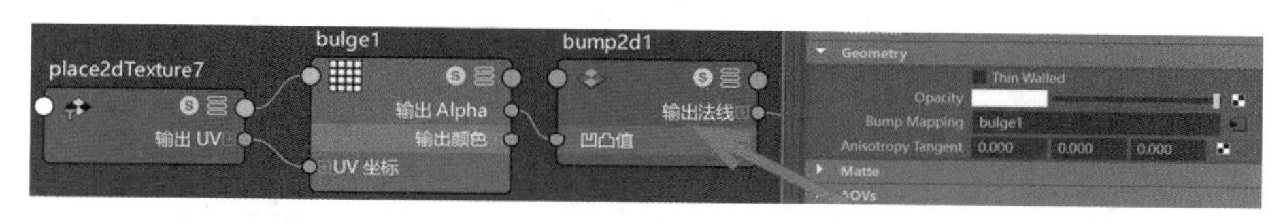

图 4-61　凹凸贴图节点

10）Matte 属性栏

蒙版在后期合成时是一个非常实用的功能，可以快捷地制作出物体的遮罩，Matte（蒙版）属性栏如图 4-62 所示。

Enable Matte：开启或禁用蒙版。开启该功能时，使用该材质的物体渲染没有光影变化，只是蒙版的纯色效果，如图 4-63 所示。

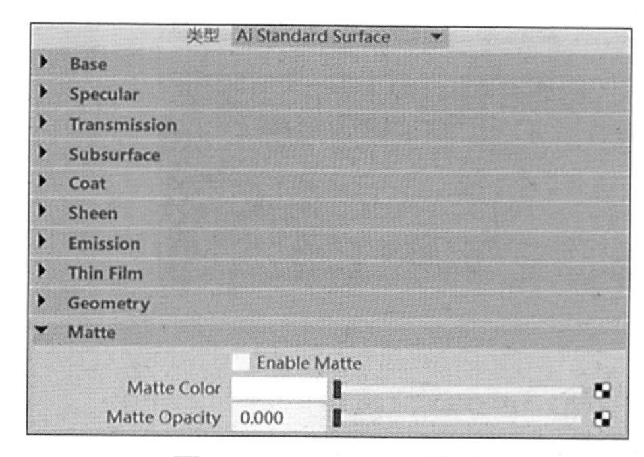

图 4-62　Matte 属性栏

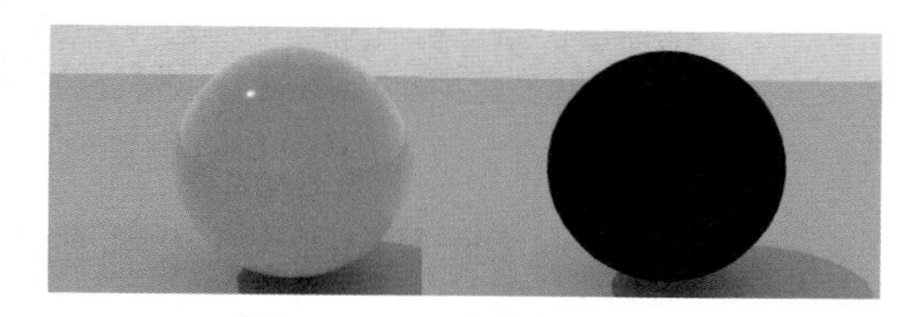

图 4-63　开启或禁用蒙版

任务实施

指定模型材质的方法

【步骤 1】 指定模型材质，为模型指定材质的方法有以下三种。

（1）选择模型，在材质球上右击，在弹出的快捷菜单中执行“将材质指定给视口选择”命令，如图 4-64 所示。

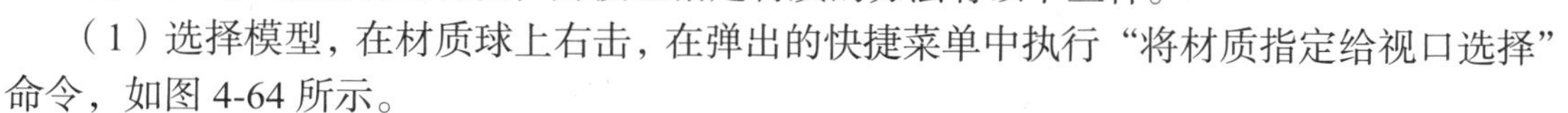

（2）选择材质球，按住鼠标中键将其拖曳至模型上，如图 4-65 所示。

（3）选择模型，右击，在弹出的快捷菜单中执行“指定现有材质”命令，在罗列的材质中选择需要的材质即可，如图 4-66 所示。

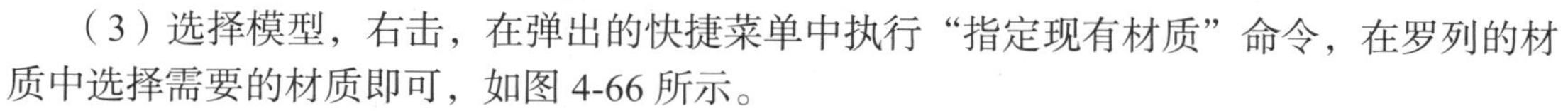

【步骤 2】 将材质导入工作区，编辑材质主要在材质编辑器的工作区进行，将材质导入材质编辑器的工作区常用的方法有以下两种。

（1）选择模型，在材质编辑器工作区上方的工具架上单击导入按钮，如图 4-67 所示。

（2）在材质预览器中选择材质球，按住鼠标中键将材质球拖曳至工作区，如图 4-68 所示。

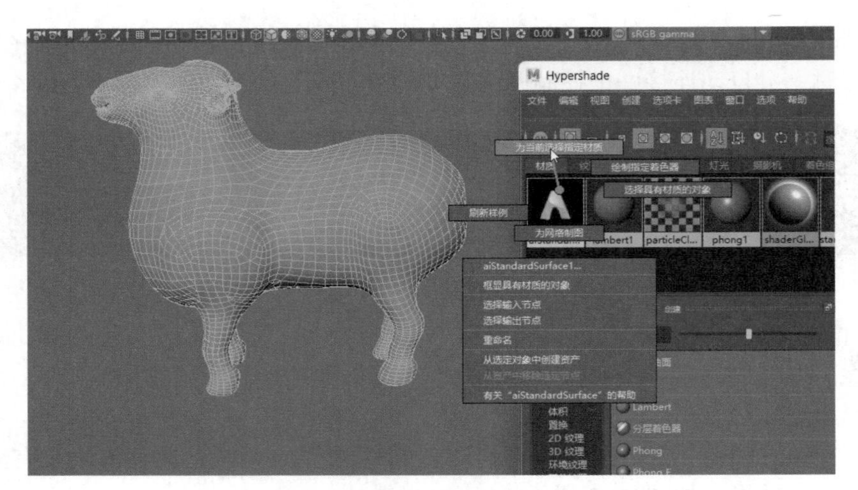

图 4-64　通过材质球鼠标右键指定材质

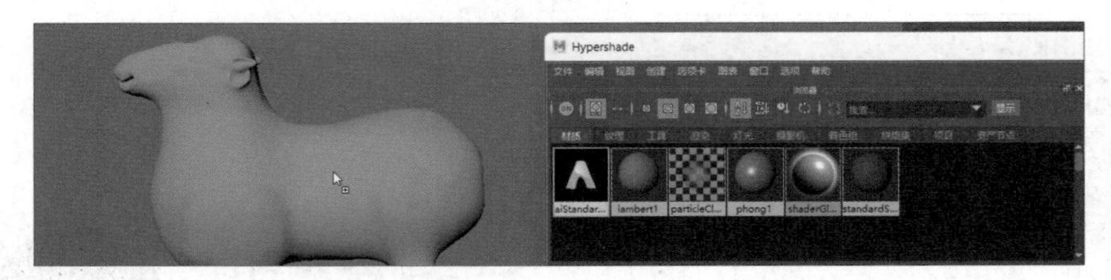

图 4-65　通过鼠标中键拖曳指定材质

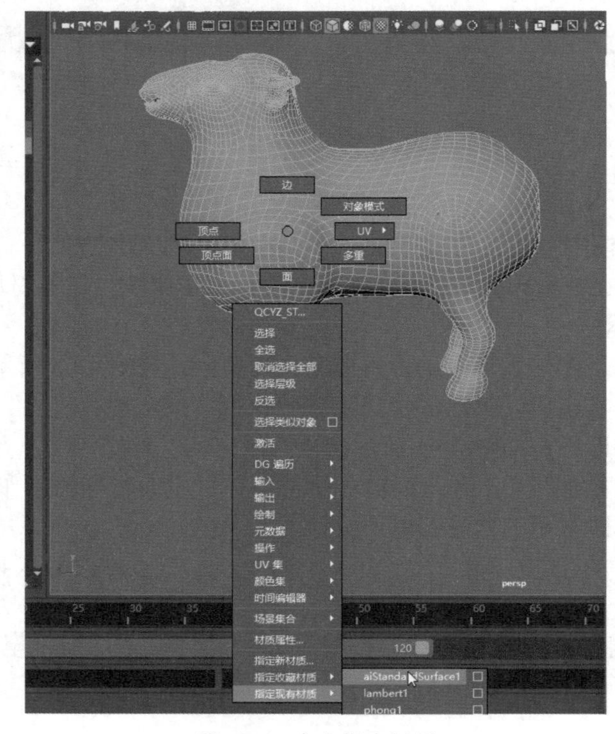

图 4-66　右击指定材质

图 4-67 单击按钮导入

图 4-68 从浏览器中拖入

任务 4.3 虚拟现实“1+X”材质案例制作

任务目标

知识目标：学会在 Maya 中制作数字模型的材质，掌握制作的流程、技巧、方法。
能力目标：独立完成角色、道具、场景等模型的材质创建、修改、使用等操作。
素质目标：培养团队合作能力、创新能力及精益求精的工匠精神。

建议学时

4 学时。

任务描述

每个物体的构成元素各不相同，对光的反射能力也各不相同。光照到物体上后发生反射、散射、透光等现象时，物体就呈现出漫反射、高光、反射、折射等质感效果。Maya 2020 提供了功能丰富的材质系统，利用这些材质可以创造出质感真实的虚拟世界。本任务通过制作常见的金属、玻璃、陶瓷、镂空等案例进行讲解，让读者最终实现灵活掌握 3D 模型材质的制作方法。

金属材质制作

任务实施

【步骤 1】 金属材质制作。本实例主要讲解如何使用标准曲面材质制作金属材质，最终渲染效果如图 4-69 所示。

（1）打开本书配套资源“金属材质场景 .mb”文件。本实例为一个简单的室内模型，里面主要包含水壶模型、杯子模型以及简单的配景模型，如图 4-70 所示。

图 4-69　金属材质效果预览

图 4-70　打开配套资源

（2）选择场景中的水壶模型，如图 4-71 所示。在“渲染”工具架中单击“标准曲面材质”按钮，为选择的对象指定标准曲面材质。

（3）在“属性编辑器”面板中展开“基础”卷展栏，调整材质的“颜色”为黄色，如图 4-72 所示。

图 4-71　选择水壶模型并制定材质

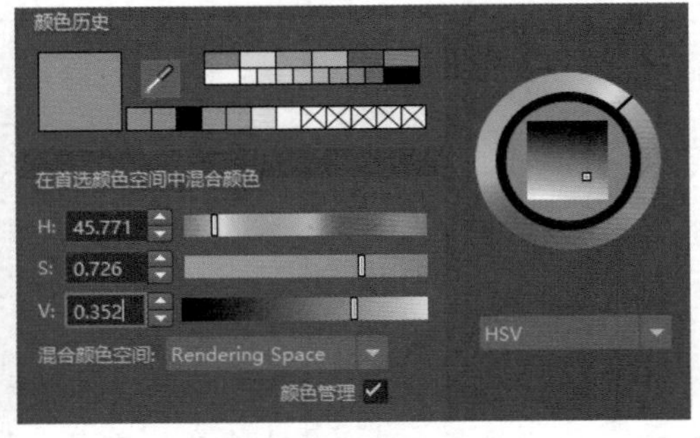

图 4-72　调整颜色

（4）设置“金属度”值为 1，即可使当前材质具备明显的金属特征，如图 4-73 所示。

（5）展开“镜面反射”卷展栏，设置“权重”值为 1.000，提高材质的高光亮度；设置“粗糙度”值为 0.100，增强金属材质的镜面反射效果，如图 4-74 所示。

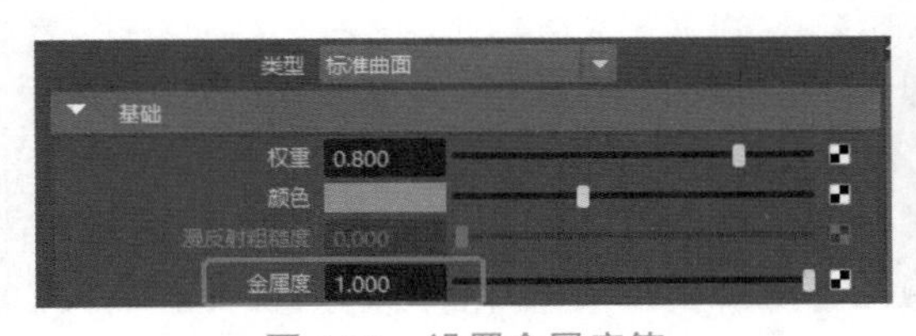

图 4-73　设置金属度值

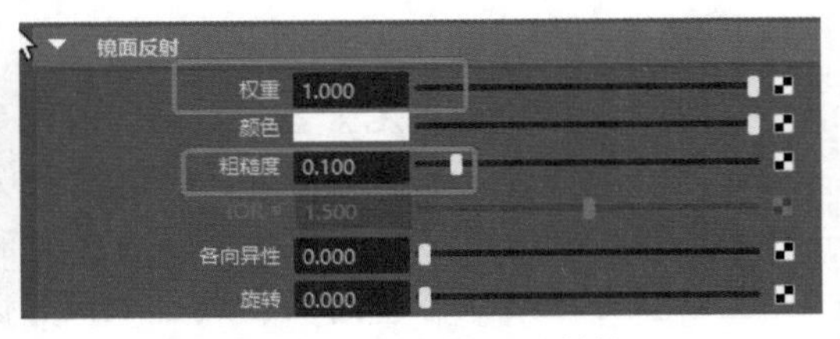

图 4-74　设置镜面反射值

（6）调整完成后，金属水壶材质在“材质查看器”中的显示结果如图 4-75 所示。

（7）选择场景中的水杯模型，如图 4-76 所示。在“渲染”工具架中单击“标准曲面材质”按钮，为选择的对象指定标准曲面材质。

图 4-75 预览金属材质效果

图 4-76 选择水杯模型

（8）展开“基础”卷展栏，设置“金属度”值为 1.000，如图 4-77 所示。

（9）展开“镜面反射”卷展栏，设置“权重”值为 1.000，提高材质的高光亮度；设置“粗糙度”的值为默认的 0.400，这样金属材质的镜面反射效果较弱，制作出来的金属材质具有明显的亚光效果，如图 4-78 所示。

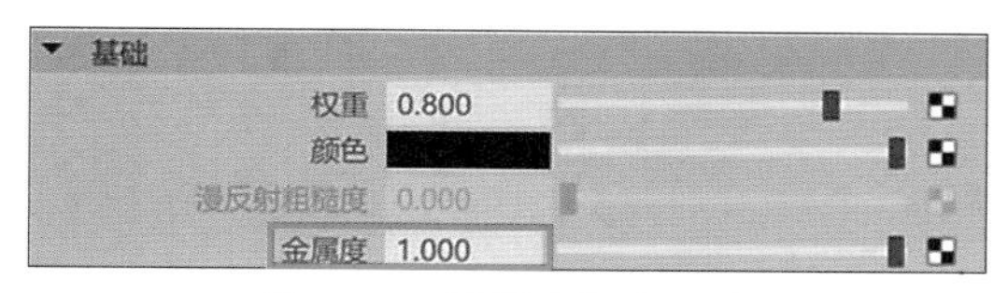

图 4-77 设置水杯金属度

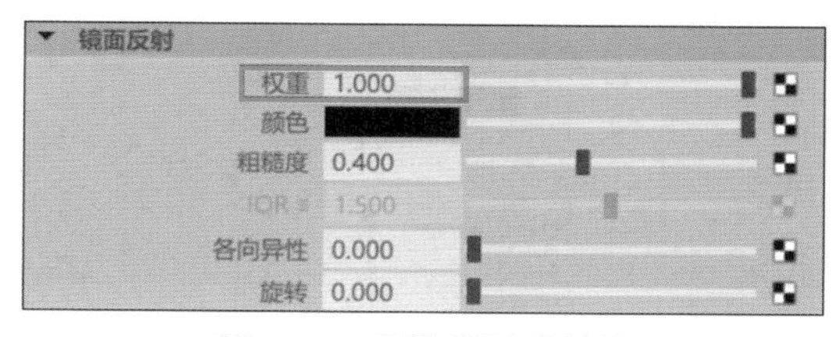

图 4-78 设置镜面反射值

（10）调整完成后，金属水杯材质在“材质查看器”中的预览结果如图 4-79 所示。

【步骤 2】 玻璃材质制作。

（1）打开本书配套资源“玻璃材质场景 .mb”文件，本实例为一个简单的室内模型，里面主要包含一组玻璃瓶模型以及简单的配景模型，并且已经设置好了灯光及摄影机，如图 4-80 所示。

图 4-79 金属杯子预览结果

图 4-80 打开室内模型资源

（2）选择场景中的瓶子和酒杯模型，如图 4-81 所示。

（3）单击“渲染”工具架中的“标准曲面材质”按钮，如图 4-82 所示，为选择的模型指定标准曲面材质。

玻璃材质制作

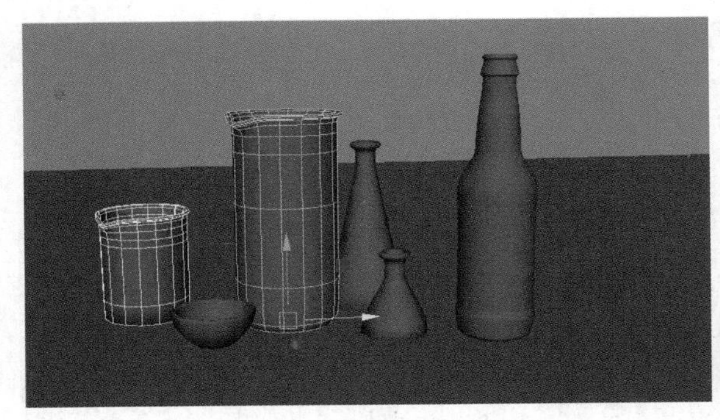

图 4-81　选择瓶子和酒杯

图 4-82　选择标准曲面材质

（4）在“属性编辑器”面板中展开“镜面反射”卷展栏，设置“权重”值为 1.000，“粗糙度”值为 0.050，增强材质的镜面反射效果，如图 4-83 所示。

（5）展开“透射”卷展栏，设置“权重”值为 1.000，提高材质的透明度，如图 4-84 所示。

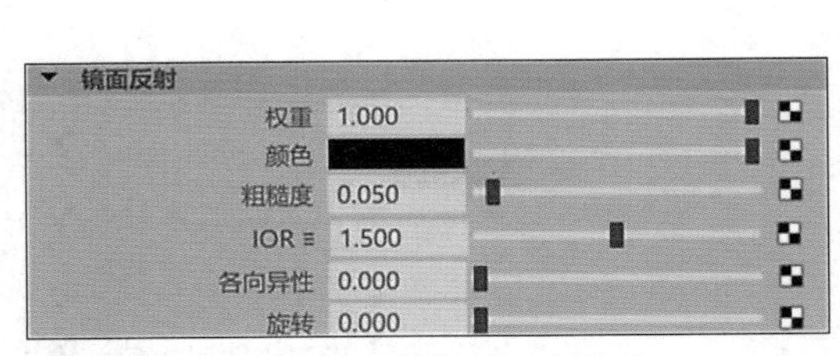

图 4-83　设置镜面反射的值

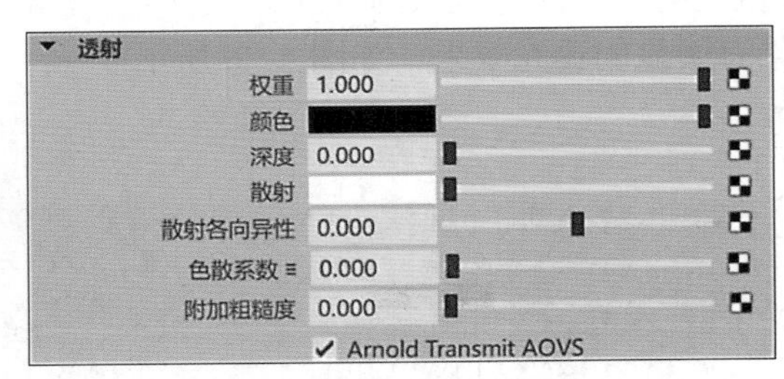

图 4-84　设置透射

（6）调整完成后，玻璃材质在“材质查看器”中的预览效果如图 4-85 所示。

（7）选择场景中的另一个瓶子和酒杯模型，并为其指定一个新的标准曲面材质，如图 4-86 所示。

图 4-85　玻璃材质预览效果

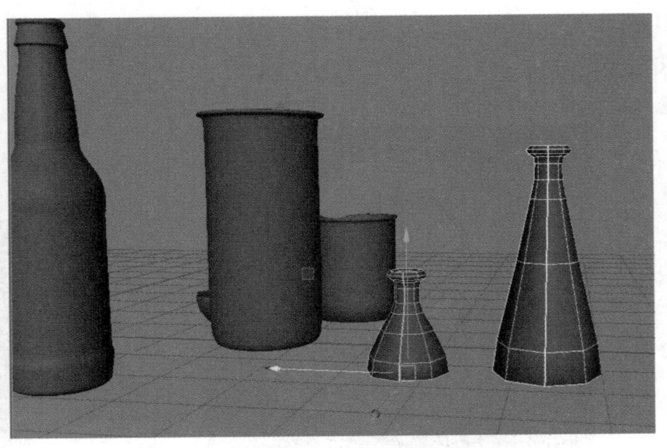

图 4-86　选择酒杯模型并指定材质

（8）在“属性编辑器”面板中展开“镜面反射”卷展栏，设置“权重”值为 1.000，“粗糙度”值为 0.050，增强材质的镜面反射效果，如图 4-83 所示。

（9）展开“透射”卷展栏，设置“权重”值为 1.000，“颜色”为浅蓝色，如图 4-87 所示。

（10）调整完成后，玻璃材质在“材质查看器”中的预览效果如图 4-88 所示。

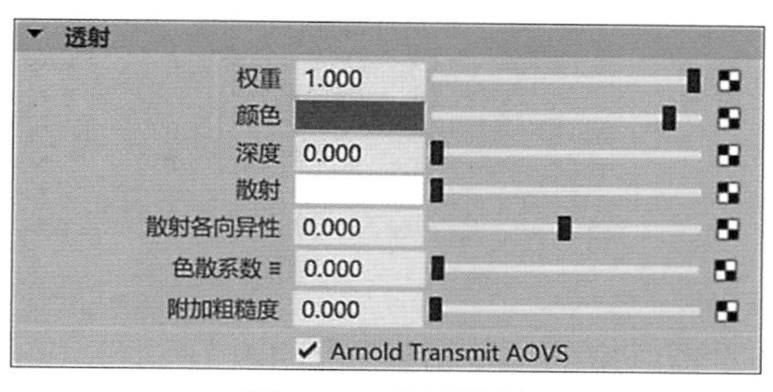

图 4-87　设置透射

图 4-88　预览杯子玻璃材质效果

【步骤 3】 陶瓷材质制作。本实例主要讲解如何使用标准曲面材质制作陶瓷材质，最终渲染效果如图 4-89 所示。

陶瓷材质制作

图 4-89　陶瓷效果预览

（1）打开本书配套资源“陶瓷材质场景 .mb”文件。本实例为一个简单的静物模型，里面主要包含茶壶模型、茶杯模型和盘子模型，如图 4-90 所示。

（2）选择场景中的茶壶模型、茶杯模型和盘子模型，如图 4-91 所示。在“渲染”工具架中单击“标准曲面材质”按钮，为选择的对象指定标准曲面材质。

图 4-90　打开静物模型资源

图 4-91　选择茶壶茶杯模型

（3）在“属性编辑器”面板中，展开“基础”卷展栏，设置“颜色”为蓝色，如图 4-92 所示。

（4）展开“镜面反射”卷展栏，设置“权重”值为 1.000，提高材质的高光亮度；设置“粗糙度”值为 0.100，提高陶瓷材质的镜面反射强度，如图 4-93 所示。

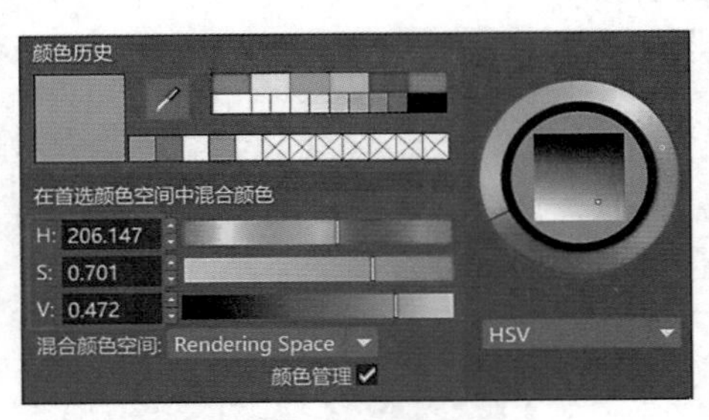

图 4-92　设置颜色

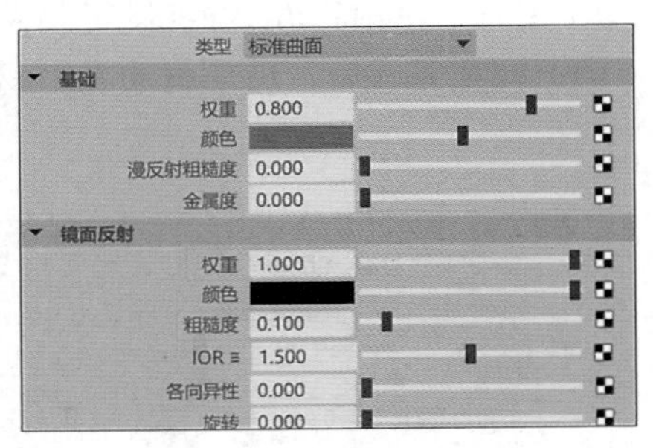

图 4-93　设置镜面反射

（5）调整完成后，陶瓷材质在“材质查看器”中的预览结果如图 4-94 所示。

【步骤 4】 镂空材质制作。本实例主要讲解如何使用标准曲面材质制作镂空效果的金属垃圾桶材质，最终渲染效果如图 4-95 所示。

镂空材质制作

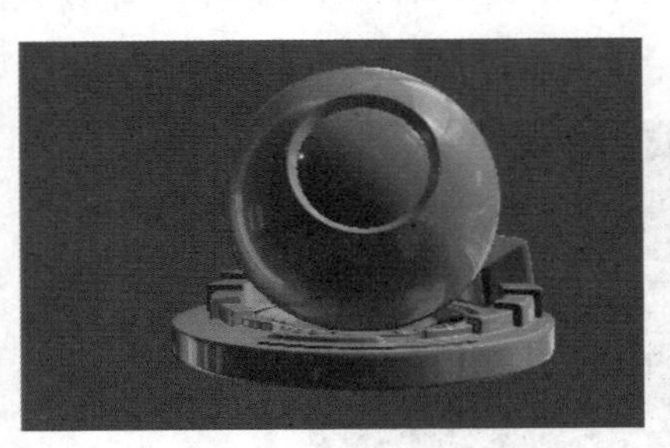
图 4-94　预览陶瓷材质结果

图 4-95　镂空材质效果预览

（1）打开本书配套资源“镂空材质场景 .mb”文件，里面主要包含一个垃圾桶模型以及简单的背景模型，如图 4-96 所示。

（2）选择场景中的垃圾桶模型，如图 4-97 所示。在“渲染”工具架中单击“标准曲面材质”按钮，为选择的对象指定标准曲面材质。

图 4-96　打开资源

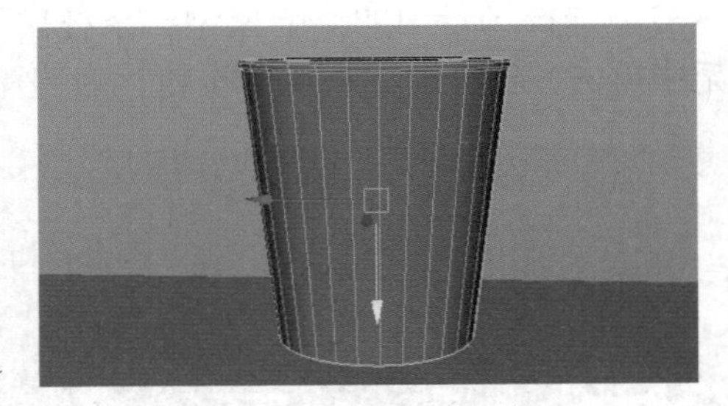
图 4-97　选择垃圾桶模型

（3）在“属性编辑器”面板中展开“基础”卷展栏，设置“颜色”为深灰色，“金属度”值为 1.000，如图 4-98 所示。

（4）展开“镜面反射”卷展栏，设置“权重”值为 1.000，“粗糙度”值为 0.200，提高材质的高光亮度和镜面反射强度，如图 4-99 所示。

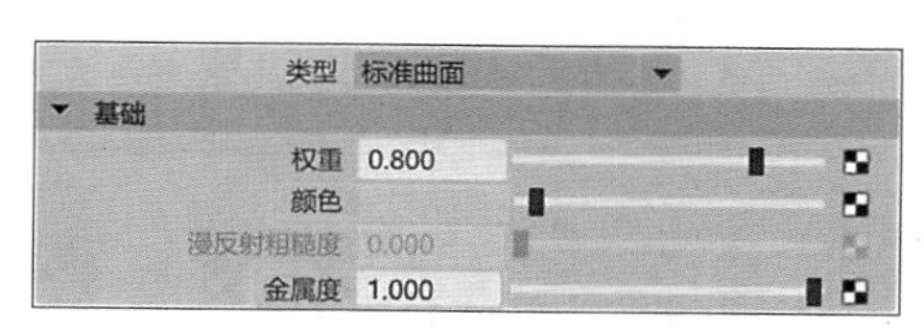

图 4-98 设置颜色

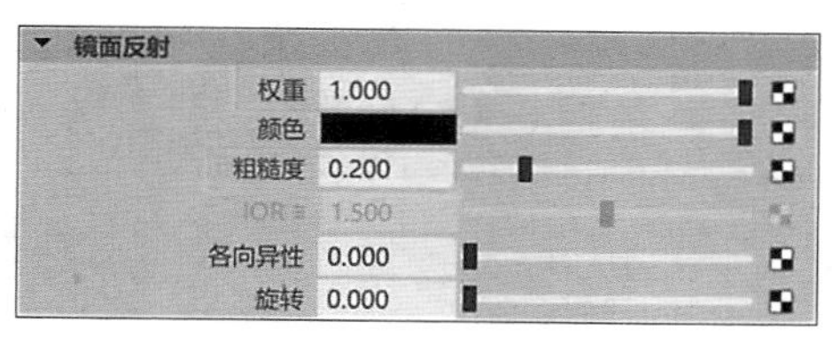

图 4-99 设置镜面反射

（5）展开“几何体”卷展栏，为“不透明度”指定一张“圆点 .jpg”贴图文件，制作出垃圾桶的镂空效果，如图 4-100 所示。

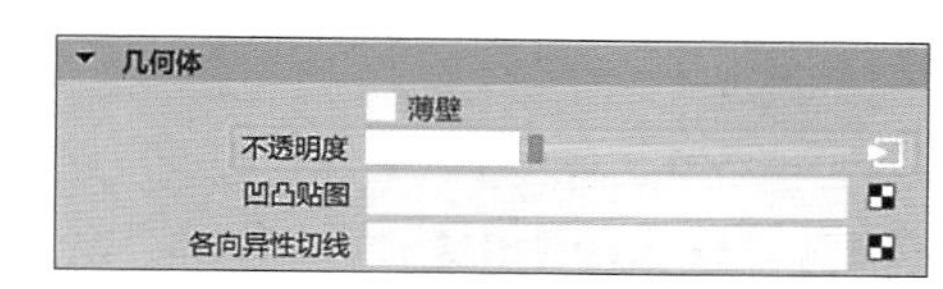

图 4-100 设置透明度

（6）在“2D 纹理放置属性”卷展栏中，设置“UV 向重复”值为（0.500，0.500），如图 4-101 所示。

（7）设置完成后，镂空材质在“材质查看器”中的预览结果如图 4-102 所示。

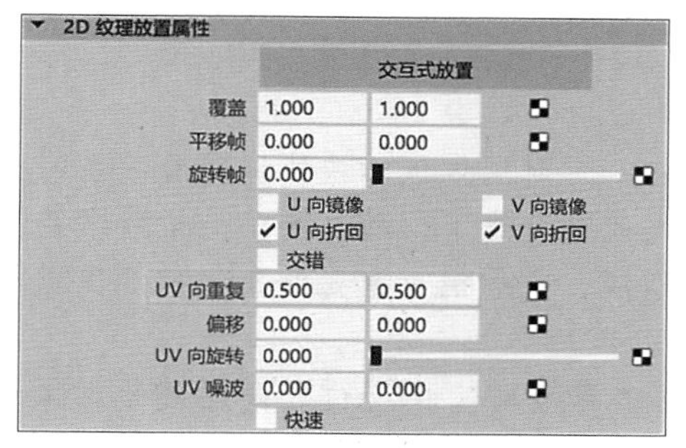

图 4-101 设置 UV 向重复值

图 4-102 镂空材质预览结果

项目小结

Maya 为用户提供了功能强大的材质编辑系统，用于模拟自然界中存在的各种各样的物体质感。就像是绘画中的色彩一样，材质可以为 3D 模型注入生命，使场景充满活力，渲染出来的作品仿佛原本就存在于真实的世界之中。要想利用好这些属性制作出效果逼真的质感纹理，读者应多多观察身边真实物体的质感特征。

本项目介绍了数字模型材质类型，讲解了创建材质的基本原则、指定材质、创建节点、参数设置等方法，同时结合典型的案例，帮组读者更好地理解和使用材质。

实战训练

1. 使用 Maya 2020 软件，打开“实操训练 \ 啤酒瓶 .md”文件，完成啤酒瓶的玻璃材质制作，制作完成后保存 md 文件。

2. 使用 Maya 2020 软件，打开“实操训练 \ 青花瓷 .md”文件，完成陶瓷材质的制作，制作完成后保存 md 文件。

3. 使用 Maya 2020 软件，打开“实操训练 \ 笔筒 .md”文件，完成笔筒的金属材质制作，制作完成后保存 md 文件。

3D动画制作

项目导读

动画是基于人的视觉原理创建的运动图像。在一定时间内连续快速地观看一系列相关的静止画面，就会形成动画。在当前国家整体发展战略背景下，动画不仅是新数字经济产业中的重要引擎，同时作为数字文化产业的重要组成，也承担着重要的文化和价值观传播输出的职责。

习近平总书记在党的二十大报告中用单独一个章节对文化进行了高屋建瓴的阐述："全面建设社会主义现代化国家，必须坚持中国特色社会主义文化发展道路，增强文化自信，围绕举旗帜、聚民心、育新人、兴文化、展形象建设社会主义文化强国，发展面向现代化、面向世界、面向未来的，民族的科学的大众的社会主义文化，激发全民族文化创新创造活力，增强实现中华民族伟大复兴的精神力量。"对于动画而言，在内容上应积极围绕社会主义核心价值观，以中国社会、中国优秀传统文化为根基，把握"中国故事"的深刻内涵，掌握讲好"中国故事"的有效方式和手段，帮助人们塑造正确的世界观、人生观、价值观。但是由于动画应用面比较广泛，并且实现途径也比较多，往往会给初学者造成很大的困扰。

在3D动画里，制作人员往往通过精心设计的控制系统操控3D模型，制作出千姿百态的表演动作，将静止的、无生命的模型变成有动作的、活生生的角色。鉴于此，本项目将结合虚拟现实（VR）"1+X"职业技能等级证书相关考试内容及案例向大家介绍Maya 2020软件中一些常用的动画制作工具、操作命令和流程方法，让大家能更准确地掌握3D动画制作技能。

项目素质目标

- 培养学生积极进取、勇于挑战、善于发现和一丝不苟的敬业精神，争做有理想、敢担当、能吃苦、肯奋斗的新时代好青年。
- 培养学生解决问题时的逆向思维能力，敢想敢为又善作善成，建立科技强国、自主创新、胸怀天下、技术报效祖国的使命感。
- 培养学生把握习近平新时代中国特色社会主义思想的世界观和方法论，更好地开展

3D 动画制作的理论实践练习。

项目知识目标

- 了解 Maya 3D 动画的概念，掌握 3D 动画和角色绑定的制作流程。
- 了解 3D 动画制作和角色绑定的思路和操作方法。
- 了解角色行走的动画原理和行走的关键姿势。

项目能力要求

- 熟练使用 Maya 3D 动画制作和角色绑定的相关工具命令。
- 掌握设置关键帧动画、角色绑定蒙皮的能力，并能在制作中灵活使用。
- 掌握骨骼架设、绑定蒙皮及权重编辑技巧。

项目重难点

项目内容	工作任务	建议学时	技 能 点	重 难 点	重要程度
3D 动画制作	任务 5.1 关键帧动画	4 学时	动画关键帧常用命令、曲线图编辑器	动画基本操作工具	★★☆☆☆
				曲线图编辑器的使用	★★★☆☆
				动画曲线切线工具	★★★☆☆
	任务 5.2 角色骨骼绑定	4 学时	角色骨骼架设、绑定蒙皮	关节父子关系的处理	★★☆☆☆
				关节创建工具	★★☆☆☆
				约束系统的使用	★★★☆☆
				绑定蒙皮工具	★★★★☆
				权重绘制编辑工具	★★★★★
	任务 5.3 虚拟现实“1+X”案例——角色行走动画制作	12 学时	关键帧设置、曲线图编辑器、角色骨骼架设、绑定蒙皮在真实案例中的应用	角色骨骼架设	★★★☆☆
				角色绑定蒙皮的处理	★★★★★
				角色行走动画的制作	★★★★★

任务 5.1 关键帧动画

任务目标

知识目标：理解关键帧动画的概念，了解曲线图编辑器在动画中的作用。

能力目标：掌握动画基本操作命令及工具，掌握曲线图编辑器的基本原理，掌握动画曲线的用法和意义。

素质目标：建立学生科技强国、技术报效祖国的使命感，培养学生精益求精的新时代工匠精神。

建议学时

4 学时。

任务描述

本任务将讲解在 3D 动画制作过程中一些实用、常用的命令和工具，为后续的动画案例讲解打好基础。包括设置关键帧命令及创建关键帧、移动关键帧位置、设置动画时间、调整动画范围、自动设置关键帧等工具。

知识归纳

1. 设置关键帧命令

在 Maya 2020 中设置动画关键帧有多种方式，可以在动画菜单集（快捷键 F4）中的关键帧菜单栏内使用设置关键帧命令，在操作过程中最常用的是使用设置关键帧快捷键（S 键），同时设置关键帧也可以在曲线图编辑器中操作。

设置关键帧命令所在位置，如图 5-1 所示。

图 5-1　设置关键帧命令

为物体的不同属性设置关键帧，可以选中物体，按 S 键即可在当前时间上设置关键帧；或者在动画模块中执行“关键帧”→“设置关键帧”命令，在软件右侧通道盒 / 层编辑器界面中物体的平移、旋转、缩放等参数栏会有红色显示（表示该物体已经被设置了关键帧），如图 5-2 所示。

同时在软件下方的时间滑块上会以红色竖线标记，也叫关键帧标记，表示为选定对象设定的关键帧，如图 5-3 所示。

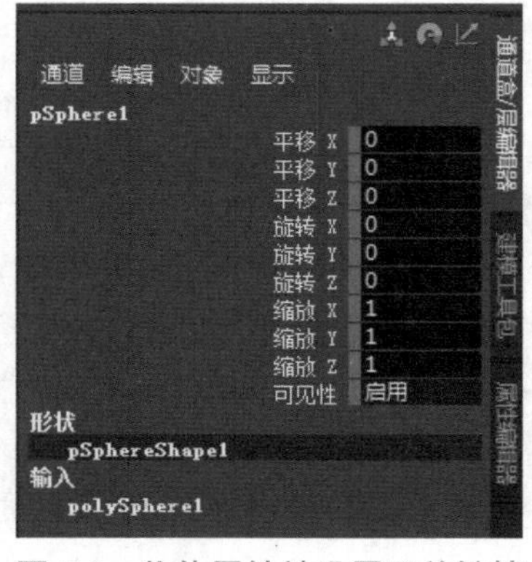

图 5-2　物体属性被设置了关键帧

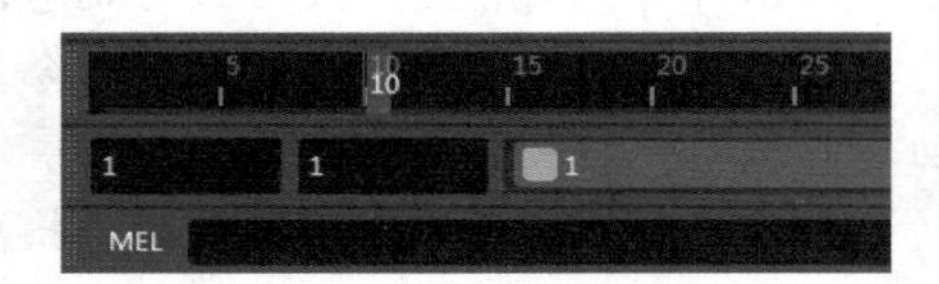

图 5-3　关键帧标记

在动画模块执行“关键帧”→“设定关键帧”命令单击右侧小方块，如图 5-4 所示。

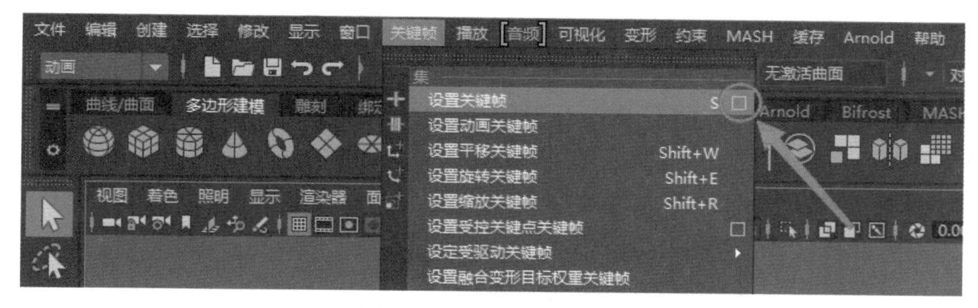

图 5-4 设置关键帧选项

此时将显示“设置关键帧选项”窗口，在弹出的窗口面板中可设置关键帧的属性，如图 5-5 所示。

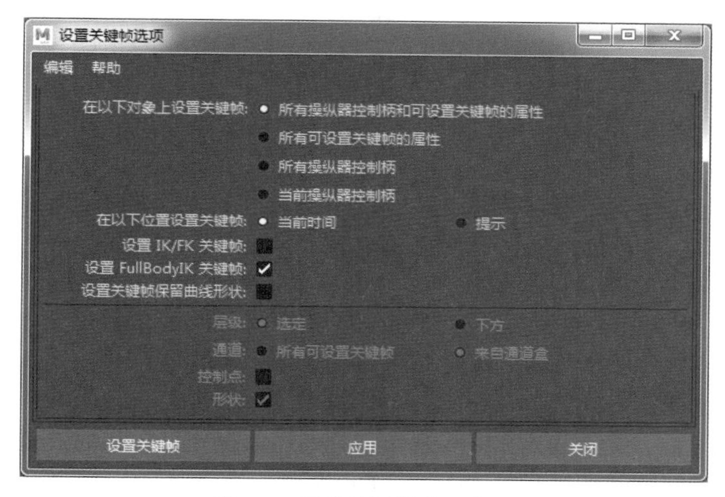

图 5-5 设置关键帧选项窗口

设置关键帧选项常用参数如下。

- 在以下对象上设置关键帧：指定将在哪些属性上设置关键帧。
- 所有操纵器控制柄和可设置关键帧的属性：为当前操纵器设置关键帧，如果没有任何操纵器，则选择当前对象，这是默认设置。
- 所有可设置关键帧的属性：在选定对象的所有属性上设置关键帧。
- 所有操纵器控制柄：在受选定操纵器影响的属性上设置关键帧。例如，在使用“移动工具”时，将在“平移 X、Y、Z”属性上设置关键帧。
- 当前操纵器控制柄：在受选定操纵器控制柄影响的属性上设置关键帧。例如，在使用“移动工具”的 X 平移控制柄时，将在“平移 X”属性上设置关键帧。
- 在以下位置设置关键帧：指定设置关键帧的时间。
- 当前时间：仅在当前时间设置关键帧。
- 提示：Maya 提示设置关键帧的时间。
- 设置 IK/FK 关键帧：在为 IK 控制柄或关节链设置关键帧时，“设置 IK/FK 关键帧”会为控制柄的所有属性和链的所有关节添加关键帧。因此，可以创建平滑的 IK/FK 动画。仅在启用“所有可设置关键帧的属性”时，该选项才可用。

- 设置 FullBodyIK 关键帧：设置全身 IK 关键帧，此项为默认设置。
- 设置关键帧保留曲线形状：在设置关键帧时保留曲线形状。启用时，设置关键帧（未更改 TRS 值时，在现有曲线上），并保留曲线的形状和关键帧在任意一侧的切线形状。
- 当“在以下对象上设置关键帧”选项区域设置为“所有可设置关键帧的属性”命令时，窗口面板内的下半部分不可选中区域会开启以下属性设置。
- 层级：指定在父子层级中的哪些对象上设置关键帧。
- 选定：仅在选定对象的属性上设置关键帧。
- 下方：在选定对象及其子对象的属性上设置关键帧。
- 通道：指定在哪些通道上设置关键帧。
- 所有可设置关键帧：在选定对象的所有通道上设置关键帧。
- 来自通道盒：在选定对象的选定通道上设置关键帧。
- 控制点：在选定对象的控制点上设置关键帧。控制点是 NURBS CV、多边形顶点或晶格点。
- 形状：如果启用该选项，则在对象的形状节点和变换节点的属性上设置关键帧。如果禁用该选项，则仅在变换节点的属性上设置关键帧。当“通道”选项区域被设置为“来自通道盒”命令时，“控制点”与“形状”选项为不可用状态。

注意：如果启用“控制点”并对具有许多控制点的对象设置关键帧（例如复杂的 NURBS 曲面），则将设置大量关键帧。这样会降低 Maya 操作的速度。如果还将“层级”设置为“下方”，则可能会导致 Maya 的操作速度更慢。仅在必要时启用这些选项。如果删除具有关键帧 CV 的对象的构建历史，动画将不再正常工作。

2. 动画基本操作

在制作动画之前，先要了解 Maya 制作动画的基本操作，包括时间范围的设置、时间滑块的操作、关键帧创建和编辑等，Maya 2020 界面中的动画工作区如图 5-6 所示。

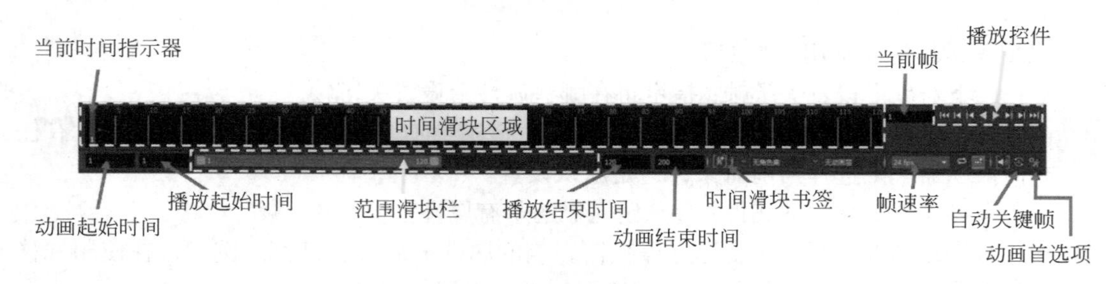

图 5-6　动画工作区

1）创建初始关键帧

打开 Maya 2020，在视图中创建一个 NURBS 球体，将其放置在视图中原点位置（平移 X、Y、Z 数值为 0），选中球体，确保时间滑块上的当前时间指示器在第 0 帧，然后按 S 键，给球体的所有属性设置关键帧，在界面右侧通道盒中可以看到球体所有属性的参数框都被添加上红色区块，表示已经设置了关键帧，如图 5-7 所示。

2）创建移动关键帧

选中球体，在时间滑块上移动当前时间指示器到第 10 帧，然后在界面右侧通道盒中单击平移 Y 轴参数框输入数字 10，再次按 S 键设置关键帧，如图 5-8 所示。

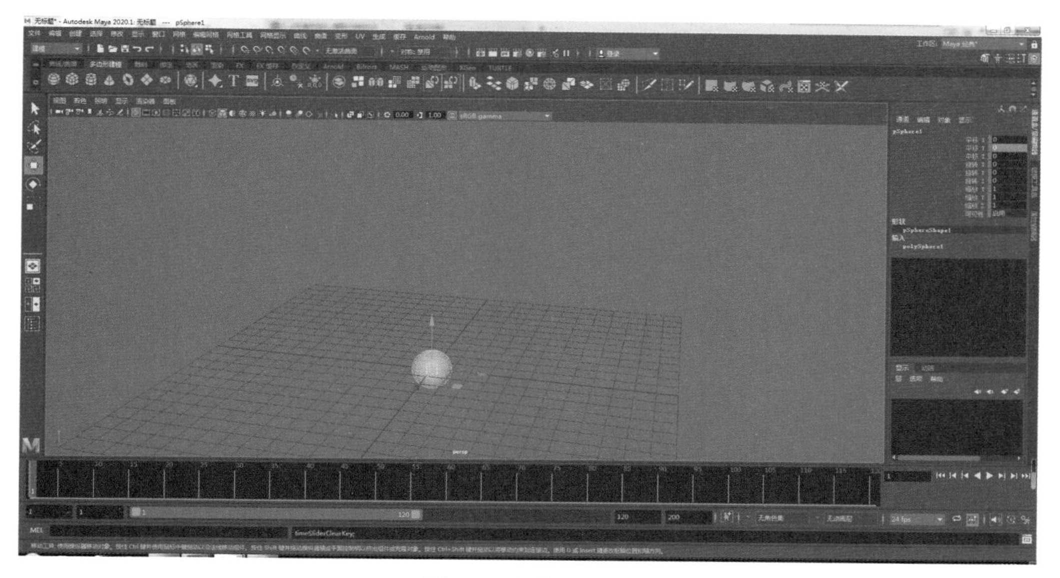

图 5-7 初始关键帧

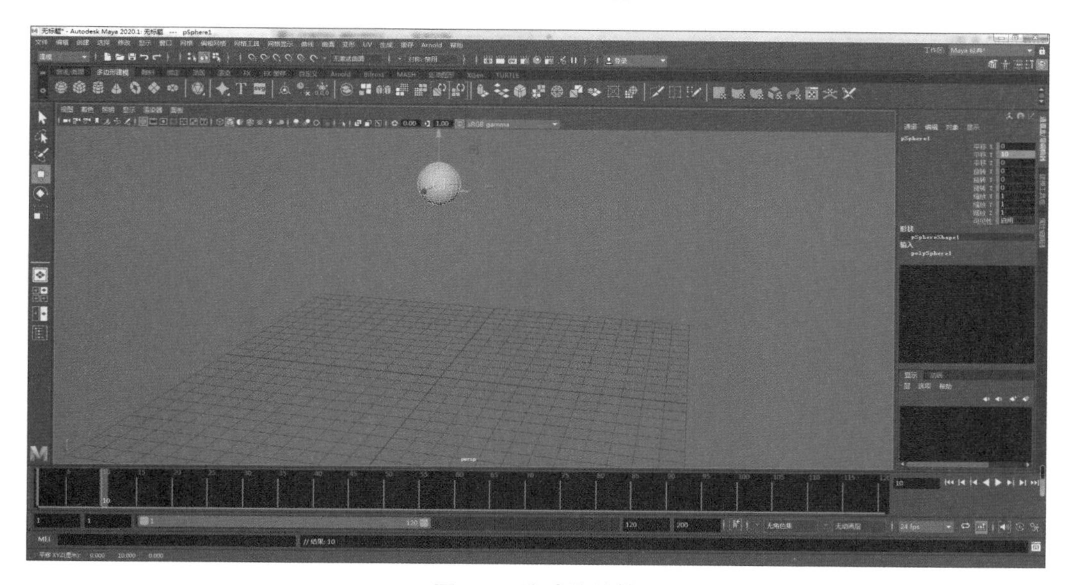

图 5-8 移动关键帧

3）创建缩放关键帧

移动当前时间指示器到第 20 帧，将球体平移 Y 轴参数改为 0，使用缩放工具（快捷键 R），在缩放 Y 轴上缩放球体，同样按 S 键设置关键帧，如图 5-9 所示。这时拖动当前时间指示器，就可以看到球体从第 0 帧到第 10 帧向上移动，第 10 帧到第 20 帧开始移动并变形。

4）创建旋转关键帧

移动当前时间指示器到第 25 帧，使用旋转工具（快捷键 E），在旋转 Z 轴上旋转球体 270°，按 S 键设置关键帧，如图 5-10 所示。可以看到球体从第 20 帧到第 25 帧开始旋转。

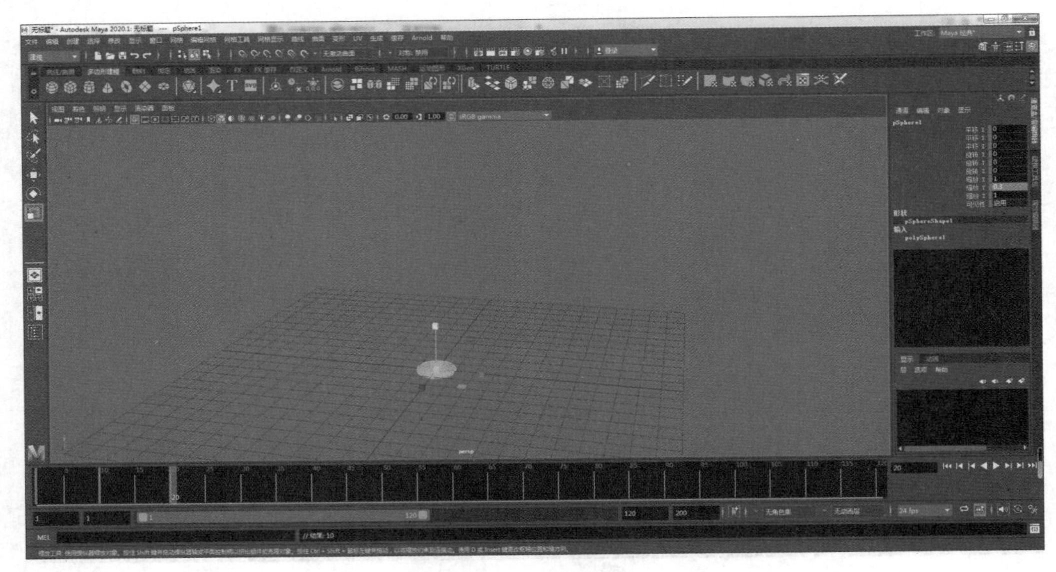

图 5-9　缩放关键帧

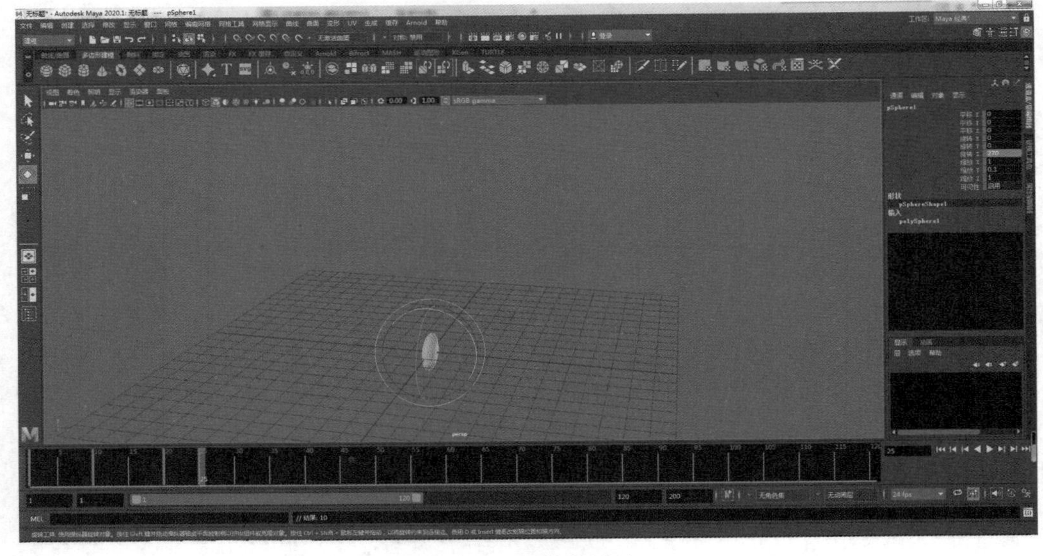

图 5-10　旋转关键帧

5）移动关键帧位置

在时间滑块上，按住 Shift 键不放，同时按住鼠标左键拖动，将第 25 帧选中，选中之后出现红色区域，将鼠标放至红色区域中间，然后将第 25 帧移动到第 30 帧处，如图 5-11 所示，可以看到旋转的动画就变成了从第 20 帧到第 30 帧。

6）复制关键帧

使用上一步的选择方法，使时间滑块上第 10 帧和第 20 帧在红色区域内，然后右击，在弹出的快捷菜单中选择"复制"命令，如图 5-12 所示。

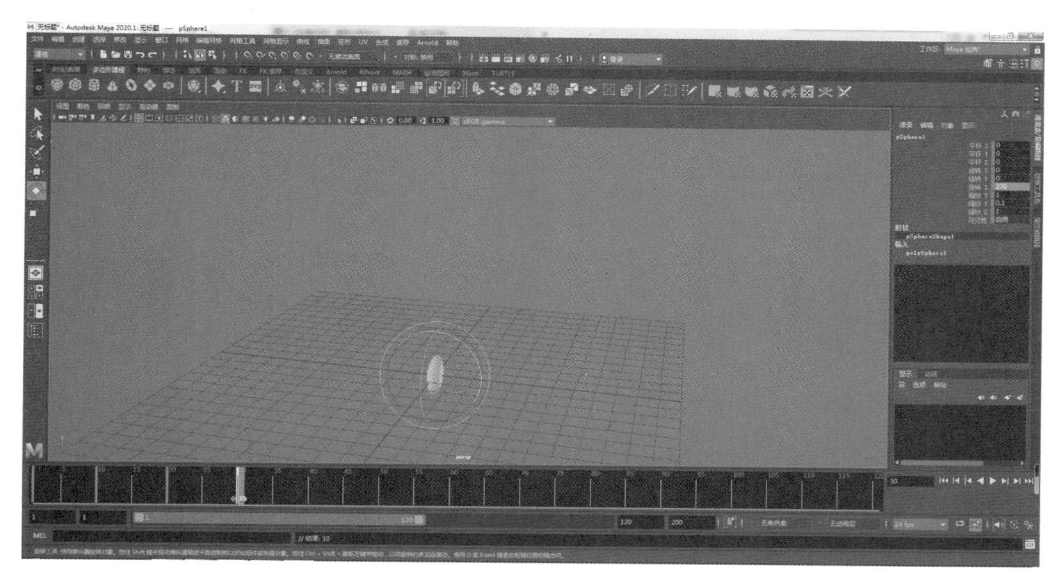

图 5-11 移动关键帧位置

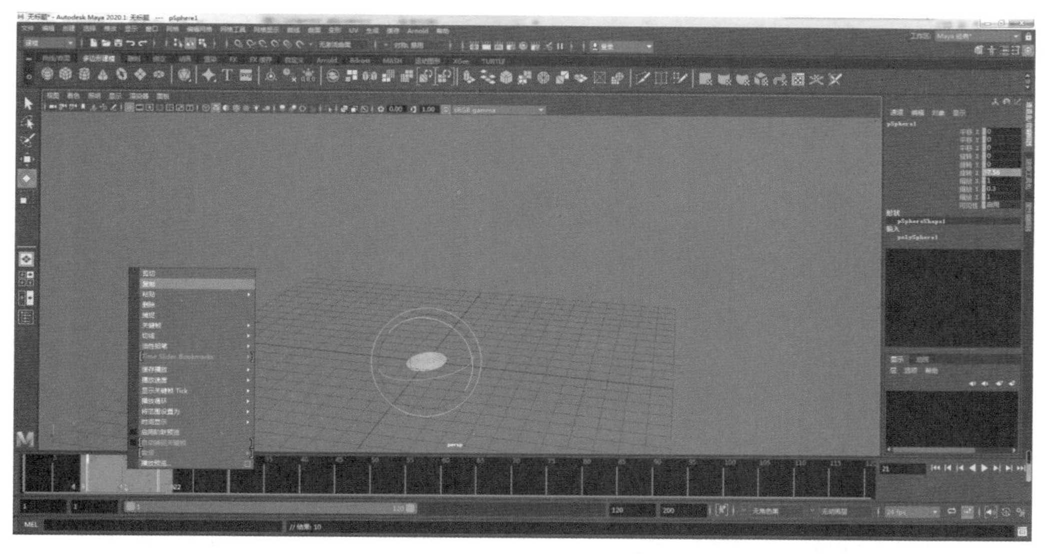

图 5-12 复制关键帧

将当前时间指示器移动到第 40 帧并右击，在弹出的快捷菜单中执行“粘贴”→“粘贴”命令，如图 5-13 所示。

7）设置动画时间

在动画操作区域最右边单击“动画首选项”按钮，在弹出的“首选项”对话框中将播放结束时间和动画结束时间分别设置为 150 和 200，播放速度改为 24 fps × 1，如图 5-14 所示。

8）调整动画范围

关闭“首选项”对话框，在时间滑块上按住 Shift 键，同时单击即可选中所有关键帧，然后鼠标指针放至红色区域最左端进行拖动，使最后一帧放置到第 100 帧，这样将均匀缩

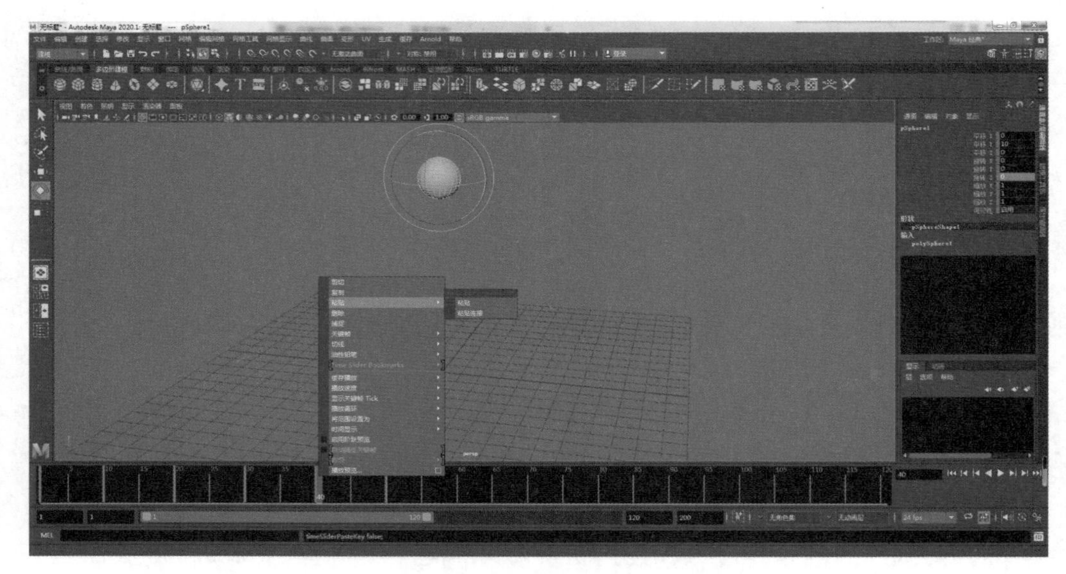

图 5-13　粘贴关键帧

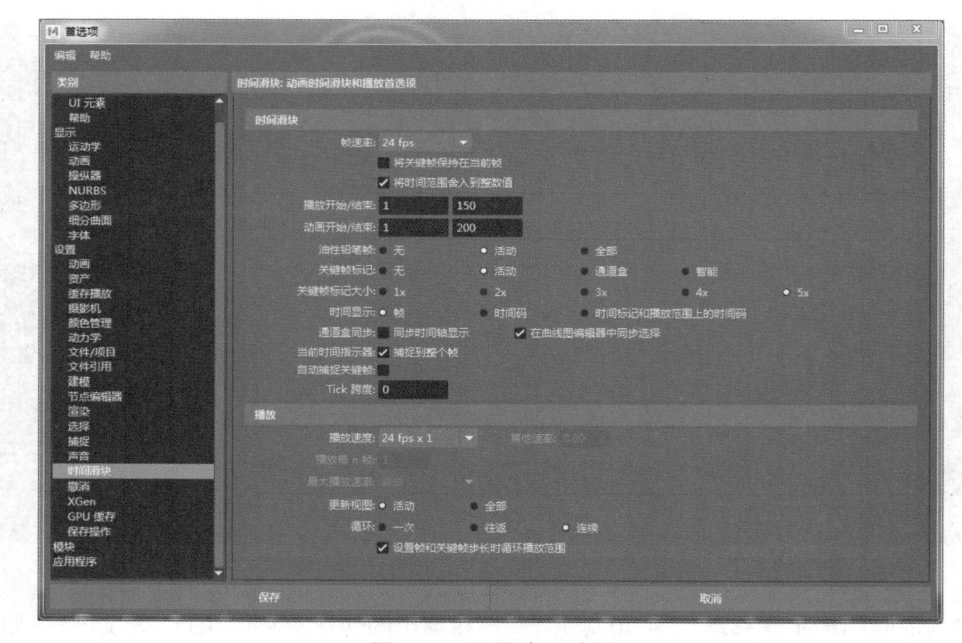

图 5-14　设置动画时间

放关键帧的间隔，如图 5-15 所示。

9）自动设置关键帧

在 Maya 中除了按 S 键设置关键帧，还提供了另外一种设置关键帧的快捷方式，即自动关键帧。在动画操作区域中单击“自动关键帧切换”按钮，使其显示红色，此时拖动当前时间指示器到第 110 帧，切换至移动工具并在 Y 轴上移动小球，可以看到在第 110 帧上已经自动创建了一个关键帧，如图 5-16 所示。

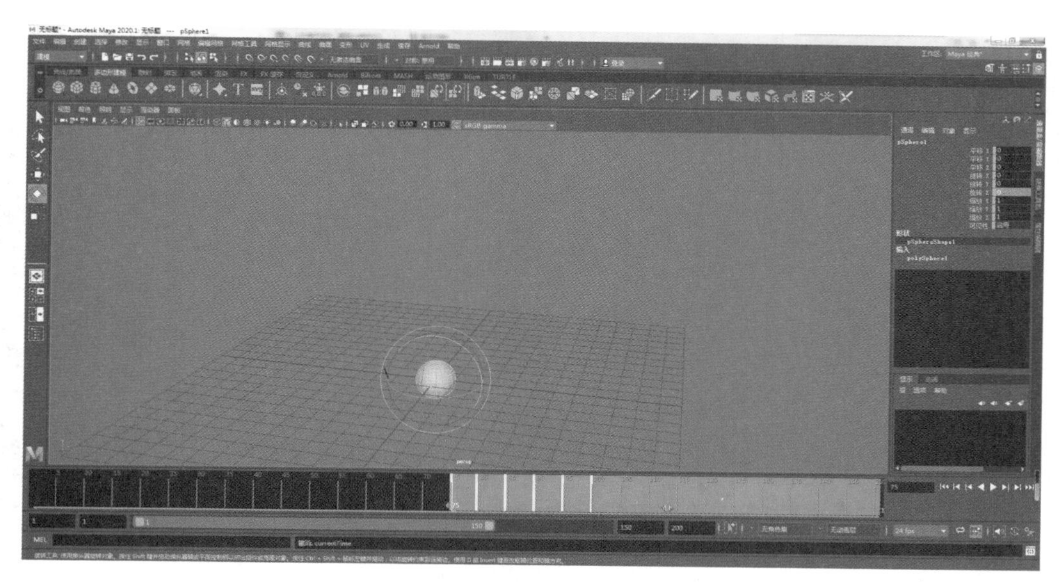

图 5-15　调整动画范围

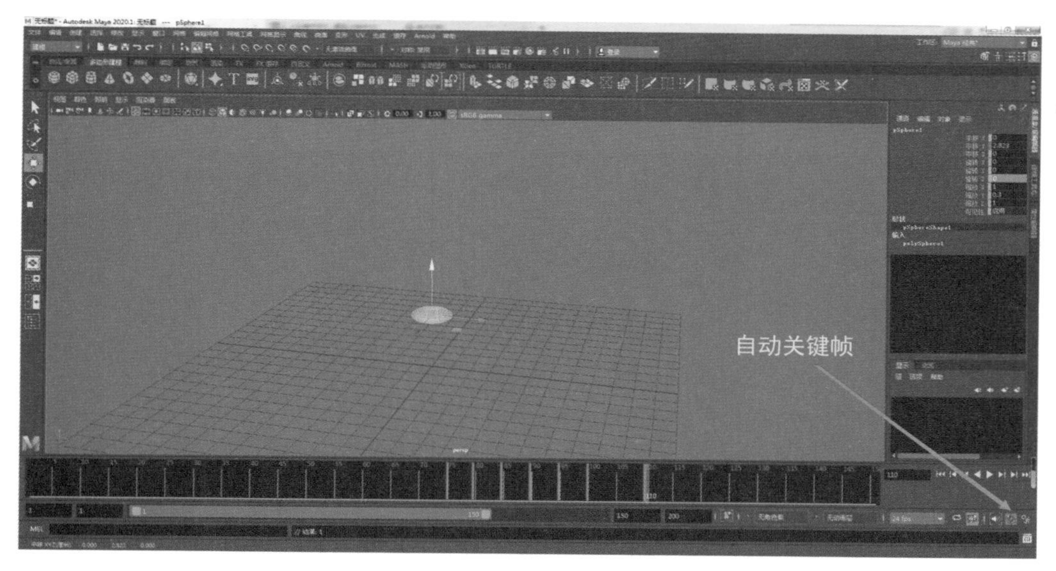

图 5-16　自动关键帧切换

10）删除关键帧

在时间滑块上按住 Shift 键，同时双击选中所有的关键帧，然后右击红色区域，在弹出的快捷菜单中选择“删除”命令，即可删除所有关键帧，如图 5-17 所示。

注意： 如果直接使用键盘上的 Delete 键，会将视图中的球体一块删除。

3. 曲线图编辑器

当选定对象制作了动画后，怎么查看和修改运动状态呢？除了可以在视图中修改和查看动画外，还可以使用曲线图编辑器查看和修改动画，通过编辑器中的动画曲线调节动画还需要学习曲线的用法和意义。

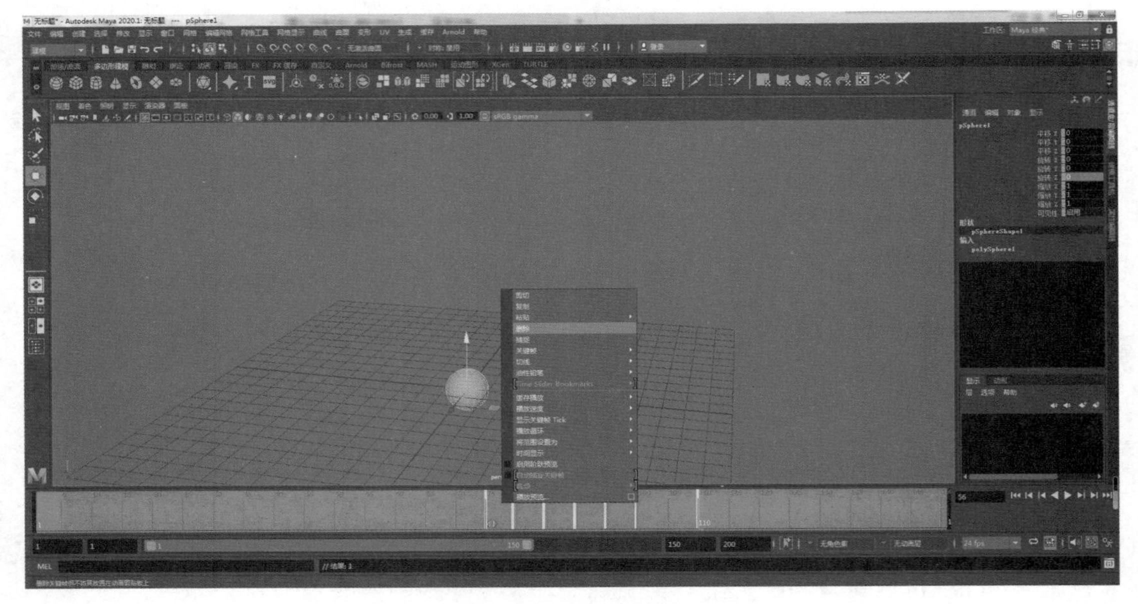

图 5-17　删除关键帧

在动画场景中选择物体，执行“窗口”→“动画编辑器”→“曲线图编辑器”命令，弹出的窗口如图 5-18 所示。

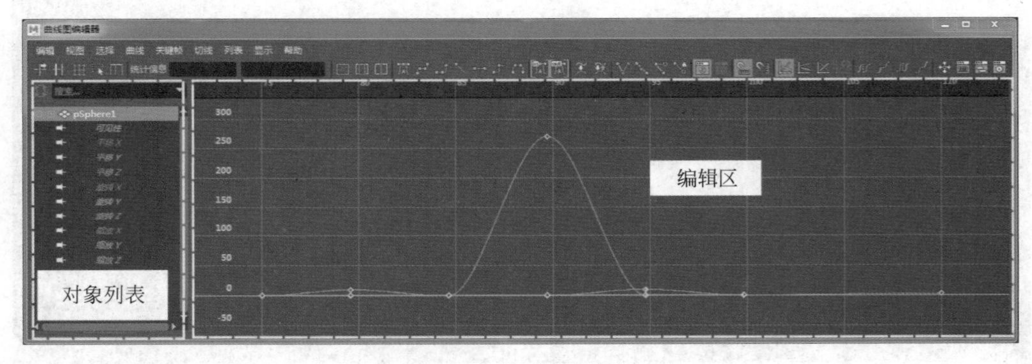

图 5-18　曲线图编辑器

在对象列表中选择物体，在编辑区中会显示该物体的所有动画曲线，如果选择物体的单一属性，则在编辑区中只显示该属性的动画曲线。

编辑区中，横轴代表帧序列，纵轴代表当前帧上曲线点的数值。黄色的竖线代表时间轴，竖线的上方还有当前帧的标识。在时间滑块上移动时间滑块，编辑区中的时间轴也会跟着运动。动画曲线上每一个点代表了一个关键帧，对应着不同轴向上运动的数值，动画曲线就是由无数个数值点构成的。

1）快捷方式

曲线图编辑器中的快捷方式如表 5-1 所示。

2）曲线切线类型工具

“曲线图编辑器”工具栏上有如下几种常用的切线类型。

表 5-1 曲线图编辑器中的快捷方式

快捷方式	功 能
Alt+ 鼠标中键	移动编辑区域
Alt+ 鼠标右键	整体缩放曲线图
Shift+Alt+ 鼠标中键	垂直水平移动编辑区域
Shift+Alt+ 鼠标右键	垂直水平缩放编辑区域
Shift+ 鼠标中键	垂直水平移动被选中的关键帧
F 键	最大化显示选中的关键帧
A 键	最大化显示所有曲线

（1）自动切线。使用“自动切线”设置可定义切线用于影响曲线形状的方法。创建第一个关键帧和最后一个关键帧具有平坦切线的动画曲线，且之间的关键帧数不超过相邻关键帧值。这类曲线可以防止出现穿透紧密的已设置动画的对象时，使用其他切线类型（如样条线）将会出现的问题。

“自动切线”会根据相邻关键帧值将帧之间的曲线值钳制为最大点或最小点。“自动切线”是关键帧的默认设置，切线两端为入切线控制柄和出切线控制柄。

（2）样条线切线。“样条线切线”在选定关键帧之前和之后的关键帧之间创建一条平滑的动画曲线。曲线的切线共线（均位于相同的角度中）。这样可以确保动画曲线平滑地进出关键帧。为流体移动设置动画时，样条线切线是一个很好的开始位置，可以使用最少的关键帧达到所需的外观，如图 5-19 所示。

（3）钳制切线。指定“钳制切线”时，系统将创建具有线性和样条曲线特征的动画曲线。除非两个相邻关键帧的值十分接近，否则关键帧的切线将为样条线。在这种情况下，第一个关键帧的出切线和第二个关键帧的入切线将作为线性插值。

（4）线性切线。指定“线性切线”之后，系统会将动画曲线创建为接合两个关键帧的直线。如果入切线类型为线性，则关键帧之前的曲线分段为直线；如果出切线类型为线性，则关键帧之后的曲线分段为直线，如图 5-20 所示。

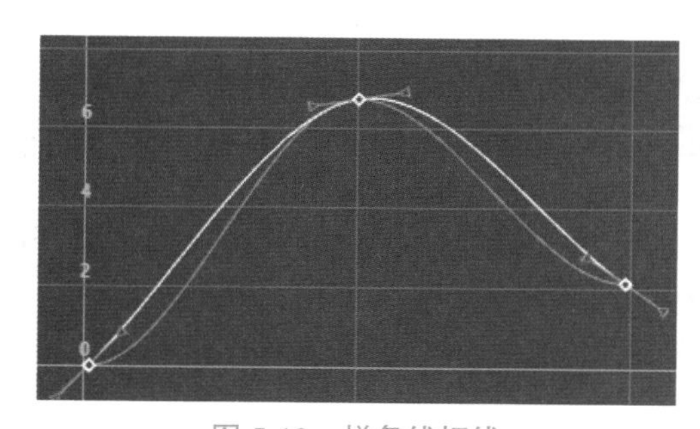

图 5-19 样条线切线

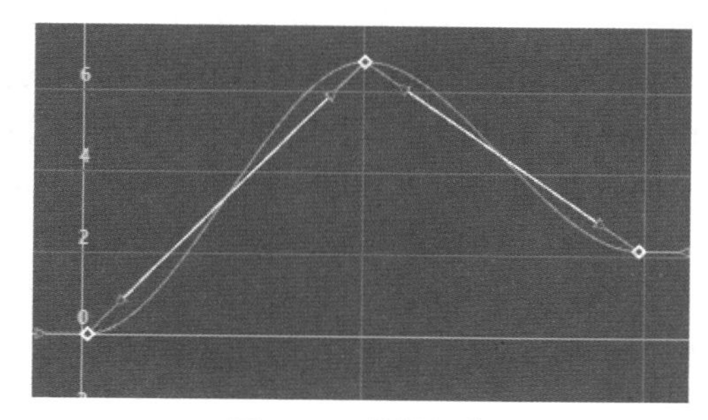

图 5-20 线性切线

（5）平坦切线。在具有加权切线的曲线上设置的平坦切线。

将关键帧的入切线和出切线设定为水平（渐变为 0°）。球体在达到上坡度时，在开始下降之前，它将在空气中做短暂的悬停。可以通过使用平坦切线来创建这种效果，如图 5-21 所示。

（6）阶跃切线。指定“阶跃切线”时，系统将创建出切线为平坦曲线的动画曲线。由于曲线分段为平坦（水平），因此将在每个关键帧中更改该值，且不会出现层次，如图 5-22 所示。

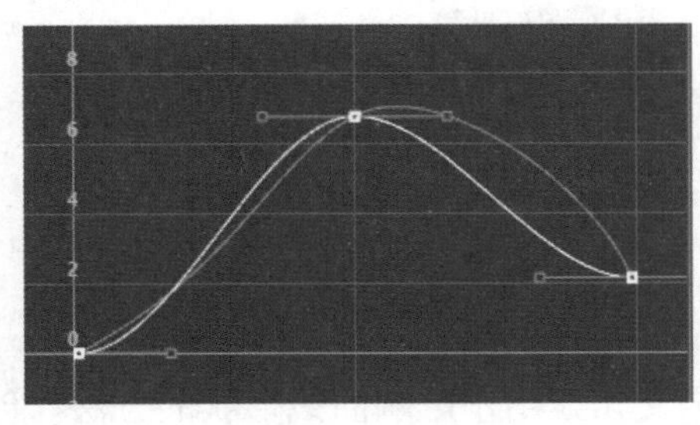

图 5-21　平坦切线

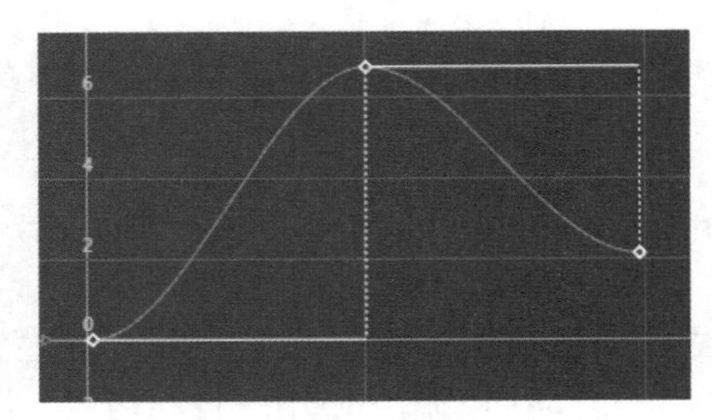

图 5-22　阶跃切线

提示： 若要像所有关键帧均具有阶跃切线一样快速预览动画，在“时间滑块”上右击，然后勾选“启用阶跃预览”选项。如果启用“启用阶跃预览”，播放动画可以在对象碰到每个关键帧时快速查看这些对象的位置。如果禁用“启用阶跃预览”，曲线将返回到其原始切线类型。

（7）高原切线。“高原切线”不仅可以在其关键帧（如样条线切线）轻松输入和输出动画曲线，而且可以展平值相等的关键帧（如钳制切线）之间出现的曲线分段。高原切线的行为通常类似于样条线切线，但它可以确保曲线的最小值和最大值均位于关键帧中。

如果需要关键帧的位置十分精确，则高原切线十分有用，因为它们可以确保曲线的最小值和最大值（丘陵和山谷）不会延伸超过其关键帧。例如，绘制球体从桌子中滚下、落到地面，然后在地面上翻滚的动画图片。使用样条线切线，球可以落到地面上，然后再次回落到地面。使用高原切线，球不会落到地面上。切线可保证动画不会超出设定关键帧值的范围。

为此，如果样条线切线在两个关键帧之间生成最小值或最大值，则高原切线将会展平相关的关键帧。曲线的局部最小点和最大点中的关键帧也会展平。如果曲线的第一个关键帧和最后一个关键帧具有高原切线，则它们始终会展平。

（8）断开切线。“断开切线”可以将关键帧上的左右两边控制柄强行分开，允许分别操纵入切线和出切线控制柄，以便可以编辑进入或退出关键帧的曲线分段，且不会影响其反向控制柄，从而更自由地调整曲线形状。

（9）统一切线。关键帧上的控制柄初始均为“统一切线”，此设置如果用于断开的切线，那“统一切线”可以将关键帧上打断的控制柄再次连接成一个相关联的控制柄，这样调节一侧手柄，另一侧手柄也会跟着运动，统一后，断开的切线将重新连接起来，且保留新角度。

任务实施

【步骤 1】 启动 Maya 2020 软件，创建一个 NURBS 球体，对其设置关键帧，制作一个带有动画的小球。

【步骤 2】 选中小球，打开曲线图编辑器窗口，通过调整曲线图编辑器中的动画曲线观察小球的运动变化。

任务 5.2 角色骨骼绑定

任务目标

知识目标：理解角色绑定的概念，了解 3D 动画制作流程。

能力目标：掌握角色绑定基础命令的使用，掌握蒙皮权重的绘制方法。

素质目标：培养学生细致严谨、精益求精的科学精神，激发创新精神，建立自信自立的价值观。

建议学时

4 学时。

任务描述

在本任务中将学习角色绑定要用到的绑定基础工具及命令，包括父子关系、创建关节、插入关节、镜像关节、父子约束、点约束、方向约束、极向量约束、绑定蒙皮、权重笔刷工具等。

知识归纳

1. 父子关系

父子关系作用是使所有的子物体跟随父物体变换（移动、旋转、缩放），也就是一种控制与被控制的关系（两个物体形成父子关系后，父物体发生空间上的变化，子物体也会随之变化）。

创建父子关系时，无论有多少对象，最后选择的对象都为父物体。一个物体可以有多个子物体，但是子物体只能有一个父物体。创建父子关系后，选择父物体时，会将父物体层级下的子物体一并选中。

在父子关系里，子物体跟随父物体变换，父物体本身的属性（移动、旋转、缩放）发生了变化，在通道栏中的属性也有了变化。而子物体相对父物体没有发生变换，只是跟随父物体，所以子物体本身的属性没有发生变化。

在绑定中，父子关系的应用非常频繁，操作简单，而且父子关系创建后，子物体既可以跟随父物体变换，也可以自身随意变换，这就为很多问题提供了解决的方法。

父子关系命令的位置为“编辑”菜单中的“建立父子关系（快捷键 P）”命令。建立父子关系的属性窗口如图 5-23 所示。

建立父子关系选项设置常用参数如下。

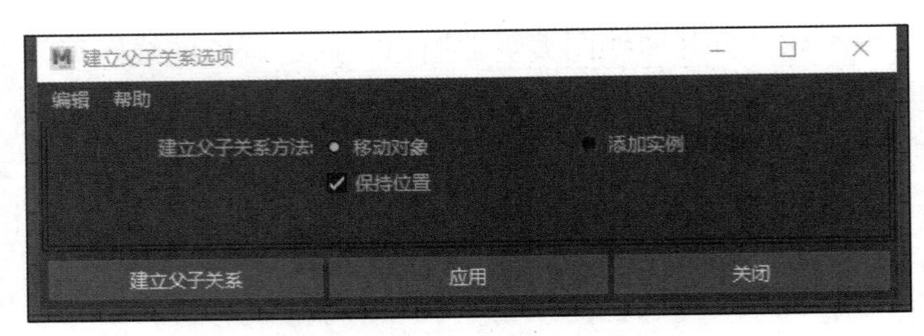

图 5-23 建立父子关系选项窗口

- 移动对象：如果要父化的子对象是一个群组或者某一个父物体的子物体，则单击选中的移动对象，重新父化时，子对象将从原群组或者原父物体中移出来，作为新的父物体的子物体。
- 添加实例：如果要父化的子对象是一个群组或者某一个父物体的子物体，则单击选中的添加实例项，重新父化时，原来的子对象仍为原群组或者原父物体的子物体，但 Maya 会创建子物体替代物体，作为新的父物体的子物体。
- 保持位置：选中该选项，创建父子关系时，Maya 会保持这些对象的变换矩阵和位置不变，该选项默认是开启的。

2. 骨架系统

现实中人类能够运动，骨架是必需的一个条件，骨架支撑着人的身体。在 Maya 软件中要做出能够运动的角色，也同样需要一套类似的工具。在“骨架”菜单中，可以创建骨骼设置的各种命令。骨架是用来为角色设置动画的基础关节和骨骼层级，每个骨架都是由若干父关节和子关节以及一个根关节组成。例如，手肘是手腕的父关节，又是肩膀的子关节；根关节是骨骼层级中的第一个或最上面的关节。

要进行绑定蒙皮，先要创建骨骼。骨骼不仅可用于控制人物、动物的运动，还可以控制机械体、绳子等其他物品。要创建骨骼，需要到“绑定”模块（快捷键 F3）的面板中执行“骨架”菜单下的“关节工具”命令进行创建。

1）创建关节

“创建关节”命令用于创建骨骼系统，是角色绑定的基础工具，其作用类似于人的骨骼和关节，角色蒙皮后，关节就可以驱动角色的身体各部位运动，如图 5-24 所示。

在“绑定”模块（按 F3 键）中，执行“骨架”→“创建关节”命令。然后在视图中，单击要创建关节的位置。再次单击要创建关节链中的下一个关节的位置。这样将在第一个关节和第二个关节之间出现骨骼。继续在视图中单击，直到创建完关节链中的所有关节。最后按 Enter 键以完成关节链的创建，如图 5-25 所示。

提示： 单击已创建关节，按住鼠标中键并拖动之前放置的关节。

2）插入关节

如果建立骨骼中的关节数量不够或者需要增加骨骼，使用“插入关节”命令可以在任何层级的关节下插入关节。

选择骨架菜单中的“插入关节”命令，然后单击选择要插入关节的父关节，按住鼠标左键，拖动指针到要添加关节的地方。当插入关节完成以后，按 Enter 键完成插入，如图 5-26 所示。

图 5-24 创建关节命令

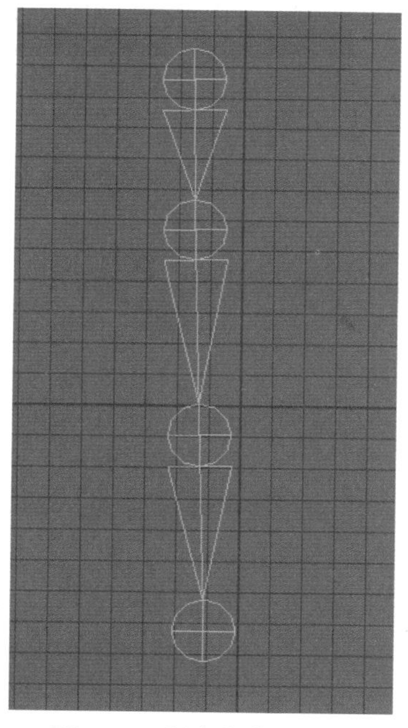
图 5-25 创建关节效果图

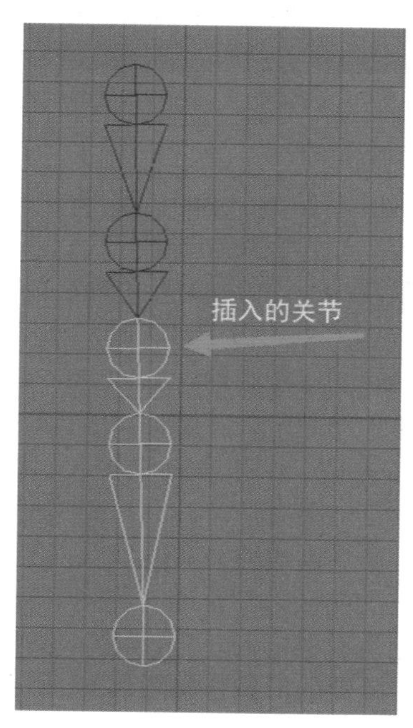

图 5-26 插入关节效果图

提示： 插入关节应在添加 IK 控制柄和蒙皮之前完成。如果要插入带有 IK 控制柄的关节，须重新设置 IK 控制柄。

3）镜像关节

“镜像关节”命令用于镜像复制骨骼。镜像复制的前提是所制作的骨骼是对称的形态。镜像时，关节、关节属性、IK 控制柄等都会进行镜像复制。

为角色创建骨骼时，镜像是非常有用的，这是因为大多数的角色模型是左右对称的。例如，创建角色的左手和左臂后，就可以通过“镜像关节”命令来得到右手和右臂。

单击骨架菜单中的“镜像关节”命令选项框。在镜像关节选项内的镜像平面中选择镜像时的参考平面，如图 5-27 所示。

在选择镜像功能的“方向”选项后，关节的自身坐标轴同时也会被镜像；若选择“行为”选项，则只会对选择的关节链的位置进行镜像，不会考虑关节的自身坐标轴。最后单击“镜像”或“应用”按钮完成镜像，如图 5-28 所示。

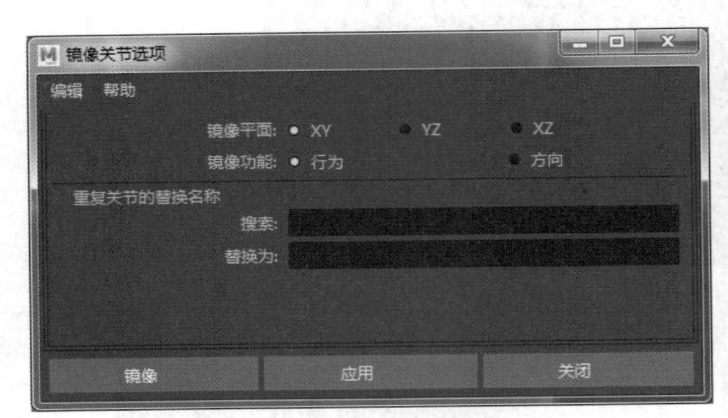

图 5-27 镜像关节选项窗口

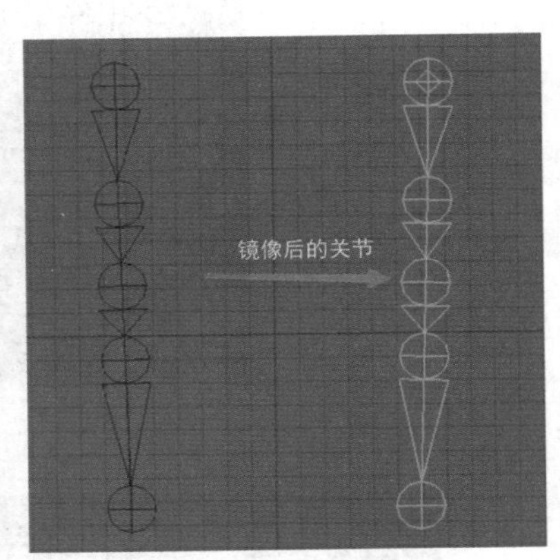

图 5-28 镜像关节效果图

4）移除关节

除了根关节外，使用“移除关节”命令可以移除任何一个关节。选择要移除的关节，执行“移除关节”命令即可。

提示： 一次只能移除一个关节。移除当前关节后，不影响它的上一级和子一级关节的位置。

5）创建 IK 控制柄

在角色动画中，骨骼运动遵循动力学原理，定位和动画骨骼包括两种类型的动力学：正向动力学（FK）和反向动力学（IK）。

（1）正向动力学（FK）完全遵循父子关系的层级，用父层级带动子层级运动。用“关节工具”命令创建的关节链可以直接理解为正向动力学（FK）。

（2）反向动力学（IK）利用 IK 控制骨骼动画，通过定位下层骨骼的位置，由下而上地影响上层骨骼。与正向动力学（FK）相反，IK 是依据某些子关节的最终位置、角度来反求整个骨架的形态，如图 5-29 所示。

“创建 IK 控制柄”命令用于为骨骼创建反向动力学手柄，如图 5-30 所示。

执行“绑定”→“骨架”→“创建 IK 控制柄”命令（创建 IK 控制柄工具设置选项如图 5-31 所示）。然后在视图中选择要创建反向动力学（IK）关系关节链的第一个关节，再选择关节链的最后一个关节即可。

IK 控制柄工具设置常用参数如下。

- 当前解算器：此下拉菜单指定 IK 控制柄具备的 IK 解算器的类型。可选择“单链解算器”和“旋转平面解算器”。

图 5-29 创建 IK 控制柄效果图

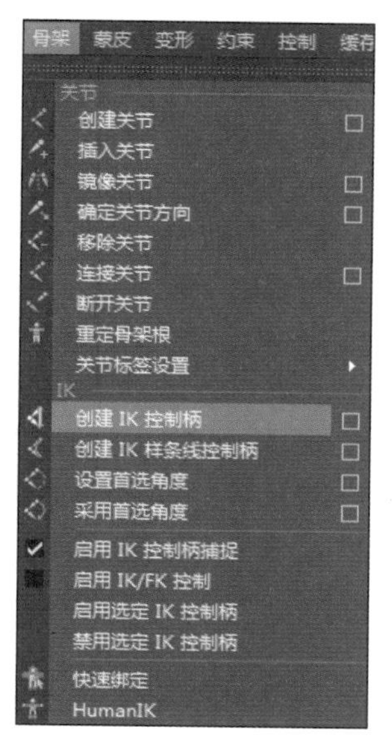

图 5-30 创建 IK 控制柄命令

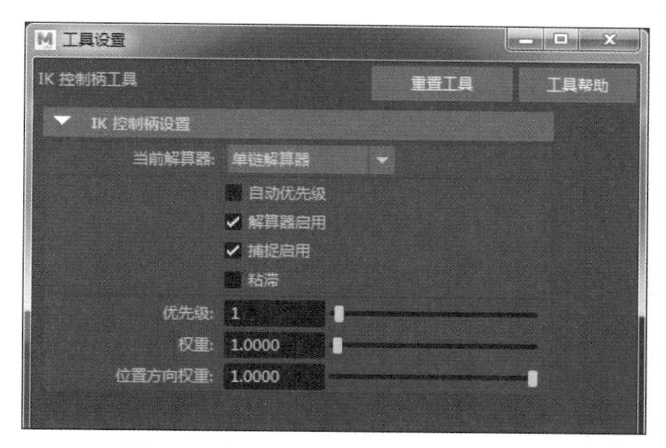

图 5-31 创建 IK 控制柄工具设置窗口

- 自动优先级：如果此选项处于启用状态，则 Maya 会在启动时自动设置 IK 控制柄的“优先级”。Maya 根据骨架层次中 IK 控制柄的起始关节所在的位置指定 IK 控制柄的“优先级”。例如：如果 IK 控制柄在根关节启动，则“优先级”设置为 1；如果 IK 控制柄从根关节正下方的一个关节开始，则“优先级”设置为 2；依此类推。默认情况下，“自动优先级”处于禁用状态。
- 解算器启用：如果此选项处于启用状态，则 IK 解算器在创建时处于活动状态。默认情况下，“解算器启用”处于启用状态，以便可以立即使用 IK 控制柄形成关节链。
- 捕捉启用：如果此选项处于启用状态，则 IK 控制柄捕捉回到 IK 控制柄的末关节的位置。默认设置为启用。
- 粘滞：如果此选项处于启用状态，则在使用其他 IK 控制柄形成骨架时或平移、旋转、缩放各个关节时，IK 控制柄将粘滞到其当前位置和方向。默认情况下，“粘滞”处于禁用状态。

- 优先级：此选项仅在“自动优先级”处于禁用状态时才可用。指定 IK 单链控制柄的优先级，在两个或多个 IK 单链控制柄重叠（影响某些或所有的相同关节）时非常有用。“优先级”为 1 的 IK 控制柄为第一优先级，将首先旋转关节。“优先级”为 2 的 IK 控制柄为第二优先级，将接下来旋转关节，依此类推。
- 权重：设置当前 IK 控制柄的权重值。权重值与 IK 控制柄的末端效应器及其目标之间的当前距离相结合，用于确定当前 IK 链的解决方案及其具有相同“优先级”设置的其他 IK 控制柄的解决方案的优先级。当两个或多个具有相同“优先级”的 IK 控制柄的末端效应器不能同时到达目标时，首先对末端效应器距离其目标最远且权重最大的 IK 控制柄进行解算。
- 位置方向权重：指定当前 IK 控制柄的末端效应器是否支持到达其目标的方向或位置。设置为 1.000 时，末端效应器将试图到达 IK 控制柄的位置默认值为 1.000，设置为 0 时，末端效应器仅尝试到达 IK 控制柄的方向。

3. 约束系统

约束可将某个对象的位置、方向或比例约束到其他对象。利用约束可以在对象上施加特定限制并使动画过程自动进行。

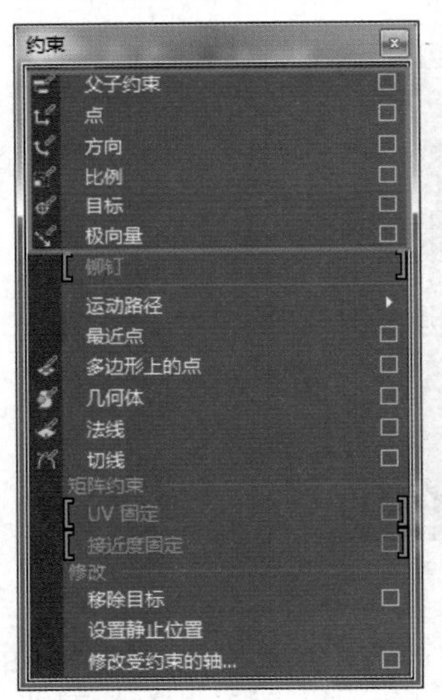

图 5-32　约束系统

约束在制作角色绑定时十分重要，因为有些效果通过约束完成要比手动设置关键帧方便有效。它可以辅助完成一些有特殊要求的动画。

可以在“绑定”模块（快捷键 F3）下的“约束”菜单中调用这些约束工具，如图 5-32 所示。

1）父子约束

当父子约束被应用到一个对象时，受约束对象不会成为约束对象的层次或组的一部分，而是保持独立，同时表现得像是目标的子对象一样。约束对象也称为目标对象。

创建父子约束时，先选择控制器或物体，再选择要被约束的物体，然后执行“父子约束”命令。父子约束主要是完成对被约束物体的位移和旋转的控制。

2）点约束

创建点约束时，先选择一个或多个目标物体，再选择要被约束的物体，然后执行“点约束”命令。被约束物体会自动移动到目标物体的轴心点上，如果存在多个目标物体，则依照目标物体对被约束物体的控制权重决定被约束物体的位置。

利用点约束主要完成对被约束物体的位置控制，它不影响被约束物体的方向。

3）方向约束

方向约束可以让一个或几个物体控制被约束物体的方向，被约束物体只是跟随目标物体的转动而转动，本身的位置不受影响。当存在多个目标物体时，被约束物体的方向按目标物体所施加的影响力取它们的平均值。

4）比例约束

比例约束也可以称为缩放约束，它使得被约束物体跟随目标物体的缩放而缩放，当遇到多个物体进行相同方式或比例的缩放时，可以利用缩放约束来简化操作。对于有特殊需求的动画，比例约束也能提供一种良好的解决方案。

5）目标约束

目标约束使目标物体能约束物体的方向，使被约束物体总是瞄准目标物体，例如舞台灯光会跟随演员的移动而旋转，或跟踪摄影机等对目标进行跟随，在角色设定中的主要用途是作为眼球运动的定位器。

被约束物体方向的确定是由两个向量来控制的，分别是目标向量和向上向量。在创建目标约束时，应从目标约束选项中进行设定，设定时要注意物体的轴向。

6）极向量约束

极向量约束使得极向量终点跟随目标体移动，在角色设定中，胳膊关节链的 IK 旋转平面手柄的极向量经常被限制在角色后面的定位器上。在一般情况下，运用极向量约束是为了在操纵 IK 旋转平面手柄时避免意外的反转，当手柄向量接近或与极向量相交时，会出现反转，使用极向量约束可以让两者之间不相交。

4. 蒙皮系统

蒙皮是使骨骼与模型产生控制与被控制关系的命令。完整的骨骼系统创建完成后，下一步就是用这套骨骼系统控制模型，通过将骨架绑定到模型，并对模型设置蒙皮，从而实现模型的运动。为了实现这一目的，需要在骨骼与模型之间建立起联系并对模型进行精确控制，这正是蒙皮系统（蒙皮与权重）要解决的问题。将模型绑定到完成的骨骼上，就是使模型上的点和骨骼上的关节产生联系。

角色创建骨骼，并为骨骼添加控制器，使之成为一套完整的骨骼控制系统。创建骨骼是为了用骨骼控制模型，使角色动起来。在 Maya 中，模型相当于人体的皮肤，而骨骼与皮肤之间是空的，没有任何介质，为此 Maya 就用蒙皮的方式将骨骼和模型联系起来，使骨骼能够控制模型。

在 Maya 中通常使用“绑定”模块（快捷键 F3）下的“蒙皮”菜单中的“绑定蒙皮”命令，如图 5-33 所示。

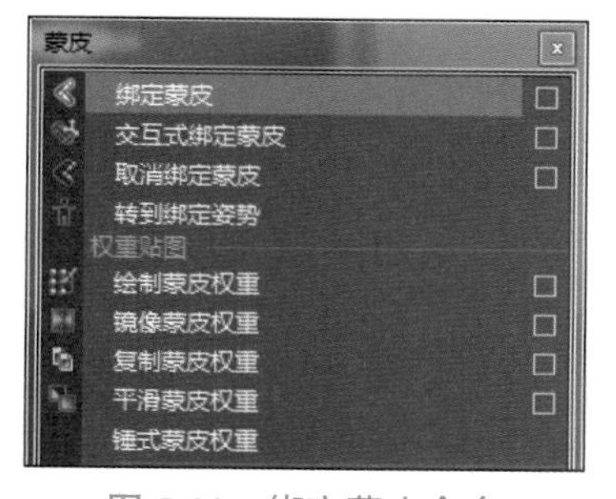

图 5-33 绑定蒙皮命令

1）绑定蒙皮

对角色蒙皮通常使用平滑绑定，这样得到的效果会比较平滑，而且便于编辑权重。

平滑蒙皮允许几个邻近关节在同一蒙皮点（NURBS CV、多边形顶点或晶格点）上具有不同的影响，从而提供平滑变形效果。默认平滑蒙皮的影响程度随距离变化，但也可以使用其他绑定方法来定义影响。设置基本蒙皮点权重后，可以绘制每个关节的权重来进行细化和编辑。

平滑蒙皮无须使用晶格变形器、屈肌或编辑蒙皮点集成员以获得平滑变形效果。绑定时便自动设置了关节周围的平滑效果。默认情况下，平滑蒙皮点上每个关节的效果取决于关节与点的接近程度。绑定蒙皮工具选项如图 5-34 所示。

绑定蒙皮选项常用参数如下。

- 绑定到：指定是绑定到整个骨架还是仅绑定到选定关节，可选的方式有如下三种。

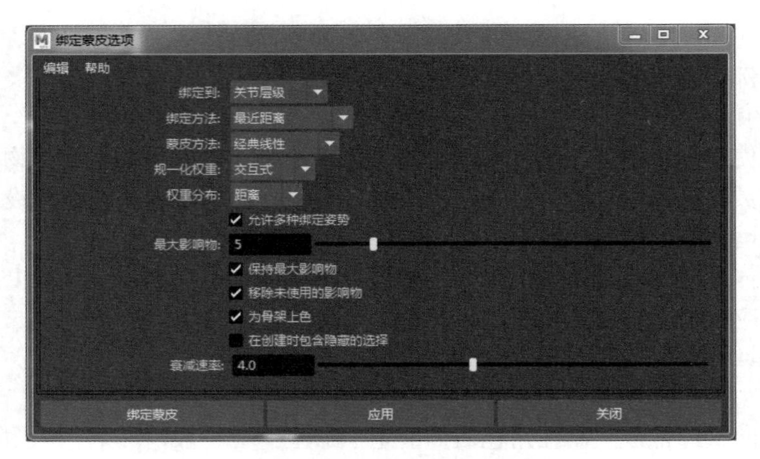

图 5-34 绑定蒙皮选项窗口

- 关节层级：指定选定可变形对象将被绑定到从根关节到以下骨架层级的整个骨架，即选择了某些关节，而不是根关节。绑定整个关节层级是绑定角色蒙皮的常用方法。这是默认设置。
- 选定关节：指定选定可变形对象将仅绑定到选定关节，而不是整个骨架。
- 对象层次：指定选定可变形几何体被绑定到选定关节或非关节变换节点的整个层次，从顶部节点到整个节点层次。如果节点层次中存在任何关节，它们也被包含在绑定中。通过该选项，可以绑定完整的几何体片到节点，如组或定位器。

提示： 当使用“对象层次”选项时，可以仅选择无法蒙皮的关节或对象（例如组节点或定位器，而不是几何体片）作为绑定中的初始影响。

- 绑定方法：指定初始蒙皮期间关节如何影响邻近蒙皮点，可选方式有如下四种。
  - 最近距离：指定关节影响仅基于与蒙皮点的近似。当绑定蒙皮时，Maya 会忽略骨架层次。在角色设置中，该方法可能会导致不恰当的关节影响，如右大腿关节影响左大腿上的邻近蒙皮点。
  - 在层次中最近：指定关节影响是基于骨架层次，这是默认设置。在角色设置中，此方法可以防止不恰当的关节影响。如该方法可避免右大腿关节影响左大腿上的邻近蒙皮点。
  - 热量贴图：使用热量扩散技术分发影响权重。基于网格中的每个影响对象设定初始权重，该网格用作热量源，并在周边网格发射权重值。较高（较热）权重值最接近关节，向远离对象的方向移动时会降为较低（较冷）的值。
  - 测地线体素：通过使用体素化的角色表示、计算绑定权重，将生成的权重应用到现有封闭式蒙皮方法，并变形角色的几何体，解决这些问题。

提示： “最近距离”和“在层次中最近”具有类似的效果，“热量贴图”和“测地线体素”显示关节处的绑定效果更强。

- 蒙皮方法：指定要用于选定可变形对象的蒙皮方法，可选方式有以下三种。
  - 经典线性：将对象设定为使用经典线性蒙皮。如果希望使用基本平滑蒙皮变形效果，则使用该模式，产生的效果与 Maya 先前版本中的效果一致。该模式允许产生体积收缩和收拢变形效果。如果将网格设定为线性蒙皮，那么在受到轴上扭曲关节影响的区域会产生体积丢失。

- 双四元数：将对象设定为使用双四元数蒙皮。如果希望在关节变形时保持网格中的体积，则使用该方法。如果将网格设定为使用双四元数蒙皮，那么保持体积，使该体积受到轴上扭曲关节的影响。
- 权重已融合：将对象设定为经典线性和双四元数的融合蒙皮，该融合蒙皮是基于绘制的逐顶点权重贴图。

• 规一化权重：该下拉列表用于设定平滑蒙皮权重归一化的方式。这些选项可帮助避免无意中在规一化过程中为多个顶点设定小权重值的情况，可选方式有以下三种。

- 无：禁用平滑蒙皮权重归一化。

提示： 通过该选项可以创建大于或小于 1 的权重，从而在执行角色时允许古怪或不正确的变形。

- 交互式：启用后，Maya 会在添加或移除影响以及绘制蒙皮权重时归一化蒙皮权重值，这是默认设置。工作时，Maya 会向其他影响添加或从其他影响中移除权重，从而使所有影响的总权重合计为 1。可以查看用于 skinCluster 节点 weightList 属性中变形的精确权重。例如，如果将权重从 1.000 更改为 0.500，则 Maya 将在邻近影响之中分配剩余的 0.500。如果需要，使用权重分布设置来确定 Maya 在规一化过程中创建新权重的方式。
- 后期：启用时，Maya 会在变形网格时计算规一化的蒙皮权重值，防止任何古怪或不正确变形。网格上未存储任何规一化权重值，可以继续绘制权重或调整交互式绑定操纵器，而不会让规一化过程更改先前的蒙皮权重操作。选择该模式时，可以在不干扰其他影响权重的情况下绘制或更改权重，并且在变形网格时仍然可以进行蒙皮的规一化。

提示： 由于 Maya 在变形时动态计算规一化权重值，因此无法查看 skinCluster 节点 weightList 属性中的规一化值。网格将使用规一化值进行变形，但 skinCluster 节点的实际权重值可能会增加到大于或小于 1.000。

• 权重分布：仅当“规一化权重”模式设置为“交互式”时才可用。在使用“交互式”规一化模式绘制权重时，Maya 会在每个笔画之后重新规一化权重值，从而缩放可用的权重（已具有某些值且未锁定的权重），以使顶点权重的总和仍为 1.000。如果可能，权重将根据其现有值进行缩放。在其他所有权重都未锁定的情况下，可用权重都为 0，此设置可用来确定 Maya 如何在规一化期间创建新权重，权重分布有如下两个选项。

提示： 在组件编辑器中更改权重时，也可以应用此设置。

- 距离：基于蒙皮到各影响的顶点的距离计算新权重。距离越近的关节，获得的权重越高，这是默认设置。
- 相邻：基于影响周围顶点的影响计算新权重。这可以防止顶点为骨架中的每个关节获得权重，并为其指定与周围顶点相似的权重。仅支持多边形网格。

• 允许多种绑定姿势：允许设定是否允许每个骨架的多个绑定姿势。如果正绑定几何体的多个片到同一骨架，该选项非常有用。启用后，可以使用不同绑定姿势绑定单独片。禁用后，必须绑定带骨架的所有几何体片为同一绑定姿势。

- 最大影响：指定可影响平滑蒙皮几何体上每个蒙皮点的关节数量。默认值为 5，这将为大多数角色生成良好的平滑蒙皮效果。还可以指定“衰减速率”来限制关节影响的范围。
- 保持最大影响物：启用时，任何时候平滑蒙皮几何体的影响数量都不得大于“最大影响”指定的值。例如，如果“最大影响”设定为 3，若为第四个关节绘制或设定权重，则会将其他三个关节其中一个的权重设定为 0，以保持由“最大影响”指定的权重影响总数量。该功能将权重的再分布限制于特定数目的影响，同时确保主关节是权重的接收关节。

提示： 如果在“属性编辑器”中启用“保持最大影响物”，蒙皮权重不会修改，直到单击“更新权重”来重新指定。

- 移除未使用的影响物：启用后，接收零权重的加权影响将不会被包含在绑定中。如果希望减少场景的计算数以增加播放速度，该选项非常有用。

提示： “优化场景大小选项”还允许从角色的蒙皮绑定移除任何零加权影响。可以启用“移除未使用项目”区域的“未使用的蒙皮影响”。

- 为骨架上色：启用后，为绑定骨架及其蒙皮顶点上色，以便顶点显示与影响它们的关节和骨骼相同的颜色。

提示： 可以从“显示”→“线框颜色”窗口更改单个关节和骨骼的颜色。

- 在创建时包含隐藏的选择：打开该选项，使绑定包含不可见的几何体，因为默认情况下，绑定方法必须具有可见的几何体才能成功完成绑定。有时几何体不可见，不管网格的可见性状态如何，希望绑定成功。
- 衰减速率：仅当“绑定方法”设置为“在层次中最近”或“最近距离”时可用。每个关节对特定点的影响根据蒙皮点和关节之间的距离不同而变化。该选项用于指定蒙皮点上每个关节的影响随其与该关节（和关节的骨骼）距离变化而降低的程度。衰减速率越大，影响随距离变化而降低的速度就越快。衰减速率越小，每个关节的影响越远。使用滑块来指定在 0.1~10 的值。可以输入最大为 100 的值，但 0.1~10 的值最适合于大部分情况。默认值为 4，这为大多数角色提供了良好的变形效果。

2）权重

对角色进行绑定蒙皮，可以使模型得到较为平滑的蒙皮效果，但是会存在模型变形过大或变形错误的问题，这就需要通过修改权重的方法来达到想要的效果。简单地说，权重就是骨骼对模型点的影响力度。通常可以使用绘画权重、精确编辑权重和添加影响物体修正权重方法来编辑平滑蒙皮的权重。

（1）绘画蒙皮权重工具 / 绘画权重法。对模型的蒙皮权重进行修改，需要选中该模型。打开本书配套“animRig_Deadpool.ma”文件，选中模型，执行“蒙皮”→“绘画蒙皮权重”命令。这时鼠标指针会变为画笔模式，如图 5-35 所示。

一般情况下，绘制权重时都需要执行“蒙皮”→“绘画蒙皮权重”的设置面板，对笔刷、骨骼等进行详细设置。

如果需要针对某关节骨骼的权重进行设置，在影响卷展栏下有绑定的关键列表，可以选择对应的关节，如图 5-36 所示。

绘制权重之前，还需要了解权重显示方式，才能对权重值进行适当的修改。当选中某节骨骼时，模型中受这节骨骼影响的区域会以白色的方式显示，代表权重值较高；不受这节骨骼影响的区域会以黑色的方式显示，代表权重值较低；灰色部分是这节骨骼影响范围的过渡区域，即这部分模型上的点部分受到这节骨骼的影响。

除了以黑白方式显示外，Maya 还提供其他显示权重的方式，在渐变卷展栏中可以对显示方式进行设置，如图 5-37 所示。

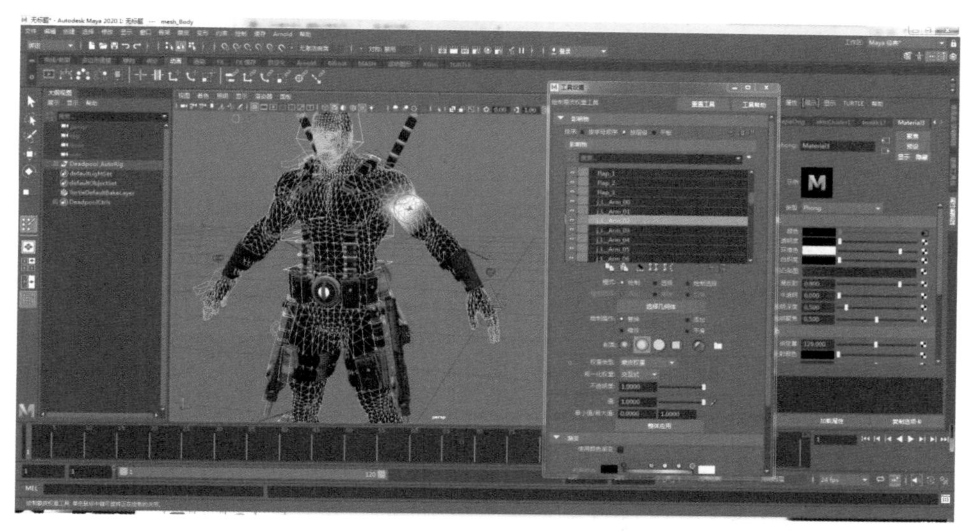

图 5-35　绘制蒙皮权重效果图

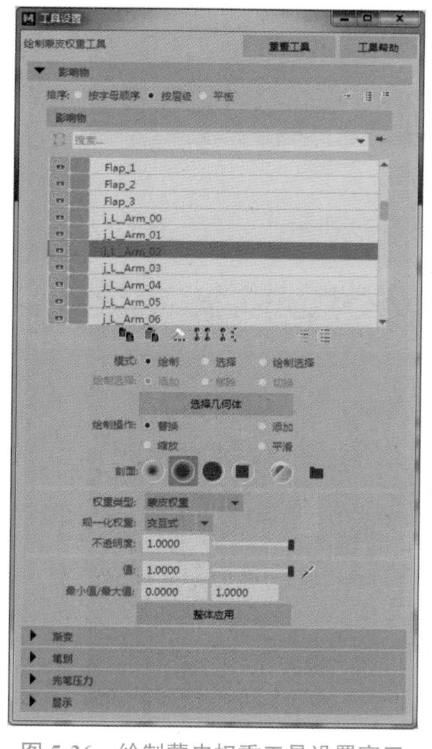

图 5-36　绘制蒙皮权重工具设置窗口

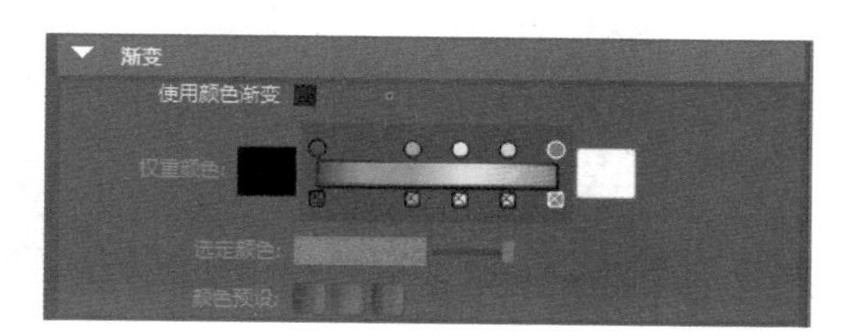

图 5-37　绘制蒙皮权重工具内渐变卷展栏

（2）组件编辑器 / 精确编辑权重法。编辑角色权重时，一定要清楚有哪些骨骼对所编辑部位产生影响，用这些骨骼分配该部位的权重，如果这个部位的权重受到其他骨骼的影响，则会导致权重混乱，影响动画效果。角色不同，部位的运动范围也是不同的，编辑权重时要从多个角度进行，例如，躯干、肩部、大臂、手腕、颈部都需要对前后左右四个方向的权重进行编辑，确保每个方向都有光滑的弯曲效果。

有时会出现个别点，无论使用笔刷如何修改，也很难达到理想权重效果的情况，Maya 也提供了针对这个物体的相应工具——组件编辑器。

选中模型，切换到点模式，选中某些点后，执行“窗口”→“常规编辑器”→“组件编辑器”命令，如图 5-38 所示。

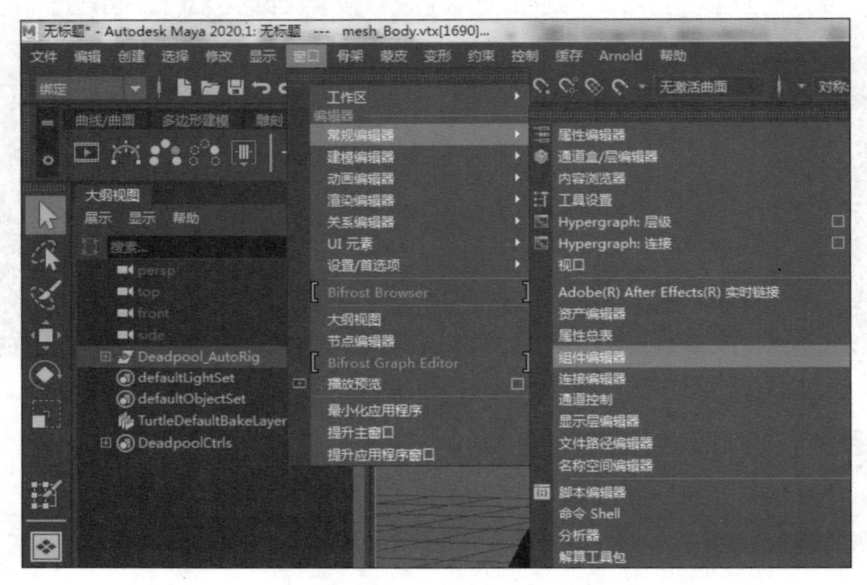

图 5-38　组件编辑器命令

打开组件编辑器，切换到平滑蒙皮标签下，如图 5-39 所示。

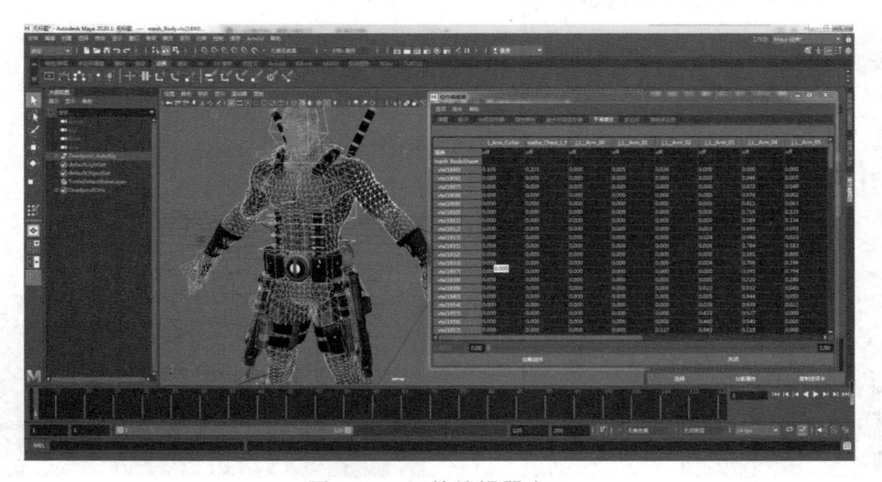

图 5-39　组件编辑器窗口

在组件属性编辑器中，可以清楚地看到每节骨骼在每个点上的权重值大小。例如左侧区域单击“vtx[1690]”，可以看到这个模型点主要受到 sp_Spine_1_Ribcage 骨骼的影响，权重值为 0.559, 同时轻微受到其他骨骼的影响，如图 5-40 所示。

图 5-40　组件编辑器内模型点的权重值分布

如果希望这个点只受到 sp_Spine_1_Ribcage 骨骼的影响，可以选中影响权重值单元格，调节表格下方的滑块值为 1, 对权重值进行修改，如图 5-41 所示。

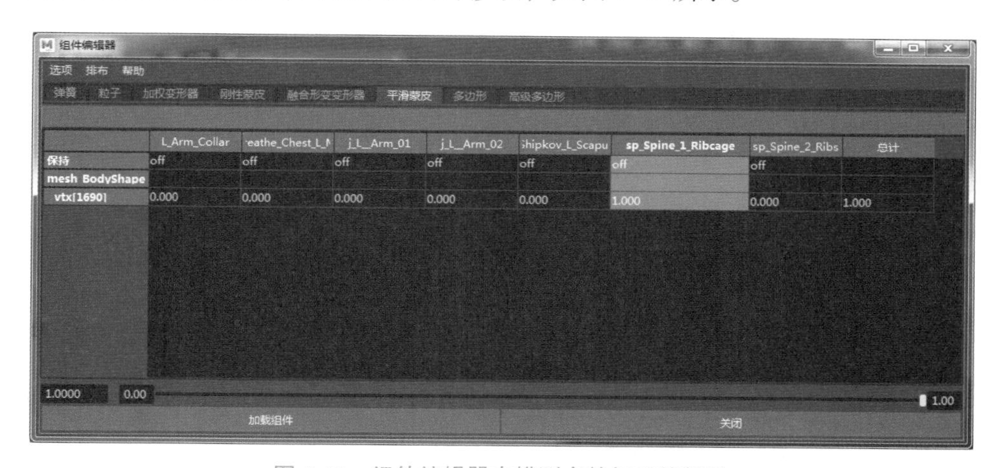

图 5-41　组件编辑器内模型点的权重值修改

任务实施

【步骤 1】 打开 Maya 2020 软件，在“绑定”模块（F3 快捷键）中，执行“骨架”→“创建关节”命令，随意创建一段关节链。

【步骤 2】 在创建后的关节链中，分别执行“插入关节”“移除关节”“镜像关节”“创建 IK 控制柄”等命令，观察视图中关节链的数量和形态变化。

【步骤 3】 打开本书配套的 animRig_Deadpool.ma 文件，如图 5-42 所示。随意摆动角色控制器，观察模型的绑定。

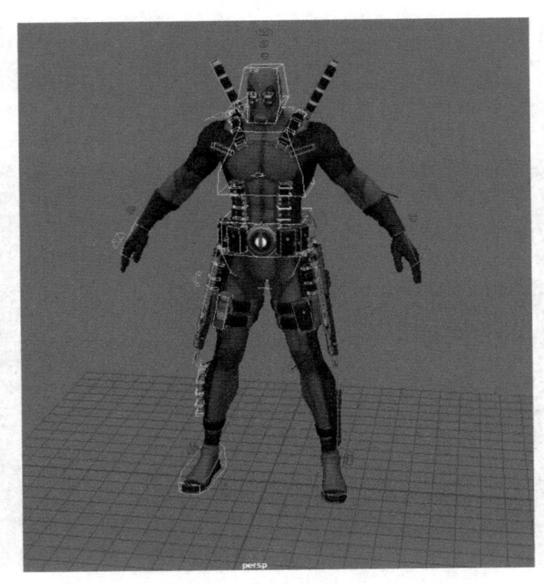

图 5-42　配套文件

【步骤 4】 选中模型，切换到点模式，随意选择模型顶点，分别执行“蒙皮”→“绘画蒙皮权重”命令和“窗口”→“常规编辑器”→“组件编辑器”命令，观察两种权重绘制工具下模型顶点的权重值分布。

任务 5.3　虚拟现实“1+X”案例——角色行走动画制作

■ 任务目标

知识目标：学会在 Maya 中制作 3D 动画，掌握动画制作的流程、技巧和方法。

能力目标：培养独立完成角色骨骼架设、绑定蒙皮及动画制作的能力。

素质目标：通过练习养成良好的自主学习习惯，具有吃苦耐劳的态度，在案例实训中形成理论指导实践的科学价值观。

■ 建议学时

12 学时。

■ 任务描述

本任务将通过制作虚拟现实“1+X”往年真题案例——角色行走动画，让读者掌握赋予静止的数字模型动起来的能力。在这个任务过程中可以学习到骨骼的创建、绑定和蒙皮的权重绘制等制作方法，以及利用走路动作的动画原理、走路的关键姿势等重要技巧完成角色行走动画。

任务实施

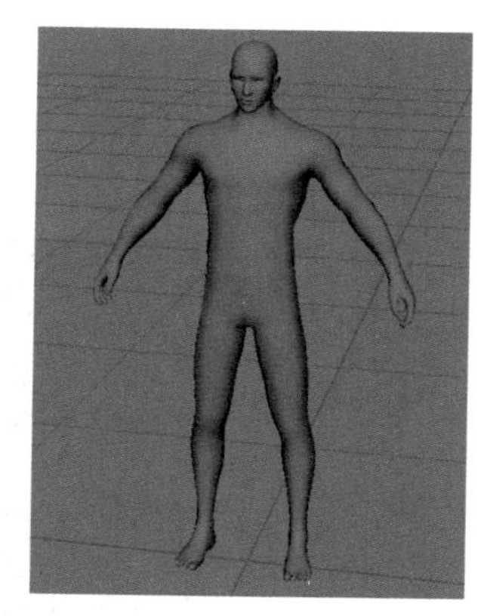
图 5-43 模型展示图

【步骤 1】 创建角色骨骼。

角色的骨骼设定主要可以分为腿足系统、躯干系统和手臂系统三个部分。本次任务将按照这个顺序来依次进行骨骼系统的创建，学习角色的骨骼创建。

（1）打开本书配套的 man 文件，在这个文件中有一个男性角色模型，如图 5-43 所示。

（2）打开动画“首选项”窗口，调整时间滑块的参数选项及设定值，如图 5-44 所示。

设置完成后，可以用关节工具创建一套符合该角色的骨骼。

创建角色骨骼

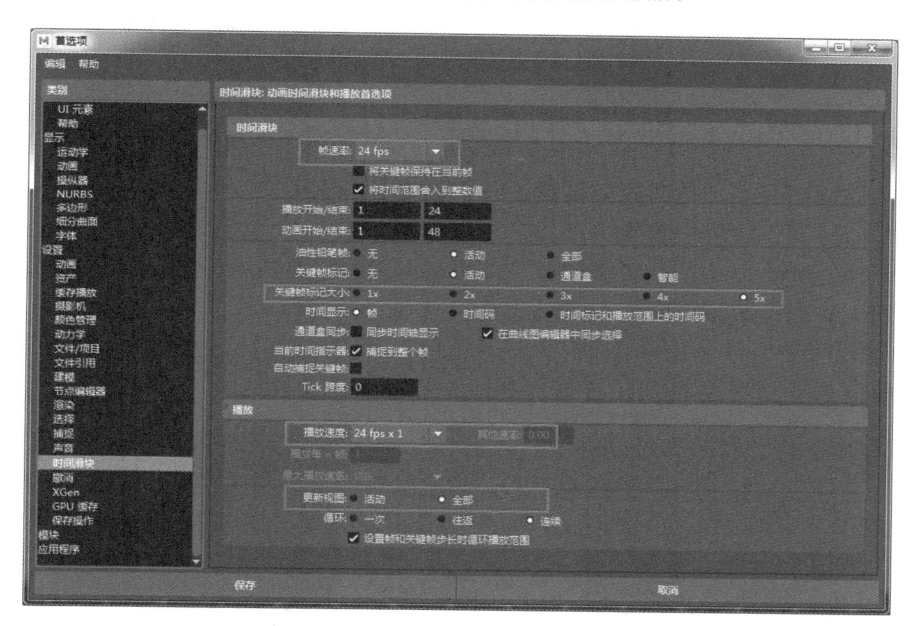

图 5-44 动画“首选项”窗口

（3）执行“骨架”→“创建关节”命令，单击打开该命令侧边的小方块，进入关节工具设置窗口，单击“重置工具”按钮还原所有参数为默认值，勾选下面的“自动关节限制”选项，如图 5-45 所示。

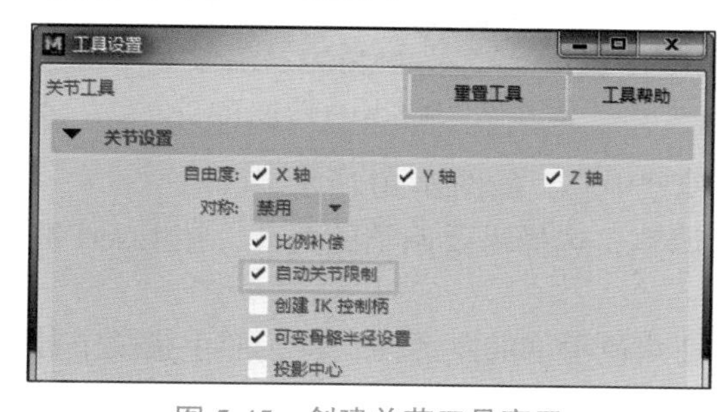

图 5-45 创建关节工具窗口

（4）在侧视图中，一次创建 R_upleg、R_leg、R_foot 对应的关节。创建完腿部所有关节后，按 Enter 键结束操作，创建后如图 5-46 所示。

在创建骨骼过程中，可以随时改变关节的显示大小，执行“显示”→“动画”→“关节大小”命令即可进行调整。

默认在侧视图创建骨骼，其骨骼位置在

整个视图的中心，并不会按照模型的形态自动对齐到模型中心，因此在创建骨骼之后，一定要从其他视图对关节进行调整。创建并调整骨骼时，要保证关节能够在模型中心，否则在蒙皮时会出现权重不均的情况，如图 5-47 所示。

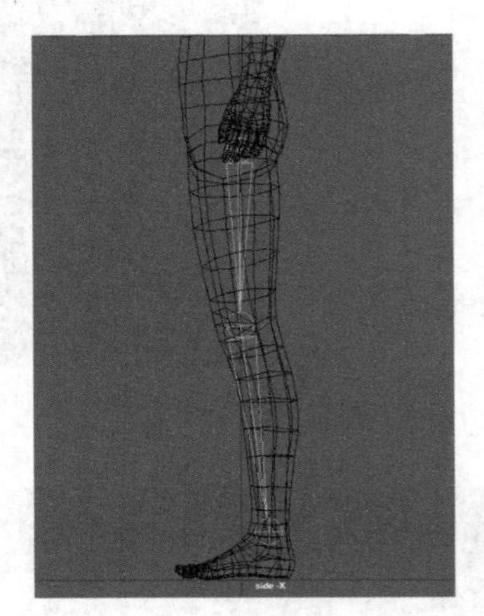

图 5-46　侧视图腿部关节

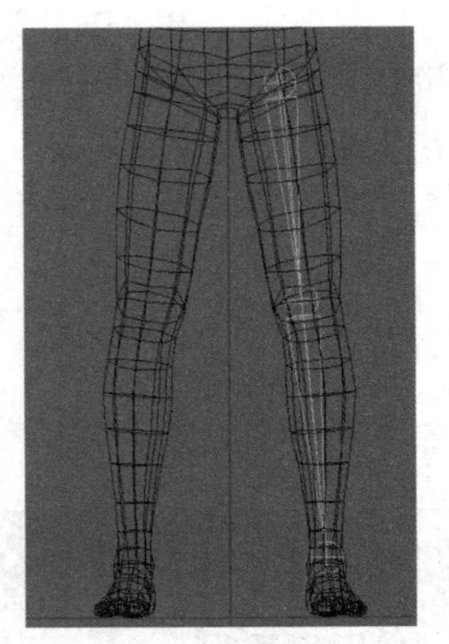

图 5-47　前视图腿部关节

（5）从侧视图开始，依次向上创建关节，创建完所有关节后，按 Enter 键结束操作。

在创建时注意，应根据将来的动画需要进行关节的设置，如该角色在动画上有特殊的动作需要，应适时更改关节位置或数量。如腰部与腹部应加入一个关节，颈部为了保持灵活，也应加入一个关节，如图 5-48 所示。

（6）创建手臂时，一般使用前视图，即角色正对的方向进行创建，以保证创建时关节能够在模型中心。如图 5-49 所示，依次创建关节。

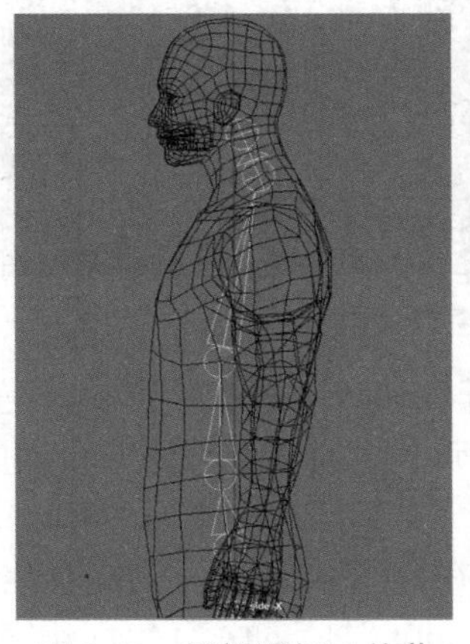

图 5-48　侧视图躯干关节

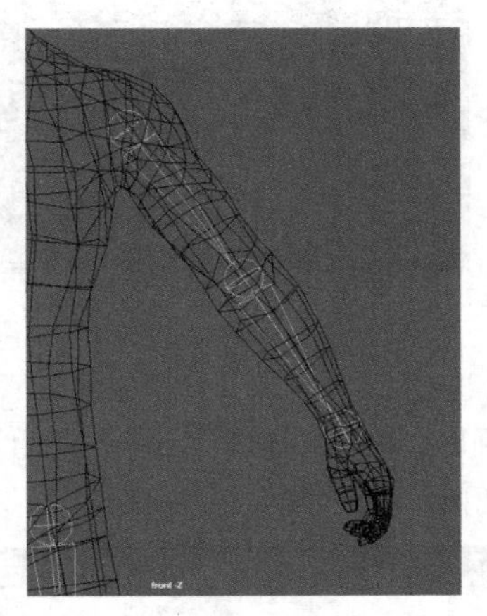

图 5-49　前视图手臂关节

（7）创建后调整到顶视图，发现关节并不在模型中心，如图 5-50 所示。

（8）模型肘部有正常的生理弯曲，需要进行调整，选择需要调整的关节，按 Insert 键将其调整至理想的位置，如图 5-51 所示。

（9）按照角色手部姿态创建手指骨骼，为保证角色手部的灵活性，将按照手指关节数量进行依次创建，如图 5-52 所示。

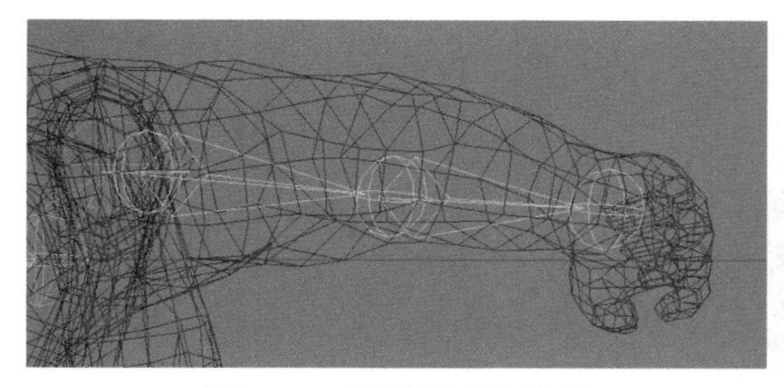

图 5-50 顶视图手臂关节

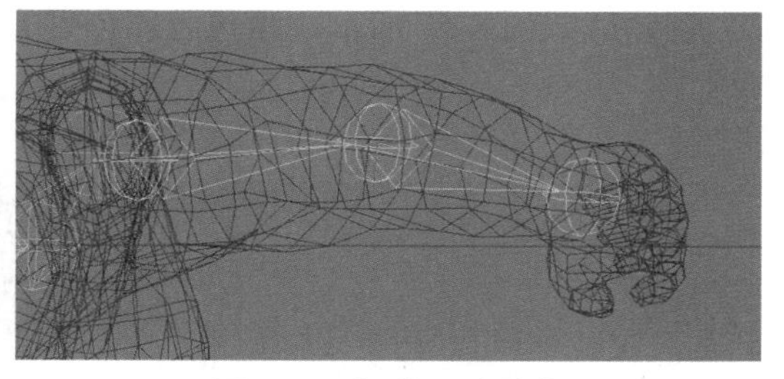

图 5-51 调整手臂关节

创建后应从其他视图仔细检查，如果发现骨骼不在模型中心，应及时调整。至此手臂骨骼创建完毕。

（10）先选择肩部关节，再按 Shift 键连选胸部关节，用父子关系（快捷键 P）将其连接起来，如图 5-53 所示。

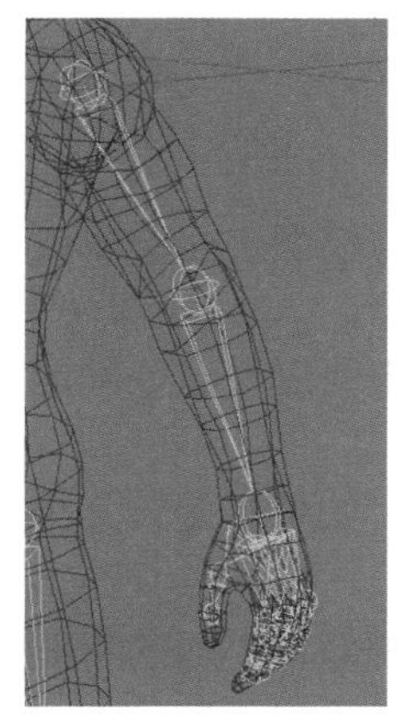

图 5-52 手部关节创建

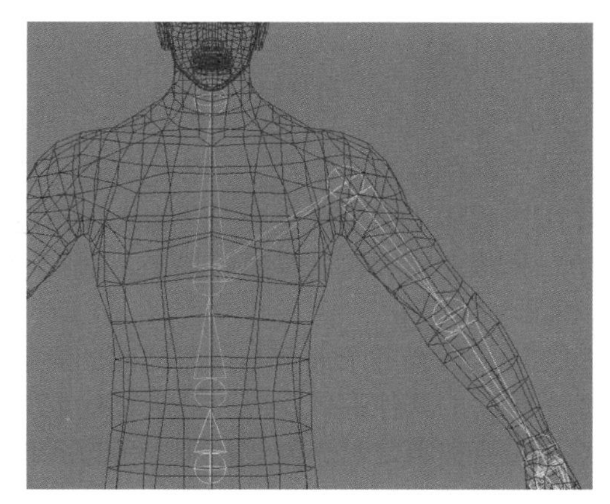

图 5-53 连接手臂与胸部关节

（11）先选择腿部关节，再按 Shift 键连选胯骨关节，用父子关系将其连接起来，如图 5-54 所示。

（12）执行“骨架”→“镜像关节”命令，对手臂及腿部进行另一半的创建，如图 5-55 和图 5-56 所示。

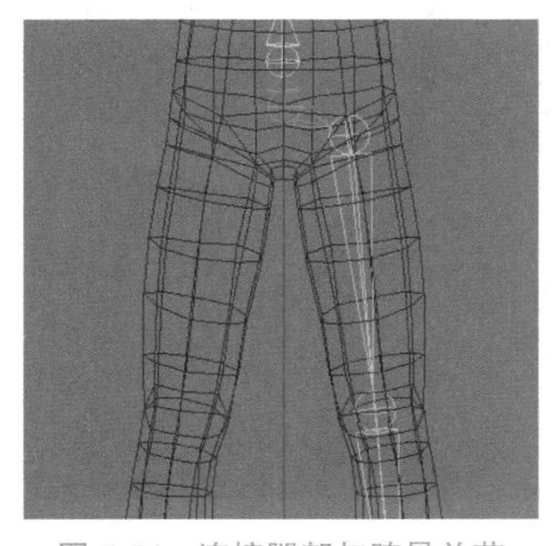

图 5-54 连接腿部与胯骨关节

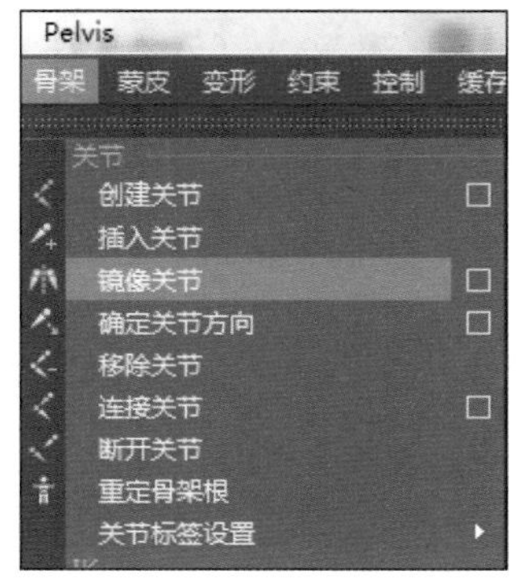

图 5-55 镜像关节命令

创建后如图 5-57 所示，角色骨骼创建完毕。

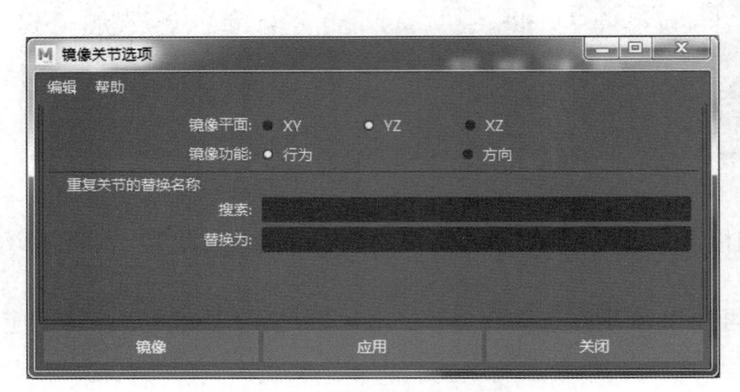

图 5-56 镜像关节选项窗口

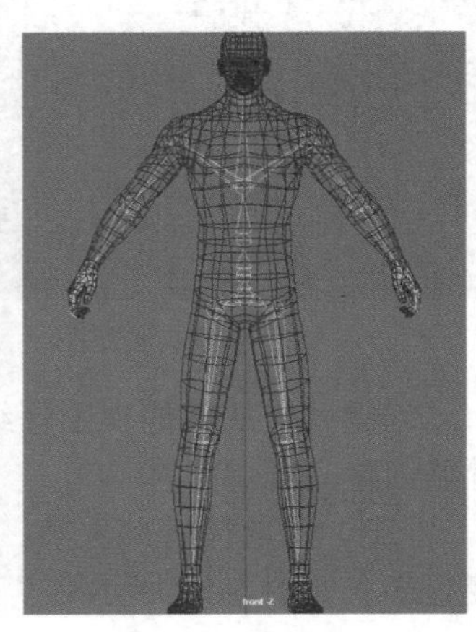
图 5-57 角色骨骼最终效果图

【步骤 2】 角色绑定蒙皮。

1）蒙皮

当所有骨骼定位创建完成，并检测无误之后，需要将骨骼与模型进行蒙皮设置，这样骨骼将作用于物体，通过骨骼的变化来操控角色摆出任意的动作。

角色绑定蒙皮——绘制角色蒙皮

（1）选择根关节，再选择整体模型，执行“蒙皮”→“绑定蒙皮”命令同前所述，如图 5-33 和图 5-34 所示。

蒙皮之后，检查各个关节与模型之间的影响范围是否合适。如果在旋转某个关节时发现影响到了模型的其他部位，应对其进行权重的重新分配。

（2）在检查关节之后，发现小腿关节过多地影响了角色的脚部，小腿的弯曲也影响了大腿的形变，因此要对模型进行权重的重新分配。选取模型，执行“蒙皮”→“绘制蒙皮权重”命令，如图 5-58 所示。

模型上显示出选中的关节所影响的范围，默认以白色标识。如图 5-59 所示，角色小腿在旋转时，影响到了脚尖和大腿的形变，因此要进行权重的绘制，消除小腿对脚尖和大腿的错误影响。

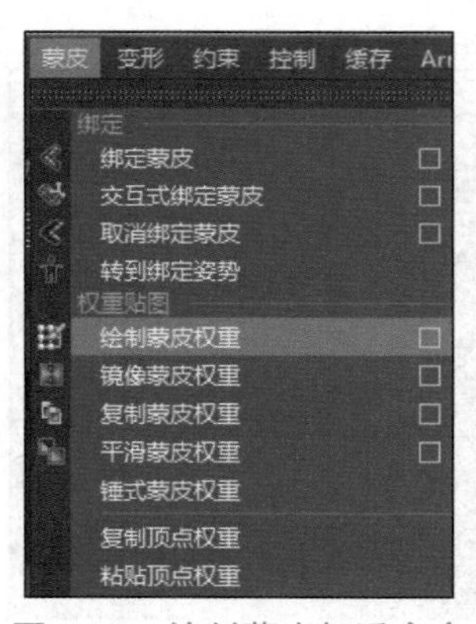

图 5-58 绘制蒙皮权重命令

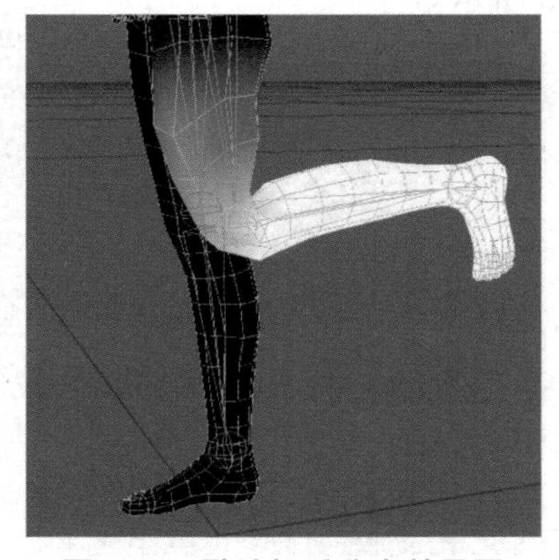
图 5-59 默认权重分布效果图

（3）使用权重绘制工具进行绘制，将值调为 0，以此来减少关节的影响范围，如图 5-60 所示。

绘制后，再选中关节进行检查，部分大腿区域和脚尖部分已经不再受到小腿的影响，如图 5-61 所示。

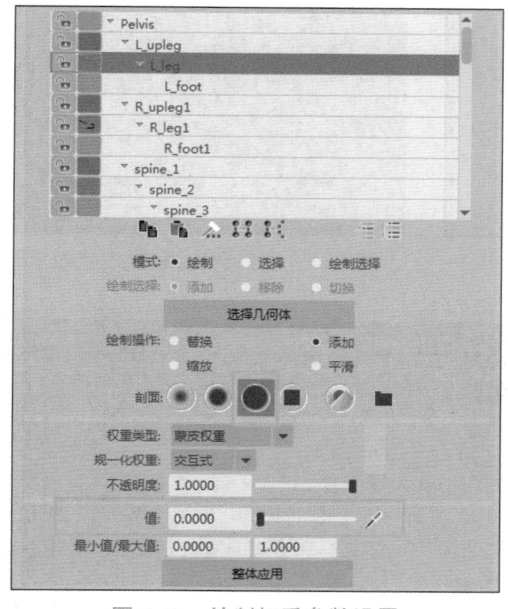

图 5-60　绘制权重参数设置

图 5-61　调整权重分布后效果图

以此方法继续绘制其他的关节，直至所有关节都在合理的权重影响范围内。绘制权重时应适当旋转关节，使模型变形，再进行绘制权重，以此检查此关节所影响的范围是否正确。

2）绑定

在 Maya 中制作动画，不会直接使用骨骼来进行角色动作的调节。因此，在创建骨骼之后，应对部分关节设定反向动力学（IK）驱动，最后对全部关节进行骨骼绑定，通过制作一些控制器，控制骨骼的旋转、移动等属性，以便于后期调节角色动作。

（1）腿部的 IK 设定。选择“创建 IK 控制柄”工具，单击选项，把当前解算器这一属性设置为“旋转平面解算器”，如图 5-62 和图 5-63 所示。

设置完成后，先选择大腿关节，再选择脚部关节创建 IK 控制柄，如图 5-64 所示。

角色绑定蒙皮——设置角色绑定

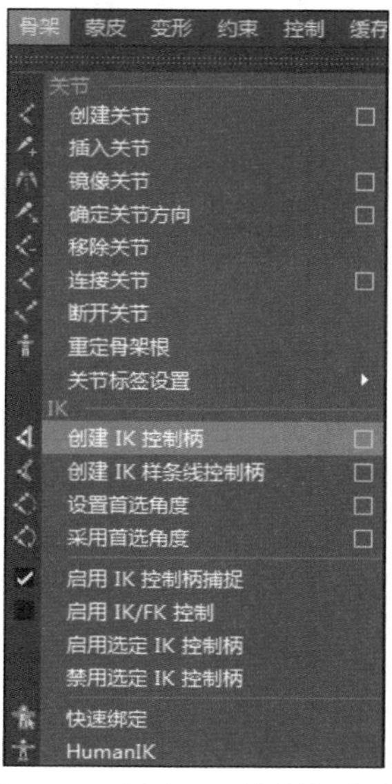

图 5-62　创建 IK 控制柄命令

（2）腿部控制器设定。创建 NURBS 圆形后，先选择大腿关节，再按住 Shift 键连选控制器，执行“约束”→“父子约束”命令，使该控制器跟大腿关节的位置完全重叠后，在大纲视图中删除控制器的约束信息，如图 5-65 所示。

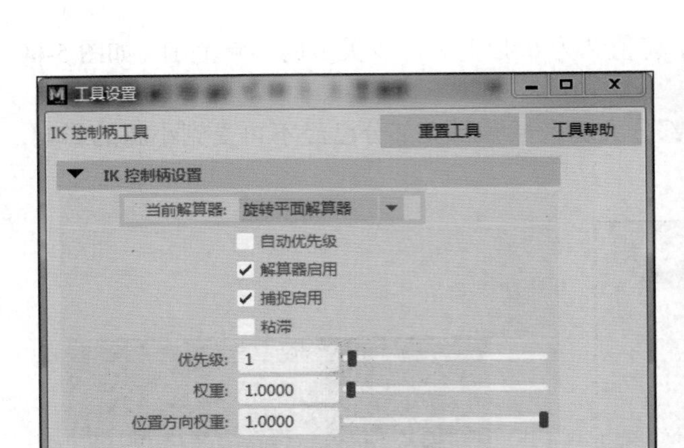

图 5-63　创建 IK 控制柄工具设置

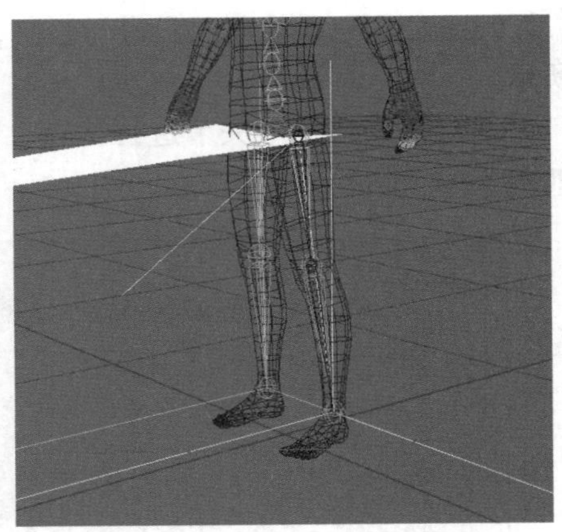

图 5-64　腿部创建 IK 控制柄效果图

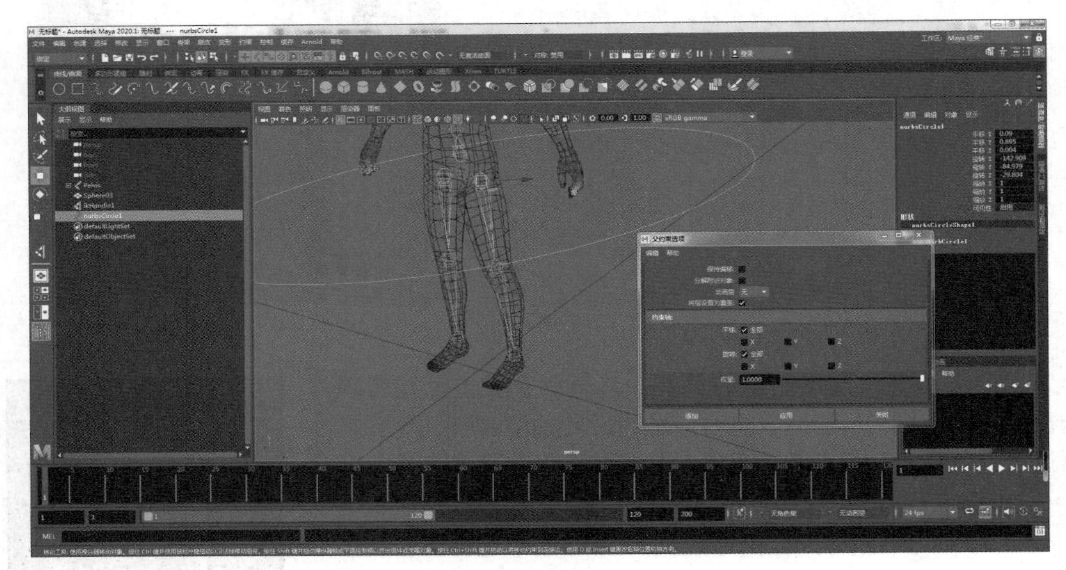

图 5-65　腿部控制器定位

提示： 父子约束选项设置内不勾选“保持偏移”这一属性。

（3）完成定位后，使用缩放工具调节控制器大小，执行“修改”→“冻结变换”命令，将大腿控制器参数归零，再执行“编辑”→“按类型删除”→“历史”命令，如图 5-66 所示。

（4）先选择大腿控制器，再按住 Shift 键选择大腿关节，执行“约束”→“父子约束”命令，这样控制器就可以控制大腿骨骼的移动和旋转属性，如图 5-67 所示。

提示： 此步骤父子约束选项设置内应勾选“保持偏移”这一属性。这时要分清楚，在控制器跟关节定位阶段不勾选“保持偏移”这一属性，在控制器要控制关节属性阶段需勾选“保持偏移”这一属性。后续步骤同理，这一点至关重要。

（5）创建膝盖控制器后，先选择膝盖关节，再按住 Shift 键连选控制器，执行“约束”→“父子约束”命令，使膝盖控制器跟膝盖关节的位置完全重叠后，在大纲视图中删除控制器的约束信息，如图 5-68 所示。

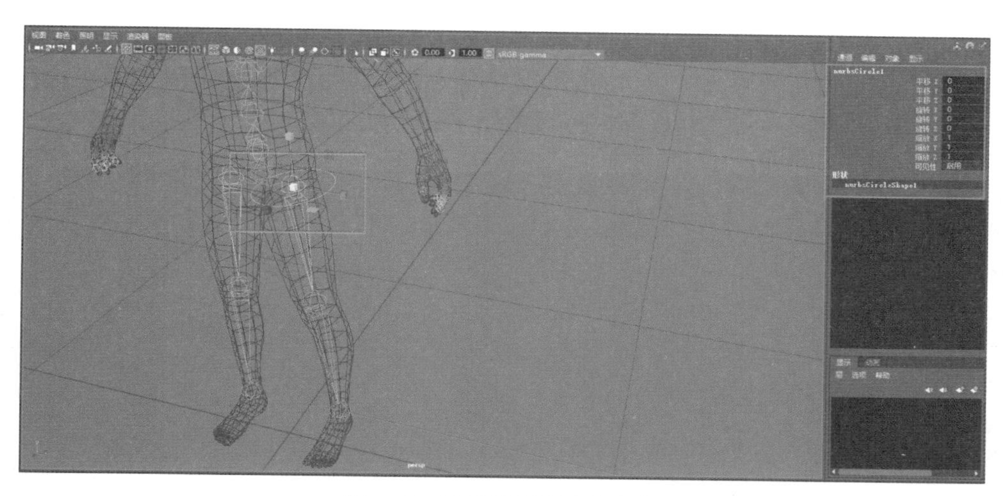

图 5-66 腿部控制器冻结变换

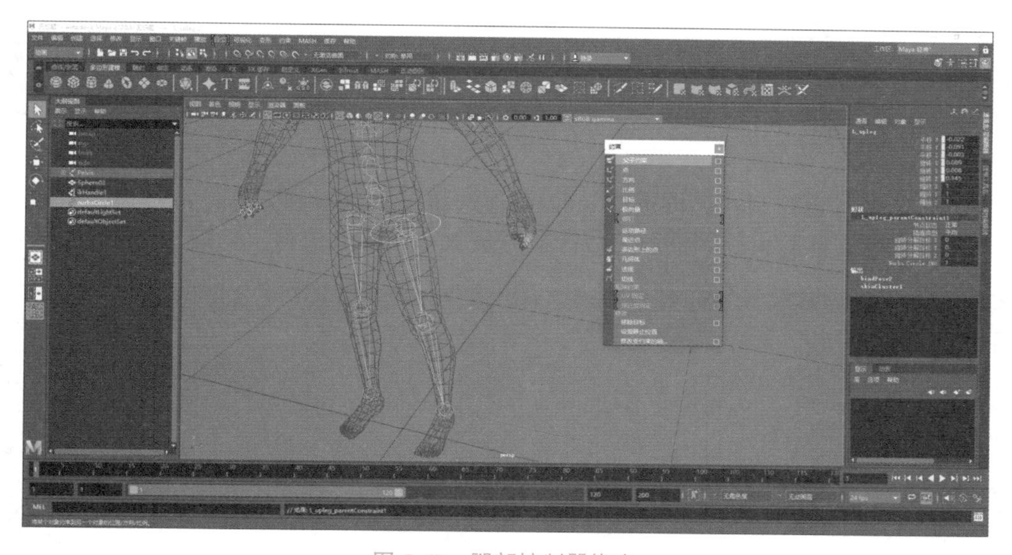

图 5-67 腿部控制器绑定

图 5-68 膝盖控制器定位

（6）选中膝盖控制器，使用位移工具往前移动控制器，并调整控制器的大小、旋转方向，完成定位后，执行“修改”→“冻结变换”命令，将膝盖控制器参数归零，再执行“编辑”→“按类型删除”→“历史”命令，如图 5-69 所示。

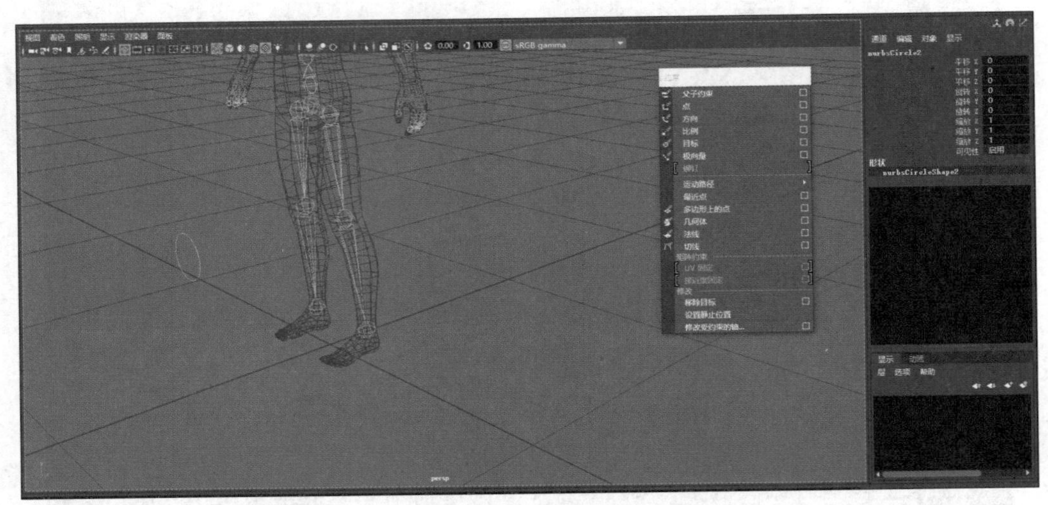

图 5-69 膝盖控制器冻结变换

（7）先选择膝盖控制器，再按住 Shift 键连选腿部 IK 控制柄，执行“约束”→“极向量约束”命令，这样膝盖控制器就可以控制膝盖关节的左右位移，如图 5-70 所示。

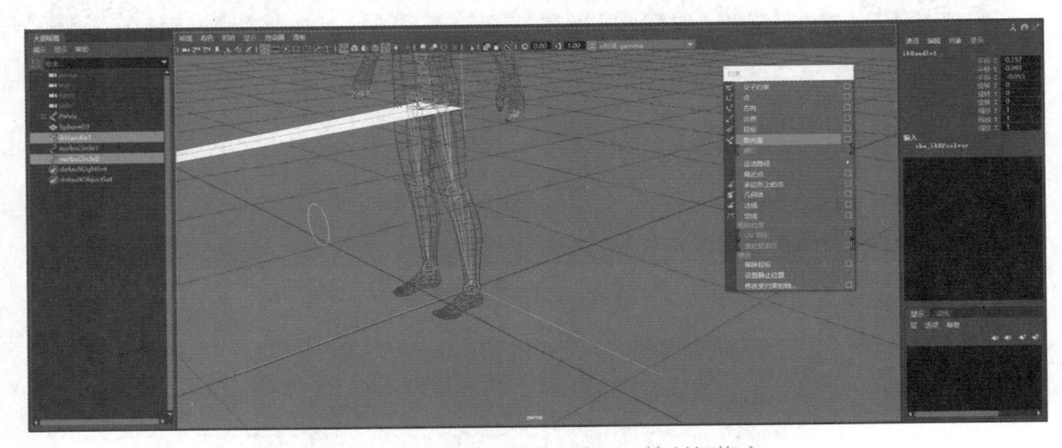

图 5-70 膝盖控制器与腿部 IK 控制柄绑定

（8）创建脚部控制器，先选择脚部关节，再按住 Shift 键连选脚部控制器，执行“约束”→“父子约束”命令，使脚部控制器跟脚部关节的位置完全重叠后，在大纲视图中删除控制器的约束信息，如图 5-71 所示。

（9）完成定位后，修改控制器大小，执行“修改”→“冻结变换”命令，将脚部控制器参数归零，再执行“编辑”→“按类型删除”→“历史”命令，如图 5-72 所示。

（10）先选择脚部控制器，再按住 Shift 键选择脚部关节，执行“约束”→“方向约束”命令，这样脚部控制器就可以控制脚部骨骼的旋转属性，如图 5-73 所示。

提示： 方向约束选项设置内应勾选“保持偏移”这一属性。

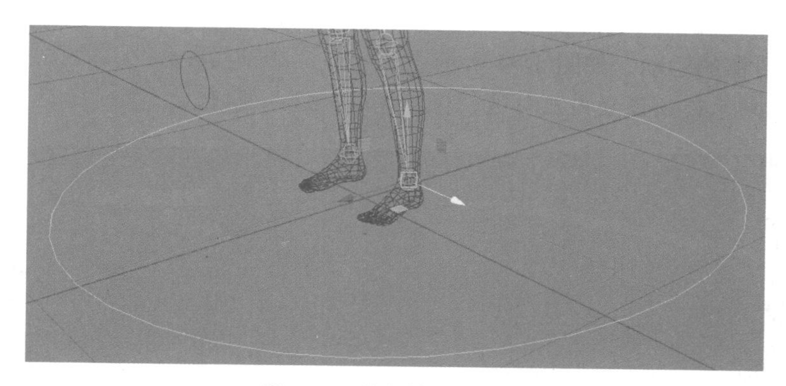

图 5-71 脚部控制器定位

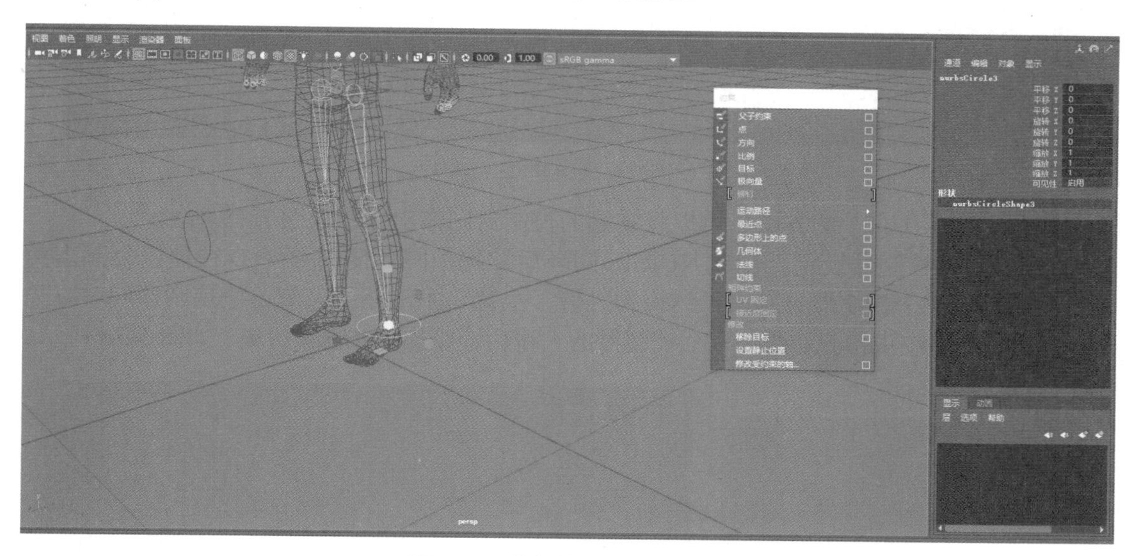

图 5-72 脚部控制器冻结变换

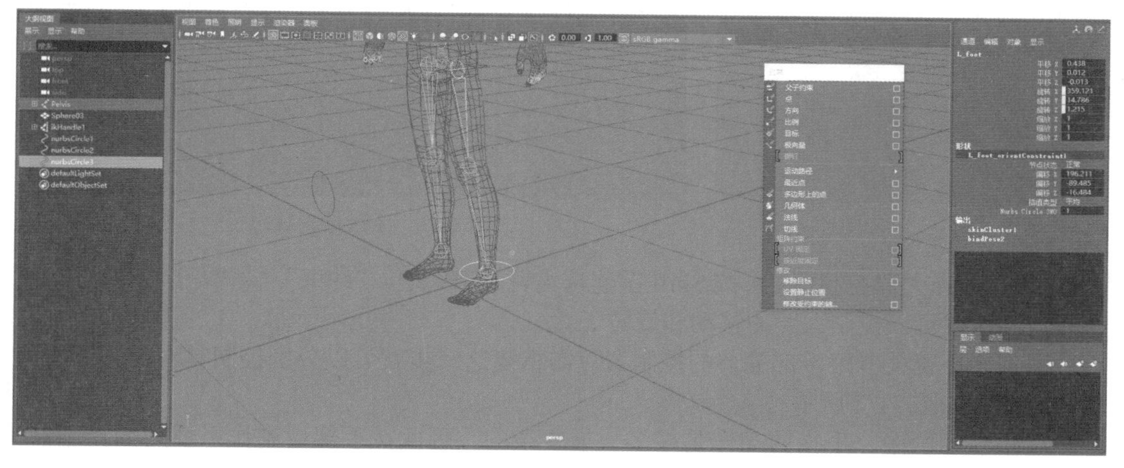

图 5-73 腿部控制器与腿部关节绑定

（11）再次选择脚部控制器，按住 Shift 键连选腿部 IK 控制柄，执行“约束”→“点约束”命令，这样脚部控制器就可以控制腿部 IK 的移动属性，同时脚部控制器也能反向影响整个腿部骨骼的运动，如图 5-74 所示。

提示： 点约束选项设置内应勾选“保持偏移”这一属性。

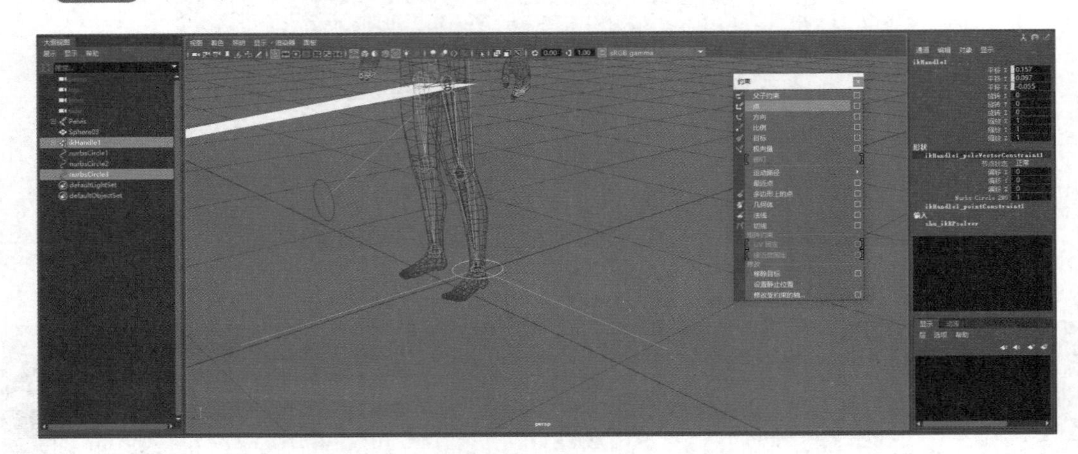

图 5-74　腿部控制器与腿部 IK 控制柄绑定

按照（2）~（11）的方法，可以将右脚的控制器制作出来，如图 5-75 所示。

（12）手臂控制器设定。创建 NURBS 圆环后，选中圆环使用 Ctrl+D 快捷键复制出两个，然后把这三个控制器分别父子约束到大臂、小臂、手部三个关节，使控制器同对应关节相重合，删除约束信息，调整三个控制器的大小后冻结属性，删除历史，如图 5-76 所示。

图 5-75　双腿控制器绑定效果图

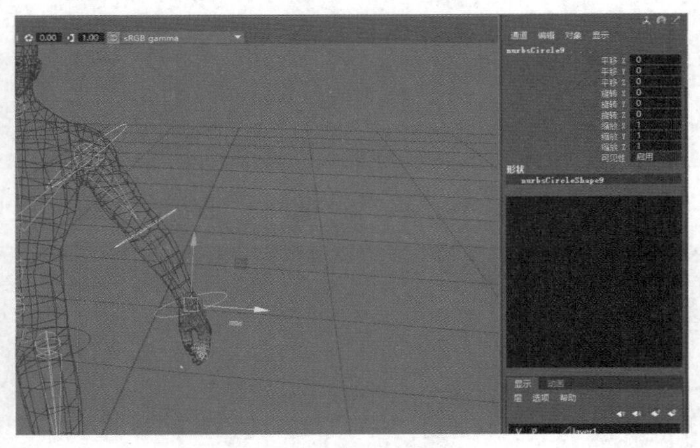

图 5-76　手臂控制器定位

（13）选择大臂控制器，再按 Shift 键连选大臂关节，执行“约束”→“父子约束”命令。这样控制器就可以控制大臂的移动和旋转了。

同理，小臂关节跟手部关节的控制器只需重复这一步就可以分别控制其对应关节的移动和旋转，如图 5-77 所示。

在角色动画中，手指的动作是最多、最复杂的，因此在手部应制作一系列的控制器，以方便动画师控制。如握拳、手指的屈伸等。

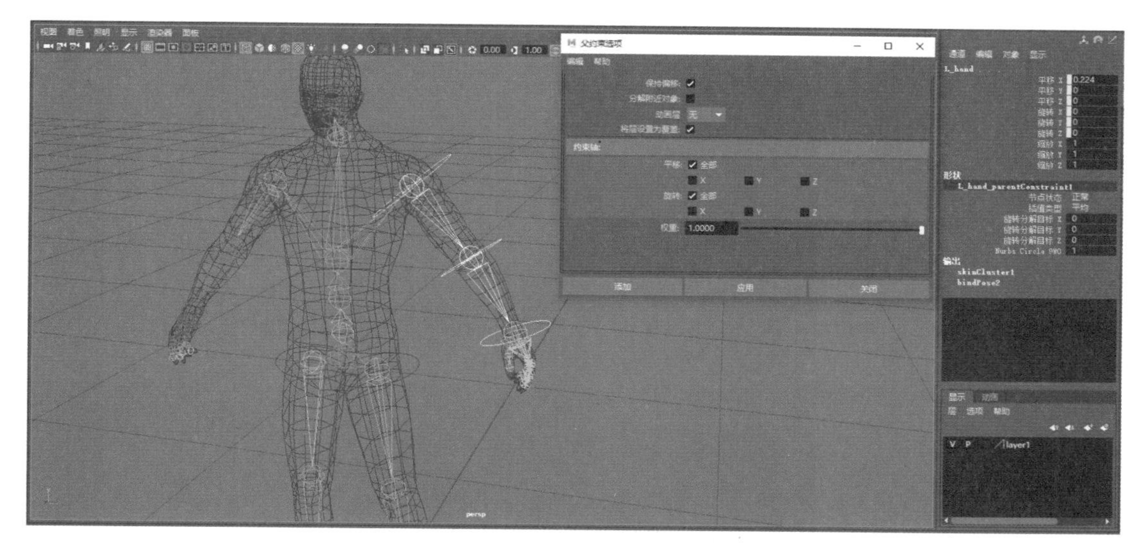

图 5-77　手臂控制器绑定

（14）手部控制器的制作。手指的运动通常使用驱动关键帧来控制。以食指为例，选择食指第二关节，以此来驱动下一个关节的运动，执行“关键帧”→“设置受驱动关键帧”→“设置”命令，如图 5-78 所示。

图 5-78　设置受驱动关键帧命令

（15）弹出的窗口分为上下两栏，分别是驱动者与受驱动者。选择手指关节 L_finger_1_1，单击下方的“加载驱动者”按钮，即可将该物体的基本属性显示在驱动者栏中；选择手指关节 L_finger_1_2，单击“加载受驱动项”按钮，将手指关节 L_finger_1_2 加载进受驱动栏中，如图 5-79 所示。

（16）选择驱动者 L_finger_1_1 的旋转 Z，再选择受驱动者 L_finger_1_2 的旋转 Z，在两者旋转 Z 的属性都为 O 的状态下，单击“关键帧”按钮，如图 5-80 所示。

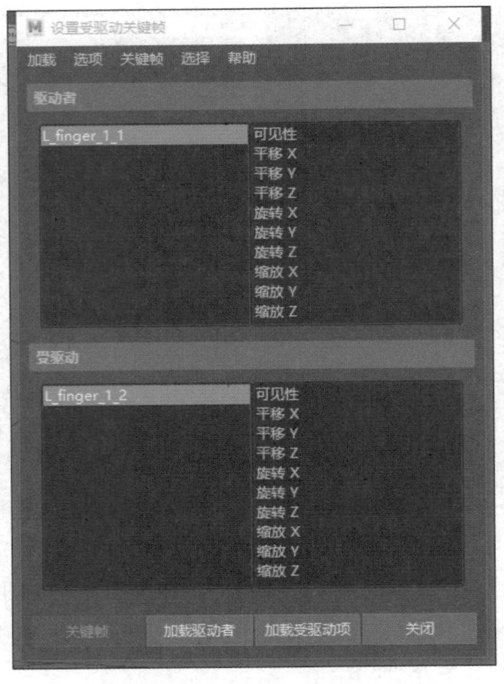

图 5-79　设置受驱动关键帧窗口

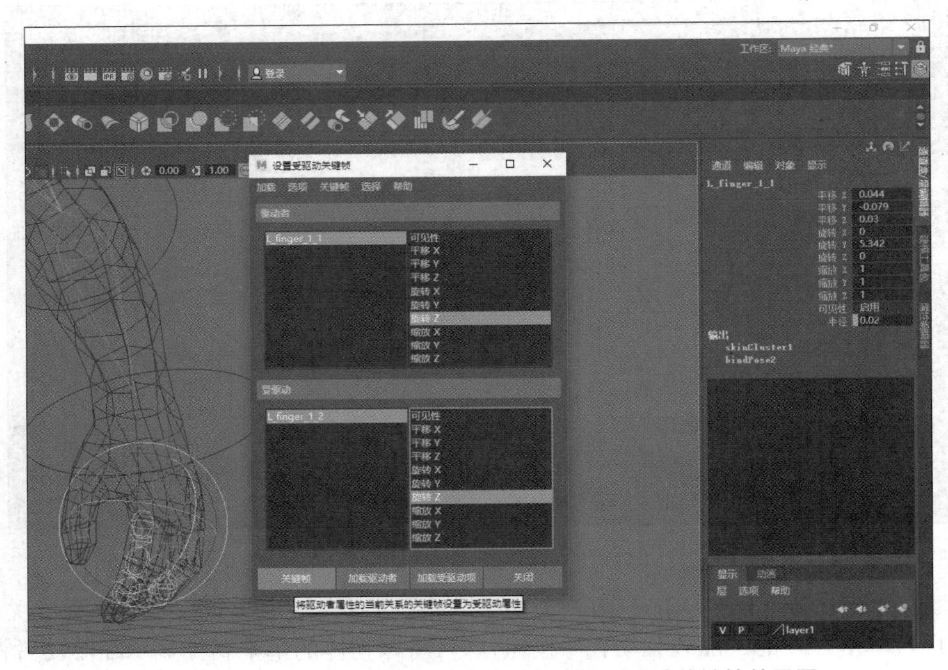

图 5-80　L_finger_1_1 与 L_finger_1_2 设置受驱动关键帧效果图

（17）将 L_finger_1_1、L_finger_1_2 关节旋转 Z 数值都设置为 90，再单击“关键帧”按钮，则这两个关节驱动关键帧设置完毕。控制 L_finger_1_1 的旋转 Z，即可观察到 L_finger_1_2 也跟着旋转，如图 5-81 所示。

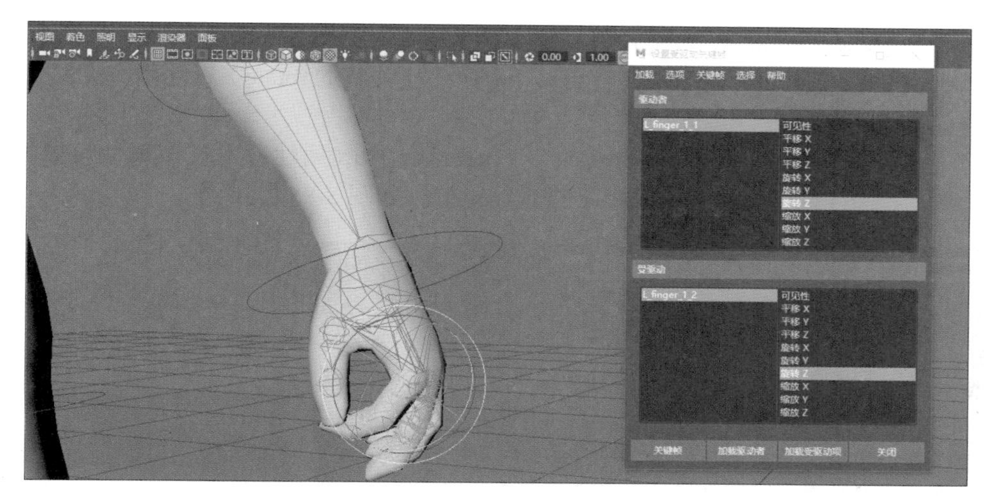

图 5-81 L_finger_1_1 与 L_finger_1_2 设置受驱动关键帧效果图

（18）选择 L_finger_1_2 驱动 L_finger_1_3，具体设置同上。在设置后，旋转 L_finger_1_1 即可控制下面的关节，如图 5-82 所示。

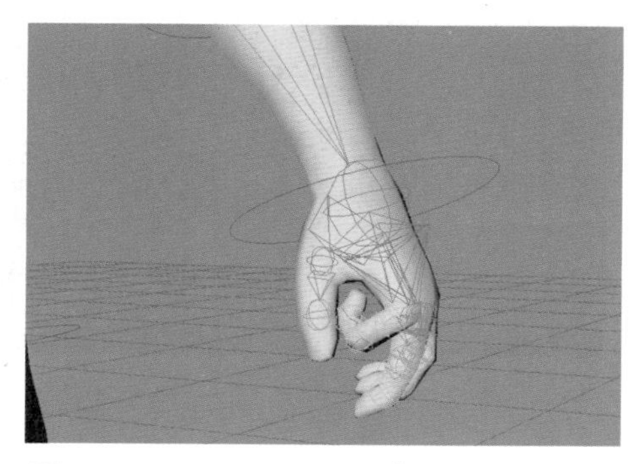

图 5-82 L_finger_1_1 驱动 L_finger_1_2、L_finger_1_3 效果图

（19）选择控制器 L_Hand_Contrl，在通道盒中执行“编辑”→“添加属性”命令，增加一个名为“L_Forefinger_Curl”的属性，在数值属性的特性中，将最小设置为 0，最大设置为 90，默认为 0，如图 5-83 所示。

（20）选择控制器 L_Hand_Contrl，执行“通道盒”→“编辑”→“连接编辑器”命令，选

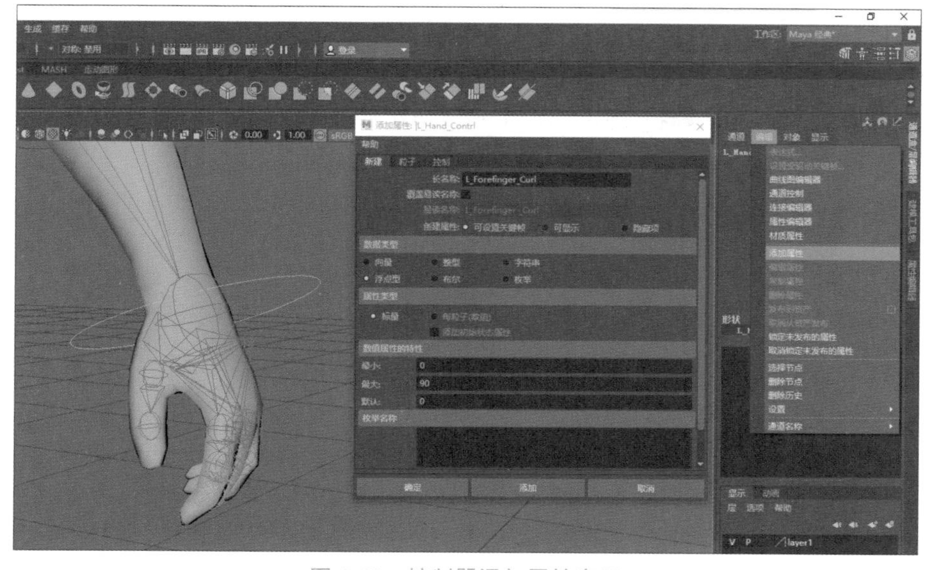

图 5-83 控制器添加属性窗口

择控制器 L_Hand_Contrl 加载至左侧，选择 L_finger_1_1 关节加载至右侧，让控制器 L_Hand_Contrl 的 L_Forefinger_Curl 属性与 L_finger_1_1 关节的 rotate z 属性相连接，如图 5-84 所示。

（21）检查控制器 L_Hand_Contrl 的 L_Forefinger_Curl 属性，发现该属性可以控制食指的弯曲了。同样地，将角色的其他手指进行设置，如图 5-85 所示。

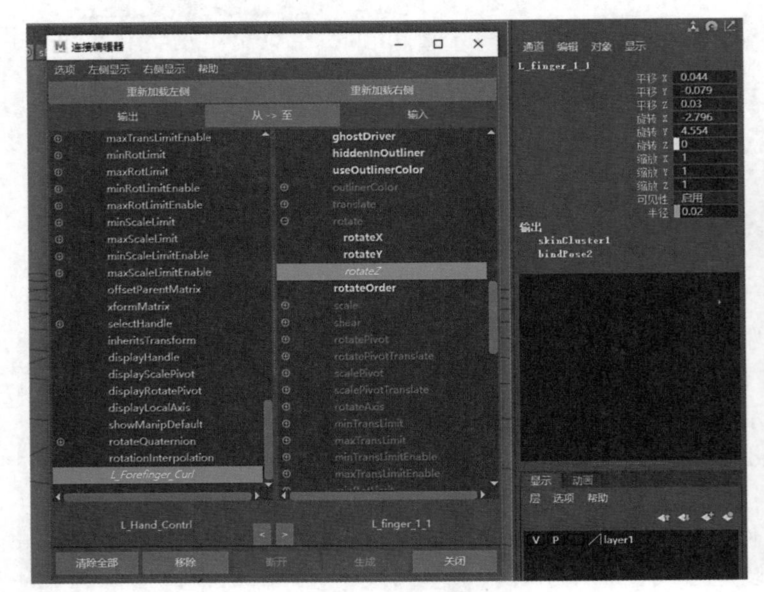

图 5-84　连接编辑器窗口

图 5-85　控制器数值设定

（22）头部控制器设定。创建 NURBS 圆环，命名为 neck_Contrl，同时复制该控制器，重命名为 head_Contrl，将控制器 neck_Contrl、head_Contrl 分别父子约束至脖子、头部关节后，删除控制器约束信息，调整控制器大小，冻结变换，删除历史。

然后选择 neck_Contrl 控制器与脖子处关节，执行“约束”→“方向约束”命令；选择 head_Contrl 控制器与头部关节，同样执行“约束”→“方向约束”命令，即可使用控制器来控制脖子及头部的旋转动作，如图 5-86 所示。

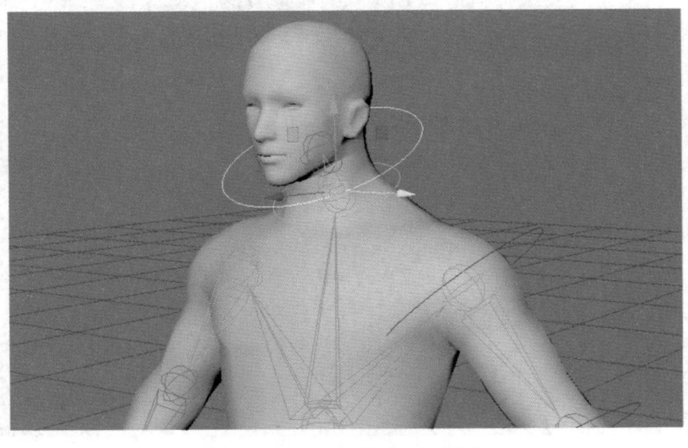

图 5-86　头部控制器绑定

（23）躯干控制器设定。创建 NURBS 圆环，命名为 spine_1_Contrl 并作为控制器，使用父子约束命令使控制器重叠至腰部关节处，调整控制器大小，冻结变换，删除历史。选择控制器与腰部处关节，执行“约束”→“方向约束”命令，即可使用控制器来控制腰部的旋转动作，如图 5-87 所示。

（24）同理，可以用相同的方法对躯干的其他关节进行控制器设定。然后对整个控制器进行层级整理，最终完成整个角色的绑定设置，如图 5-88 所示。

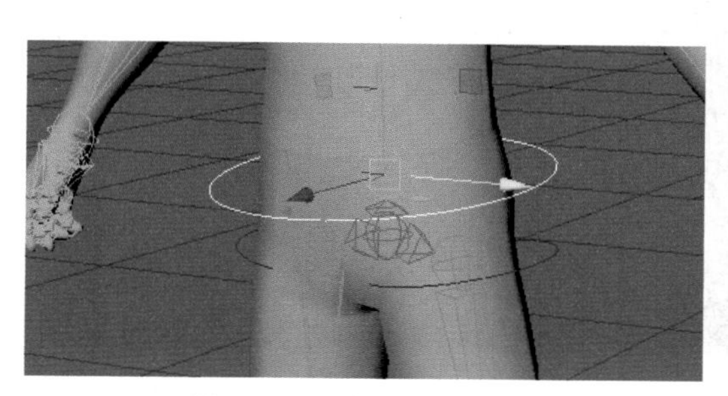

图 5-87　腰部控制器绑定

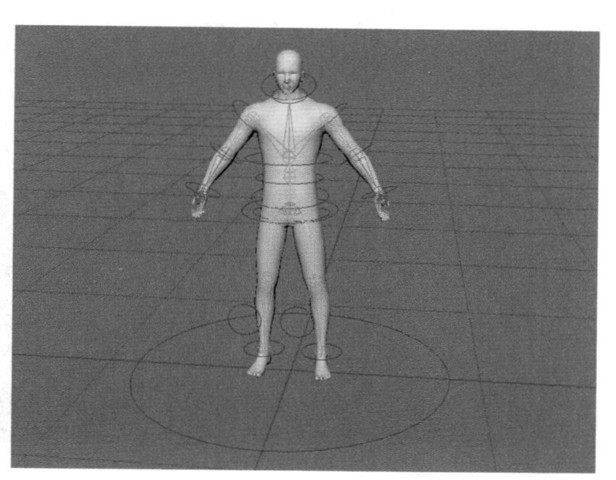

图 5-88　角色控制器绑定最终效果图

【步骤 3】 角色行走动画。

角色模型通过角色骨骼的创建及绑定蒙皮后，就可以开始制作角色动画了。在角色动画的制作中，行走动画是基础动画，制作一套流畅有节奏的行走动画是对动画师的基本要求。

制作角色行走动画

行走是人类每天都在做的动作，看似稀松平常，但要做出真实可信的走路动画并不容易，这其中蕴含了复杂的运动原理和法则，即使是外行人也能轻易发现一套行走动画中的缺点，因此这就需要将走路动作分解，了解其中的动画规律和原理，如图 5-89 所示。

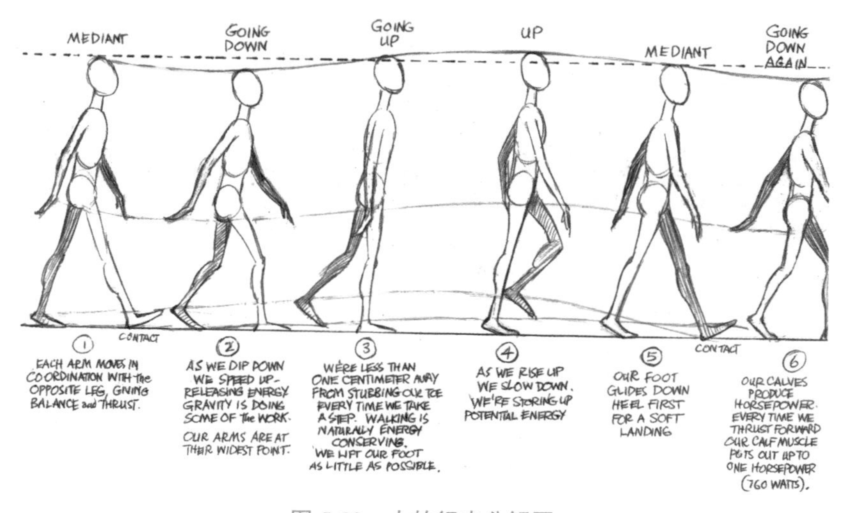

图 5-89　人的行走分解图

当前模型还保持建模时的原始站立姿态，下面开始制作 0~24 帧的走路循环动画。首先要摆出初始的动作，这样利于循环动画的制作。

（1）首先取右脚刚刚落地，脚尖触地并即将抬起这一状态为初始状态，在时间滑块上选择第 0 帧，选择所有控制设置关键帧。将 Maya 界面右下角的“自动关键帧切换”按钮打开。由于要制作循环动画，因此位置不变，在 24 帧为所有控制器再设置关键帧，如图 5-90 所示。

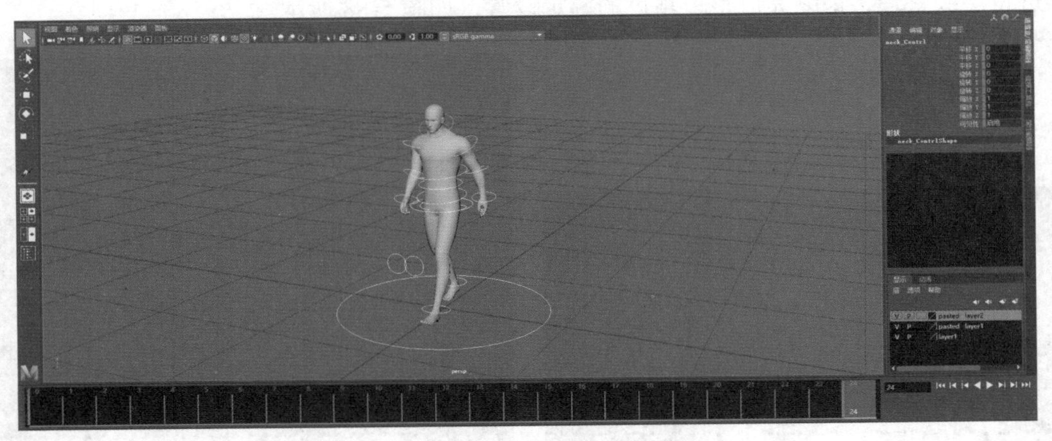

图 5-90　第 0 帧与第 24 帧动作

（2）将时间滑块移动到第 12 帧，将角色左腿在前右腿在后，手臂动作与腿部相反，如图 5-91 所示。

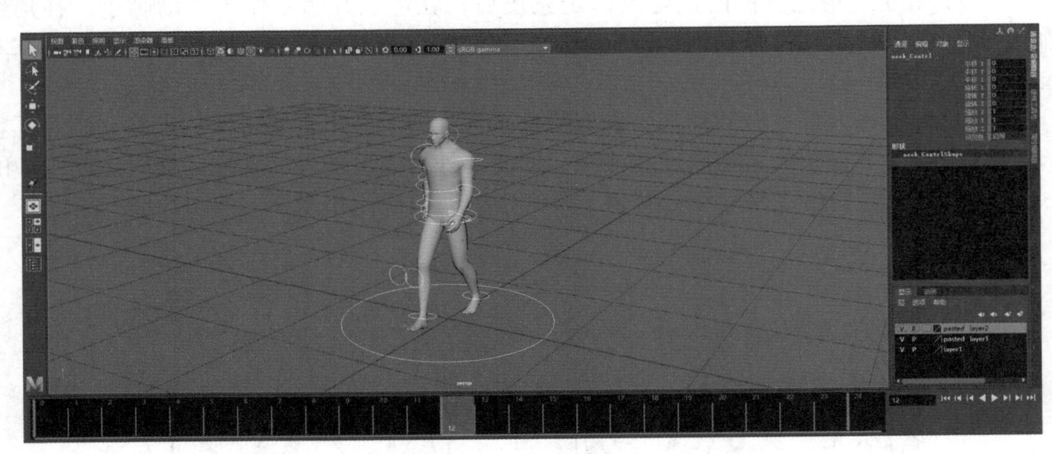

图 5-91　第 12 帧动作

到此为止设置了三个关键帧，将基本的运动范围确定下来，下面进行细节的调节。

（3）在时间滑块上选择第 6 帧，调整身体重心到右腿上，将左脚抬起，脚尖朝下，如图 5-92 所示。调整手臂、胸部、臀部的位置，使过渡动作不至于变形。

（4）在时间滑块上选择第 3 帧，提高身体重心，左脚脚尖着地，脚跟抬起，微调脚的位置。并将左手的位置向前调，右手位置向后调，微调臀部与肩部的旋转方向，如图 5-93 所示。

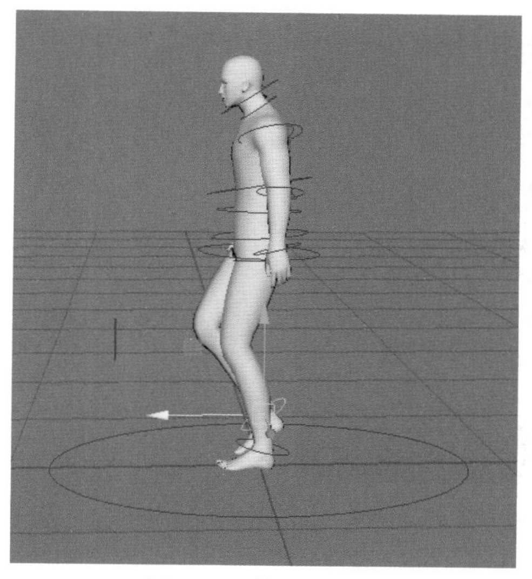

图 5-92 第 6 帧动作

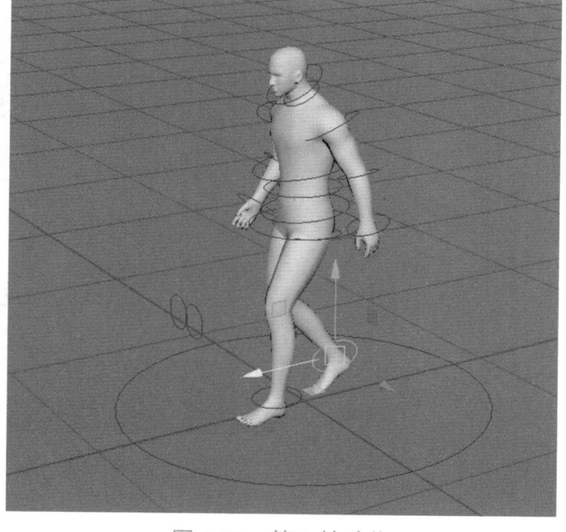

图 5-93 第 3 帧动作

（5）对右脚抬腿、落地的动作进行关键帧的细致调节。在时间滑块上选择第 18 帧，与第 6 帧的动作相同，方向相反，右脚抬起，脚尖向下，并设置臀部与胸部的扭动幅度，如图 5-94 所示。

（6）对现有的动作进行微调整。在时间滑块上选择第 15 帧，调节角色动作，与第 3 帧动作一致，方向相反，调节身体重心和右脚的位置以及臀部和胸部的扭动幅度，如图 5-95 所示。

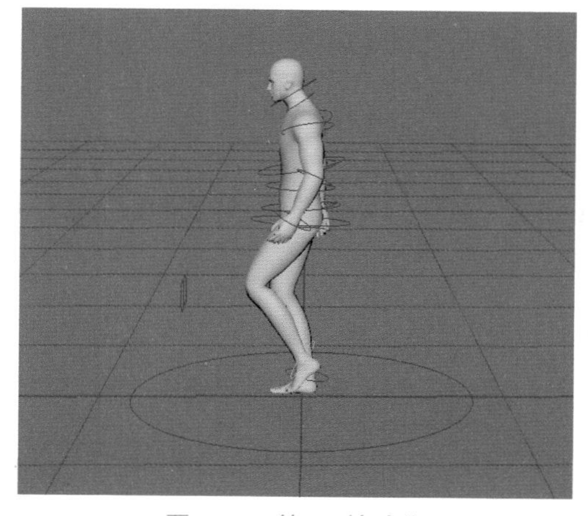

图 5-94 第 18 帧动作

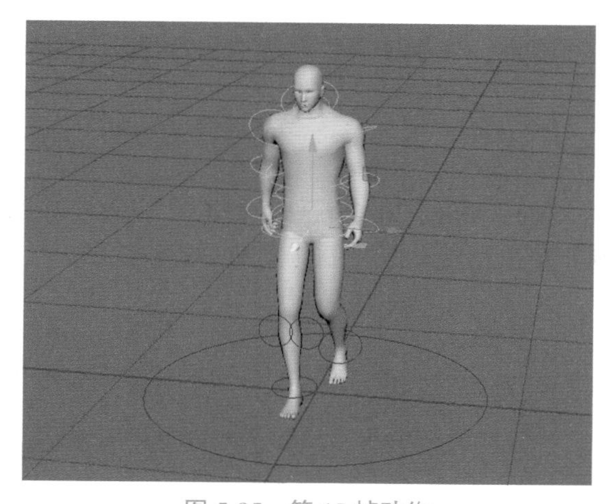

图 5-95 第 15 帧动作

（7）选择第 21 帧，与第 9 帧动作基本相同，方向相反，调节身体重心、腿部位置以及臀部和胸部的扭动幅度，如图 5-96 所示。

通过上面所述的一系列步骤，制作完成了一套标准的行走动画。行走动画的表现重点在于角色运动时的身体协调感，因此在制作时一定要多注意各个动作的曲线形态和关键帧位置，不断调节动作细节，这样才能让角色流畅自然地行走。

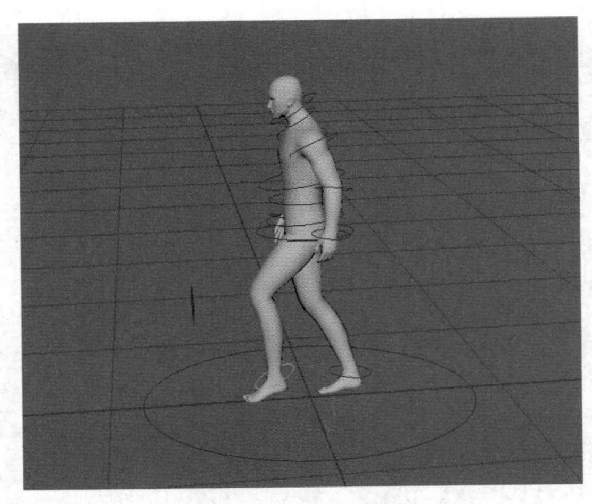

图 5-96　第 21 帧动作

项 目 小 结

本项目教学以“能力培养项目化、实践指导个性化”为指导思想，结合虚拟现实（VR）“1+X”职业技能等级证书的3D动画案例对学生进行综合训练。在教学中以学生为中心，以能力为本位，以完成项目任务为学习目标，让学生做到“教学做合一”。

本项目教学从基础的设置关键帧开始，逐步深入角色骨骼绑定、蒙皮权重等动画重点内容，最后通过角色行走动画案例实打实地锻炼了学习者的3D动画制作能力。在整个项目过程中，每一步任务都加深了学习者对基本知识的理解，巩固了所学知识，同时锻炼了动手能力，培养了岗位群所需要的设计制作技能。

实 战 训 练

使用 Maya 2020 软件，打开“实操训练 \man.fbx”文件，完成该角色的蒙皮绑定，并制作角色行走动画，制作完成后保存文件。

参 考 文 献

[1] 张琴 . 基于 MAYA 的 Polygon 建模方法分析及应用 [J]. 电子制作，2020（8）：45-47.
[2] 陈彦伯 . 关于 MAYA 建模模块在虚拟现实领域的应用研究 [J]. 数字技术与应用，2018，36（3）：112-115.
[3] 陈玮 . 基于 Maya 的三维建模在虚拟现实技术中的应用研究 [J]. 中国高新区，2018（12）：32.
[4] 姚明 .Maya 建模技术解析 [M]. 北京：人民邮电出版社，2017.
[5] 周京来，徐建伟 . 三维动画 Maya 高级角色骨骼绑定技法 [M].2 版 . 北京：清华大学出版社，2020.
[6] 杨桂民，高维，郝艳朋，等 . 中文版 Maya 绑定动画案例高级教程 [M]. 北京：中国青年出版社，2017.
[7] 李雪冰，罗大伟，李罡 . Maya 动画与特效项目教程 [M]. 南昌：江西美术出版社，2016.
[8] 来阳 . 中文版 Maya 2020 基础培训教程 [M]. 北京：人民邮电出版社，2022.
[9] 王琦 . Maya 2020 基础教材 [M]. 北京：人民邮电出版社，2021.